METROLOGIA E INCERTEZA DE MEDIÇÃO:

Conceitos e Aplicações

gen
Grupo
Editorial
Nacional

Alexandre Mendes
Pedro Paulo Novellino do Rosário

METROLOGIA E INCERTEZA DE MEDIÇÃO:
Conceitos e Aplicações

Apesar dos melhores esforços dos autores, do editor e dos revisores, é inevitável que surjam erros no texto. Assim, são bem-vindas as comunicações de usuários sobre correções ou sugestões referentes ao conteúdo ou ao nível pedagógico que auxiliem o aprimoramento de edições futuras. Os comentários dos leitores podem ser encaminhados à **LTC — Livros Técnicos e Científicos Editora** pelo e-mail faleconosco@grupogen.com.br.

Travessa do Ouvidor, 11
Rio de Janeiro, RJ – CEP 20040-040
Tels.: 21-3543-0770 / 11-5080-0770
Fax: 21-3543-0896
faleconosco@grupogen.com.br
www.grupogen.com.br

Designer de capa: José Antônio de Oliveira
Imagem de capa: © IRYNA RUD-VOLHA | 123rf.com
Editoração Eletrônica: IO Design

CIP-BRASIL. CATALOGAÇÃO NA PUBLICAÇÃO
SINDICATO NACIONAL DOS EDITORES DE LIVROS, RJ

M49m

Mendes, Alexandre
Metrologia e incerteza de medição : conceitos e aplicações / Alexandre Mendes, Pedro Paulo Novellino do Rosário. - 1. ed. - Rio de Janeiro : LTC, 2020.
; 24 cm.

Inclui bibliografia e índice
ISBN 978-85-216-3675-5

1. Metrologia. 2. Pesos e medidas. 3. Instrumentos de medição. I. Rosário, Pedro Paulo Novellino do. II. Título.

19-59095 CDD: 620.0044
CDU: 620.1.08

Vanessa Mafra Xavier Salgado - Bibliotecária - CRB-7/6644

APRESENTAÇÃO

O Sistema Nacional de Metrologia, Normalização e Qualidade Industrial (Sinmetro), criado pela Lei nº 5966, de 11 de dezembro de 1973, é o organismo responsável, no Brasil, pelo gerenciamento da infraestrutura de serviços tecnológicos nas áreas de metrologia, normalização, qualidade industrial e avaliação da conformidade. Para englobar essas funções em um único conceito, o antigo Ministério da Indústria e do Comércio criou, no final dos anos 1970, a denominação Tecnologia Industrial Básica (TIB), que compreendeu, assim, metrologia, normalização, regulamentação técnica, avaliação de conformidade (acreditação, inspeção, ensaios, certificação), propriedade intelectual e informação tecnológica.

A metrologia, função de nosso interesse, é estratégica para o desenvolvimento de uma nação e essencial para o crescimento tecnológico e comercial das organizações. Para o profissional especialista, que no dia a dia de suas atividades está envolvido com as técnicas e atividades de medição, é imprescindível o conhecimento dos fundamentos matemáticos, das ferramentas estatísticas, das técnicas, práticas e procedimentos operacionais.

O Vocabulário Internacional de Metrologia – Conceitos Fundamentais e Gerais e Termos Associados (VIM 2012), adotado no Brasil pela Portaria Inmetro (Instituto Nacional de Metrologia, Qualidade e Tecnologia) nº 232, de 08 de maio de 2012, define Metrologia como a "ciência da medição e suas aplicações". O VIM complementa esta definição com uma nota: "A metrologia engloba todos os aspectos teóricos e práticos da medição, qualquer que seja a incerteza da medição e o campo de aplicação".

Analisando-se a definição, observa-se a necessidade de conhecimento teórico sobre os conceitos e as técnicas de medição, acrescido à percepção das grandezas de influência e da obtenção de resultados práticos consistentes. Uma vez que os resultados das medições são influenciados por fatores internos e externos ao processo de medição, precisamos, dessa forma, estimar a incerteza da medição que está associada aos requisitos de uso.

A metodologia para a estimativa da incerteza de medição utilizada no livro segue as diretrizes e orientações apresentadas no Guia para a Expressão de Incerteza de Medição (GUM), recomendado pelo Bureau Internacional de Pesos e Medidas (BIPM) e, também, adotado no Brasil pelo Inmetro.

No decorrer deste livro, foram incorporadas definições conceituais encontradas no VIM 2012, complementadas com esclarecimentos adicionais, quando julgado necessário.

Referência importante, também adotada por nós, é a primeira edição brasileira da oitava edição do BIPM-Inmetro, do Sistema Internacional de Unidades (SI). Essa edição do SI, revisada com base no Acordo Ortográfico da Língua Portuguesa de 1990, insere algumas alterações na grafia e na pronúncia de algumas unidades de medidas, como pode ser observado no trecho a seguir, retirado da apresentação do documento, escrito pelo Presidente do Inmetro à época.

> Esta tradução acolhe em seu texto decisões do Acordo Ortográfico da Língua Portuguesa de 1990, assim como as regras adotadas pelo Bureau Internacional de Pesos e Medidas – BIPM para a formação do nome de múltiplos e submúltiplos das unidades de medida, introduzindo duas alterações na grafia e pronúncia de algumas unidades. A primeira, baseada na reinserção das letras k, w e y no alfabeto português (Anexo 1, Base 1, 2° parágrafo, Alínea C do Acordo), consiste na mudança da grafia do prefixo quilo para kilo e, consequentemente, do nome da unidade de massa quilograma para kilograma. Da mesma forma, o nome kilo passa a ser utilizado na formação dos múltiplos das unidades. (O Acordo cita, na mesma Alínea, como exemplo desta nova grafia, a unidade kilowatt.)
>
> A segunda traz uma modificação da grafia dos múltiplos e submúltiplos das unidades, passando-se a observar a regra de formação do BIPM que estabelece a simples junção dos prefixos ao nome das unidades, sem modificações da grafia e da pronúncia originais tanto do prefixo quanto da unidade.
>
> Assim, por exemplo, temos nesta publicação os prefixos kilo e mili que, associados à unidade de comprimento metro, formam as unidades kilometro e milimetro (sílabas tônicas em "me", pronunciada como "mé") respectivamente, e não kilômetro e milímetro. Tal regra de justaposição dos prefixos às unidades foi aplicada nos diversos múltiplos e submúltiplos citados nesta edição, conforme detalhado na Nota dos Tradutores.
>
> Importante observar que as alterações dos nomes aqui mencionadas não eliminam a utilização das formas atualmente em uso, como, por exemplo, quilograma e centímetro, cujas grafias e pronúncias permanecem aceitas até que as novas formas kilograma e centimetro sejam gradativamente assimiladas no decorrer do tempo.
>
> Note-se que, especificamente em relação ao prefixo kilo, o próprio Acordo Ortográfico de 1990, na Alínea já citada, admite a grafia atual quilo, cujo emprego continuará a ser considerado correto.

Neste livro buscamos apresentar e discutir os conceitos e as ferramentas com uma linguagem bastante técnica, porém de forma didática, clara e simples. Foram incorporados diversos exemplos práticos e exercícios resolvidos, além de vários outros a serem trabalhados pelo leitor. Tanto profissionais de nível médio quanto de nível superior poderão absorver os conhecimentos e aplicá-los imediatamente na indústria ou em suas atividades laboratoriais.

O primeiro capítulo passeia sobre a história da medição e das unidades de medidas, finalizando com a apresentação do Sistema Internacional de Unidades (SI) e os conceitos associados. O capítulo já incorpora as novas definições das unidades-base do SI, que entraram em vigor a partir de 20 de maio de 2019.

O segundo capítulo aborda os fundamentos da metrologia, discutindo sua importância e objetivos; apresenta a estrutura metrológica em nível internacional, regional e nacional para as áreas da metrologia (legal e científica); e finaliza com a interligação da metrologia com a normalização.

No terceiro capítulo introduzimos o conceito de algarismos significativos, as técnicas de arredondamento e de como utilizá-las em um processo de medição. Destacamos os principais conceitos e as ferramentas estatísticas aplicadas na metrologia, tais como média, desvio-padrão, variância e as distribuições de probabilidade adotadas no estudo da metrologia (uniforme, triangular, normal, *t*-Student).

O capítulo quatro discute importantes características metrológicas dos sistemas de medição, apresenta os tipos e os possíveis erros encontrados no processo de medição e reforça os conceitos de exatidão e precisão.

Os capítulos quinto e sexto foram dedicados a explorar os tipos de incerteza e de como estimar seu valor, considerando a medição efetuada tanto de forma direta quanto indireta. Como já citado, a metodologia para a estimativa da incerteza de medição segue as diretrizes e orientações apresentadas no Guia para a Expressão de Incerteza de Medição.

Dedicamos os dois capítulos finais deste livro ao conceito calibração. Detalhamos a cadeia de rastreabilidade metrológica e de como escolher um padrão de medição levando em conta a tolerância do processo; apresentamos exemplos de calibração para diferentes tipos de instrumentos de medição; ajustamos os pontos de uma calibração por uma função e verificamos qual a influência desse ajuste na incerteza final; e realizamos uma análise e interpretação detalhadas de certificados de calibração.

Sabedores, entretanto, que conhecimento nunca é demais, todas as críticas e sugestões que melhorem este livro serão sempre bem-vindas.

Bons estudos e muito obrigado.

Alexandre Mendes
al.mendes@gmail.com

Pedro Paulo Novellino do Rosário
pedropaulonovellino@gmail.com

Dedicamos este novo material aos nossos parentes e familiares, mas em particular às nossas amadas esposas, Marta e Mariza, que estando ao nosso lado, e muitas vezes à nossa frente, sempre nos estimulam para a vida.

PREFÁCIO

A publicação do livro de Alexandre Mendes e Pedro Paulo Novellino do Rosário vem em momento mais do que oportuno. Lamentavelmente, no Brasil, há uma carência enorme de publicações didáticas dedicadas à Metrologia, voltadas para a formação de profissionais, sejam estes de nível médio ou superior. Contam-se nos dedos os livros que possam permitir a oferta de cursos ou disciplinas na área. Agravando essa situação, parte do material disponível está desatualizada e ainda se refere a conceitos ou definições já superados.

O futuro, que está cada dia mais próximo, exigirá profissionais com boa formação técnica, e que sejam criativos. A esses profissionais, não apenas aos das áreas das Engenharias e Tecnologias, mas também das Ciências Naturais e outras áreas, será exigida toda uma base conceitual para dar conta de atuação em ambientes em que são realizadas medições, utilização de normas e regulamentos técnicos, compreensão adequada do processo de medição, expressão correta dos resultados e das incertezas associadas.

O acrônimo STEAM (*Science, Technology, Engineering, Arts and Mathematics*) descreve o que será o alicerce das novas profissões. E não temos dúvida de que a metrologia e a medição têm uma posição-chave como base transversal para esses conhecimentos.

Como citado pelos autores, e nunca suficientemente estressado:

> Quando você pode medir aquilo de que fala e expressá-lo em números, você sabe alguma coisa sobre isso. Mas quando você não pode medi-lo, quando você não pode expressá-lo em números, o seu conhecimento é limitado e insatisfatório: pode ser o início do conhecimento, mas você, no seu pensamento, avançou muito pouco para o estágio da ciência (LORD KELVIN).

As Diretrizes Estratégicas para Metrologia no Brasil endereçam e atualizam essa preocupação:

> Contudo, em muitas das áreas de formação profissional, ainda há uma carência clara de conceitos fundamentais de metrologia. Profissionais não afeitos à área metrológica, como profissionais das áreas da saúde e ambientais, técnicos de laboratórios e dos setores industriais, entre outros, necessitam cada vez mais lidar com equipamentos e instrumentos sofisticados, de alta tecnologia, em situações em que os processos de medição e as grandezas medidas devem ser bem conhecidos, interpretados, analisa-

> dos e tratados no sentido de refletirem valores confiáveis, muitas vezes com grande impacto na saúde, segurança e meio ambiente.
>
> É nesse contexto que a ampliação e disseminação de informações acerca dos princípios de metrologia, barreiras técnicas, avaliação da conformidade e normalização para a população em geral poderá proporcionar à sociedade conhecimentos técnicos que auxiliem o cidadão a conhecer os seus direitos e melhorar sua qualidade de vida (BRASIL, 2017, p. 59).

Escrito em linguagem direta e rigorosa, mas com fluência que facilita sua leitura e o processo de aprendizagem, o presente trabalho tem por base os compêndios fundamentais da disciplina em suas últimas edições: o Vocabulário Internacional de Metrologia, o Sistema Internacional de Unidades e o Guia para a Expressão de Incerteza de Medição. Vale-se também da enorme experiência dos autores na discussão, na atuação profissional e na prática docente, seja em processos formais, de níveis médio e superior, seja em processos de formação continuada. Com diversos trabalhos técnicos, didáticos e científicos publicados, em colaboração com inúmeros especialistas, os autores já haviam escrito um livro sobre o tema.

Contudo, em minha modesta opinião e para nossa feliz surpresa, a obra que nos chega às mãos não é uma versão revista da anterior. É um novo livro, com muito mais conteúdo, atualizado, abordando mais tópicos e escrito de forma a permitir ao educando (seja de que nível for) uma compreensão mais abrangente da disciplina.

O livro inicia-se com uma descrição sucinta do Sistema Internacional de Unidades e traz aspectos introdutórios da História da Metrologia. Discute a importância da Metrologia e traz alguns fatos pitorescos ou trágicos sobre o uso inadequado de procedimentos de medição.

Como qualquer livro em disciplina técnica e que é centrada no rigor, como a Metrologia, para alguns tópicos será exigida certa base Matemática de nível superior. Mas, no geral, uma formação de nível médio permitirá o desenvolvimento e compreensão dos conteúdos ao longo do texto.

Alguns conceitos estatísticos, abordados de forma bem simples, criam a base necessária para o desenvolvimento de certas operações com medidas ou para a solução de problemas. O educando se verá perante a descrição de parâmetros estatísticos e funções de distribuição de probabilidade. Para aqueles que exigirem uma abordagem mais profunda, recomenda-se buscarem textos básicos ou mais avançados na disciplina de Estatística. Em alguns momentos o educando se verá diante de procedimentos de tratamentos de dados, inclusive a elaboração de gráficos, o que torna ainda mais rica a abordagem dos problemas.

Uma novidade a ser saudada é a inclusão de diversos exemplos resolvidos e exercícios propostos, o que permite que seja pertinente a sua utilização em sala de aula e em cursos regulares.

Entre tantos tópicos que aborda, particular destaque é dado à incerteza de medição e ao tema de calibração. O primeiro permite trazer aos cursos de formação básica, em suas disciplinas experimentais, as discussões e técnicas de cálculo de incerteza. Isso é fundamental para atualização desses cursos, visto que ainda há uma confusão entre incerteza e erro nos nossos roteiros de cursos experimentais. Dois capítulos tratam do tema. Apoiam-se em muitos exemplos e em problemas propostos. Em relação aos dois capítulos sobre calibração, temos também exemplos que permitirão melhor formação de técnicos, que se preparam para um mercado de trabalho cada vez mais exigente.

Espero que os leitores da presente obra, além de sua própria formação, tenham a oportunidade de disseminar seu conteúdo, particularmente em sala de aula e nos laboratórios de ensino. Vale a pena!

Américo Tristão Bernardes
Professor-Associado da Universidade Federal de Ouro Preto
Presidente da Sociedade Brasileira de Metrologia

Agradecimentos

Agradecemos a Deus por permitir estarmos vivos, saudáveis e que tivéssemos a desenvoltura adequada para transferir nossos conhecimentos e experiências aos leitores desta obra.

Agradecemos ao Professor Américo Tristão Bernardes, Presidente da Sociedade Brasileira de Metrologia, pela confiança em nós depositada e expressa em seu prefácio neste nosso modesto material.

Agradecemos a toda equipe do GEN, especialmente à Carla Nery, Superintendente Editorial, em acreditar no projeto editorial desde o início, mesmo nos momentos difíceis em que passamos.

SOBRE OS AUTORES

Alexandre Mendes Licenciado em Física pela Universidade Federal do Rio de Janeiro (UFRJ), mestre em Metrologia e doutor em Engenharia Mecânica pela Pontifícia Universidade Católica do Rio de Janeiro (PUC-Rio). É professor titular de Metrologia no Instituto Federal do Rio de Janeiro (IFRJ). Em 2000, implementa e coordena o curso técnico de Metrologia do IFRJ, hoje oferecido pelo *campus* Volta Redonda. Diretor de implementação do *campus* Volta Redonda (2008); diretor-geral do *campus* Volta Redonda no período de 2008-2014. Tem experiência na área de Física e Metrologia, com ênfase em: Cálculo de Incerteza; Calibração e Instrumentação Industrial; Física Experimental; Ensino de Física e Qualificação Profissional. É autor dos livros: *A Física no Parque,* em coautoria com o Prof. Henrique Lins Barros, *Metrologia e Incerteza de Medição*, em coautoria com o Prof. Pedro Paulo N. Rosário, e *Termos e Expressões de Metrologia Aplicáveis ao Ambiente da Saúde*, Documento Orientativo – Sociedade Brasileira de Metrologia (SBM). Vice-Presidente da Sociedade Brasileira de Metrologia nos biênios 2010-2012, 2012-2014, 2014-2016 e 2016-2018. Atualmente ocupa a presidência do Conselho Deliberativo da SBM.

Pedro Paulo Novellino do Rosário Graduado em Engenharia Eletrônica pela Universidade Federal do Rio de Janeiro (UFRJ), pós-graduado em Marketing pela Pontifícia Universidade Católica do Rio de Janeiro (PUC-Rio), mestre em Metrologia para Qualidade Industrial pela PUC-Rio e engenheiro de Equipamentos com especialização em Instrumentação Industrial pela Petrobras. Atuou como diretor na Companhia de Desenvolvimento Industrial do Estado do Rio de Janeiro (CODIN), sendo responsável pela atração de novos empreendimentos industriais nos setores de óleo & gás, químico, petroquímico, automotivo, alimentos e bebidas, entre outros. Exerceu a função de secretário executivo na Sociedade Brasileira de Metrologia (SBM), com a responsabilidade de estimular a pesquisa científica e a inovação tecnológica no âmbito da metrologia científica, industrial e legal. No campo laboratorial atuou como consultor de laboratórios de calibração e de ensaios em processos de acreditação laboratorial segundo a norma NBR ISO/IEC 17025. Desenvolveu projetos, prestou consultoria e treinamento em qualidade, metrologia e instrumentação industrial e laboratorial para diversas instituições. No campo acadêmico foi professor universitário nas disciplinas de Metrologia, Normalização e Instrumentação Industrial, além de publicar livros e cartilhas nessas áreas.

SUMÁRIO

Material Suplementar

Este livro conta com os seguintes materiais suplementares:

- Vídeos de apresentação dos capítulos (livre acesso);
- Vídeo sobre falhas metrológicas (livre acesso);
- Vídeos sobre calibração (livre acesso);
- Vídeos de alguns exercícios propostos com solução (livre acesso);
- Respostas dos exercícios propostos com solução (restrito a docentes);
- Ilustrações da obra em formato de apresentação (restrito a docentes).

O acesso aos materiais suplementares é gratuito. Basta que o leitor se cadastre em nosso *site* (www.grupogen.com.br), faça seu *login* e clique em GEN-IO, no menu superior do lado direito. É rápido e fácil.

Caso haja alguma mudança no sistema ou dificuldade de acesso, entre em contato conosco (gendigital@grupogen.com.br).

GEN-IO (GEN | Informação Online) é o ambiente virtual de aprendizagem do GEN | Grupo Editorial Nacional, maior conglomerado brasileiro de editoras do ramo científico-técnico-profissional, composto por Guanabara Koogan, Santos, Roca, AC Farmacêutica, Forense, Método, Atlas, LTC, E.P.U. e Forense Universitária. Os materiais suplementares ficam disponíveis para acesso durante a vigência das edições atuais dos livros a que eles correspondem.

Capítulo 1

SISTEMA INTERNACIONAL DE UNIDADES (SI)

1.1 Unidades de medida – um pouco da história

O homem sempre teve a necessidade de realizar medições. As primeiras unidades de medida foram baseadas em partes do corpo humano, já que, em princípio, poderiam ser consideradas como "referências", isto é, uma medida podia ser verificada por qualquer outra pessoa. Assim surgiram unidades de medição como a polegada, o palmo, o pé, a jarda, o passo e a braça. É óbvio que essas "referências" não eram fixas, pois o corpo humano não é padronizado e as medidas variam de indivíduo para indivíduo.

Os egípcios usavam, também, o tamanho do cúbito, um dos ossos do antebraço, como padrão de medida de comprimento. Novamente, como o cúbito variava de uma pessoa para a outra, o faraó Khufu, durante a construção de sua pirâmide (cerca de 2900 a.C.), estabeleceu um padrão gravado em granito baseado no comprimento do osso de seu braço. Este padrão, cuja reprodução pode ser vista na Figura 1.1, foi denominado *cúbito real egípcio*.

Figura 1.1 Reprodução do cúbito real egípcio.

Com o tempo, as barras de granito passaram a ser substituídas por barras de madeira para facilitar o transporte, mas como a madeira se desgastava, foram gravados comprimentos equivalentes ao cúbito real de granito nas paredes dos principais templos. Desse modo, as pessoas podiam conferir periodicamente sua barra de madeira, ou mesmo fazer outras.

Na França, no século XVII, foi padronizada uma unidade de medida linear em uma barra de ferro com dois pinos nos extremos, formando um calibrador. A distância entre esses dois pinos era considerada uma "toesa", e a barra foi chumbada na parede externa do Le Grand Châtelet, que era a fortificação que guardava a cabeça de uma das pontes de acesso a Paris.

Assim, como no caso do cúbito padrão, os interessados poderiam conferir seus instrumentos.

LE GRAND CHÂTELET—ONE OF THE CHIEF PRISONS OF OLD PARIS.

With a bird's-eye view of the Neighbourhood, showing the Seine crossed by several bridges laden with houses

The two immediately between the Châtelet and the Palais de Justice had a series of water-wheels, and were inhabited by millers

Figura 1.2 Le Grand Châtelet – uma das mais antigas fortificações de Paris.

Esses sistemas de unidades, baseados no corpo humano, foram utilizados até o final do século XVIII, quando surge na França um movimento revolucionário.

A Revolução Francesa, em 1789, resultou da insatisfação dos burgueses, compostos por comerciantes, artesãos e profissionais liberais, inconformados com o domínio absolutista do rei Luís XVI e seus privilégios. Consideraram que um conjunto de medidas fundamentado na anatomia dos reis não possuía nenhuma base científica, por isso, deveria ser concebido um novo sistema de medição que valorizasse a ciência e pudesse ser adotado, com a mesma precisão, em todo o mundo e em todas as transações comerciais.

Os membros da Academia Francesa passaram a discutir a melhor maneira de elaborar um sistema métrico. Em 1790, Charles-Maurice de Talleyrand-Périgord, apresentou uma proposta à Assembleia Nacional dizendo que a grande variedade de pesos e medidas gerava confusão e obstruía o comércio.

Um pouco mais de história...

Foto: © ZU_09 | iStockphoto.com

Mais conhecido por **Talleyrand**, foi um político e diplomata francês.

Demonstrou admirável capacidade de sobrevivência política ao ocupar altos cargos no governo revolucionário francês, sob Napoleão, durante a restauração da monarquia dos Bourbon e sob o rei Luís Filipe. Após os cem dias napoleônicos assumiu o cargo de presidente do Conselho de Estado, porém seu passado revolucionário o levou a ser demitido em setembro do mesmo ano. Aliado aos liberais, participou de forma ativa na ascensão ao trono de Luís Filipe de Orleans. Embaixador em Londres teve participação fundamental nas negociações entre França e Reino Unido, como na criação do reino da Bélgica e na assinatura da aliança entre França, Reino Unido, Espanha e Portugal – a Quádrupla Aliança. Acusado em vida de cínico e imoral, alegava servir à França, e não aos regimes políticos. Foi uma das figuras mais polêmicas da França.

A Academia queria um padrão e repelia definições arbitrárias e não científicas. Foi adotado o nome **metro** para a unidade básica do comprimento, que provinha da palavra grega *metron*, que significa medida. O metro foi definido como uma medida equivalente a um décimo de milionésimo da distância entre o Polo Norte e a linha do Equador, ao longo do meridiano, que ia de Dunquerque a Barcelona.

Buscou-se um sistema com múltiplos e submúltiplos, e foram criadas unidades de volume, formando cubos com tais medidas de comprimento, e unidades de peso, enchendo tais unidades de volume com água destilada.

Dessa forma, as unidades de comprimento, volume e massa estavam interligadas, com o sistema inteiro derivando de um padrão único, universal e invariável: o **metro**. Em 30 de março de 1791, a Assembleia aprovou este sistema de medição e, em 7 de abril de 1795, a Convenção Nacional obrigou a utilização do sistema métrico, adotando os nomes "metro", "litro" e "grama", com múltiplos e submúltiplos.

As mudanças não foram bem vistas pela Inglaterra, que alegava ser um país cuja economia era baseada na indústria, comércio e finanças, e que mudanças abruptas prejudicariam o seu crescimento, obrigando-a a mudar as dimensões da maioria das exportações e unidades utilizadas em peças de maquinário. Alegavam que deveriam ser efetuadas mudanças moderadas, uma vez que, com o decreto do Ato Imperial de Pesos e Medidas, foi elaborado um sistema de medidas com base nas unidades romanas e usadas em todo Império Britânico. A Tabela 1.1 apresenta as medidas mais utilizadas pela Inglaterra na época.

Tabela 1.1 Medidas mais utilizadas pela Inglaterra no século XVIII

Unidade	Equivalente no SI
1 polegada	25,4 mm
1 pé	304,8 mm
1 jarda	0,9144 m
1 milha	1609 m
1 grão	64,8 mg
1 onça	28,35 g
1 libra	453,6 g
1 tonelada	1 016,05 kg

Uma Comissão Internacional, instituída em 8 de agosto de 1870 e formada por delegados de 30 países, propôs o estabelecimento de uma organização financiada pelos países-membros, que teria a atribuição de definir e manter novos padrões, verificar os padrões dos países e desenvolver novos instrumentos.

Em 20 de maio de 1875, data conhecida como Dia Internacional da Metrologia, 17 países, incluindo o Brasil, criaram o Bureau Internacional de Pesos e Medidas (BIPM), durante a última sessão da Conferência Diplomática do Metro.

A sede do BIPM, com 43 520 m^2, foi posta à disposição pelo Governo francês e fica próxima a Paris, nos domínios do Pavilhão de Breteuil (Parque de Saint-Cloud). A manutenção das despesas do BIPM é assegurada pelos membros da Convenção do Metro (atualmente, são 58 estados-membros e 41 associados).

Conheça um pouco mais...

Antes mesmo da definição do Tratado do Metro (1875), vários cientistas já estavam trabalhando na determinação de unidades de medida. Em 1832, o matemático e cientista Carl Friedrich Gauss elaborou um sistema para consolidar todas as unidades em três. A unidade de velocidade, por exemplo, seria a combinação da unidade de distância (metro) com a unidade de tempo (segundo), originando a unidade m/s. A unidade de força seria a combinação da unidade de massa (kg) com a unidade de aceleração (m/s^2), o que daria origem ao kg m/s^2, também conhecido como newton (N). Na década de 1860, James Clerk Maxwell e William Thomson (Lord Kelvin) estabeleceram um sistema de unidades básicas que, acopladas com unidades derivadas, comporia um sistema de unidades coerentes.

A 1ª Conferência Geral de Pesos e Medidas (CGPM), em 1889, adotou como padrão do metro um protótipo materializado em uma barra de platina com 10 % de irídio, que está guardada até os dias atuais no BIPM.

A partir da assinatura do Tratado do Metro, a metrologia avançou rapidamente e, em 1921, a 6ª CGPM acabou emendando o Tratado. O sistema métrico incorporou o segundo e o ampere, sendo chamado **MKSA** (metro, kilograma, segundo e ampere).

Em 14 de outubro de 1960, a 11ª CGPM revisou o sistema métrico, que passou a ser chamado **Sistema Internacional de Unidades (SI)**.

Em 1983, o metro foi definido como o "comprimento do trajeto percorrido pela luz no vácuo durante um intervalo de tempo de 1/299 792 458 de um segundo". O padrão de comprimento, finalmente, deixou de ser representado por uma barra de platina e estava *imaterializado*, isto é, continha uma grandeza física para representá-lo, ficando a cargo dos metrologistas garantir a tecnologia em todos os lugares do mundo para poder reproduzi-lo.

A grande discussão continuava a ser a desmaterialização da unidade **kilograma**, definida ainda como a massa de um cilindro de platina-irídio e mantida na sede do BIPM. Foi, durante muitos anos, a única unidade do SI ainda representada por um objeto materializado.

No Brasil, durante o reinado de D. Pedro I, as unidades de medida seguiam os padrões de Portugal. Em 26 de junho de 1862, D. Pedro II promulgou a Lei Imperial nº 1157 e, com isso, adotou o sistema métrico decimal francês em todo o país. Como já mencionado, o Brasil, como signatário da Convenção do Metro, foi uma das primeiras nações a adotar o novo sistema.

Em 1961, foi criado o Instituto Nacional de Pesos e Medidas (INPM), e o Sistema Internacional de Unidades passou a ser o sistema oficial por meio do Decreto nº 52 243, de 30 de agosto de 1963, mais tarde substituído pelo Decreto nº 63 323, de 12 de setembro de 1968. Em 1973, o INPM foi substituído pelo Instituto Nacional de Metrologia, Normalização e Qualidade Industrial (**Inmetro**), hoje Instituto Nacional de Metrologia, Qualidade e Tecnologia.

1.2 Sistema Internacional de Unidades (SI)

O Vocabulário Internacional de Metrologia [1] [VIM 2012] define o **Sistema Internacional de Unidades (SI)** [2] da seguinte maneira:

> Sistema de unidades, baseado no Sistema Internacional de Grandezas, com os nomes e os símbolos das unidades, incluindo uma série de prefixos com seus nomes e símbolos, em conjunto com regras de utilização, adotado pela Conferência Geral de Pesos e Medidas (CGPM). [1]
> Para completar o raciocínio, apresentamos a definição de Sistema Internacional de Grandezas: "Sistema de grandezas baseado nas sete grandezas de base: comprimento, massa, tempo, corrente elétrica, temperatura termodinâmica, quantidade de substância e intensidade luminosa." [1]

Algumas características do SI:

- unidades de base únicas, que podem ser reproduzidas e realizadas em qualquer lugar do mundo;
- poucas unidades de base, separadas e independentes;
- coerente, de modo que a combinação de unidades existentes produz outras unidades sem a necessidade de constantes.

Conheça um pouco mais...

Sistema Internacional de Unidades (SI)

O BIPM, desde 1970, publica o Sistema Internacional de Unidades na *SI Brochure* (em inglês) ou na *Brochure sur le SI* (em francês), nas versões impressa e digital. É possível baixar gratuitamente a tradução do SI no *site* do Inmetro: http://www.inmetro.gov.br/consumidor/unidLegaisMed.asp

1.2.1 Grandeza

> Propriedade de um fenômeno, de um corpo ou de uma substância, que pode ser expressa quantitativamente sob a forma de um número e de uma referência. [1]
> A referência pode ser uma unidade de medida, um procedimento de medição, um material de referência ou uma combinação destes. [1]
> O conceito "grandeza" pode ser genericamente dividido em, por exemplo, "grandeza física", "grandeza química" e "grandeza biológica", ou grandeza de base e grandeza derivada. [1]

Com base nas informações encontradas no VIM (2012), a natureza de uma grandeza é um aspecto comum a grandezas mutuamente comparáveis. A divisão de "grandeza" de acordo com a "natureza de uma grandeza" é, de certa maneira, arbitrária.

SAIBA MAIS

As grandezas diâmetro, circunferência e comprimento de onda são, geralmente, consideradas da mesma natureza, isto é, da grandeza denominada comprimento.

SAIBA MAIS

As grandezas calor, energia cinética e energia potencial são, geralmente, consideradas da mesma natureza, isto é, da grandeza denominada energia.

Grandezas da mesma natureza, em um dado sistema de grandezas, têm a mesma dimensão. Contudo, grandezas de mesma dimensão não são necessariamente da mesma natureza.

As grandezas momento de uma força e energia não são, por convenção, consideradas da mesma natureza, apesar de possuírem a mesma dimensão. O mesmo ocorre para capacidade térmica e entropia, assim como para número de entidades, permeabilidade relativa e fração mássica.

Uma grandeza de base é uma grandeza de um subconjunto escolhido, por convenção, de um dado sistema de grandezas, no qual nenhuma grandeza do subconjunto possa ser expressa em função das outras. O subconjunto mencionado na definição é denominado **conjunto de grandezas de base**. As grandezas de base são consideradas mutuamente independentes, visto que uma grandeza de base não pode ser expressa por um produto de potências de outras grandezas de base.

Uma grandeza derivada é definida em função das grandezas de base desse sistema.

Em um sistema de grandezas que tenha como grandezas de base o comprimento e a massa, a massa específica é uma grandeza derivada definida pelo quociente de uma massa por um volume (comprimento ao cubo).

1.2.2 Unidade de medida

> Grandeza escalar real, definida e adotada por convenção, com a qual qualquer outra grandeza da mesma natureza pode ser comparada para expressar, na forma de um número, a razão entre as duas grandezas. [1]
>
> NOTA 1 – As unidades de medida são designadas por nomes e símbolos atribuídos por convenção.
>
> NOTA 2 – As unidades de medida das grandezas da mesma dimensão podem ser designadas pelos mesmos nome e símbolo, ainda que as grandezas não sejam da mesma natureza. Por exemplo, joule por kelvin e J/K são, respectivamente, o nome e o símbolo das unidades de medida de capacidade térmica e de entropia, que geralmente não são consideradas como grandezas da mesma natureza. Contudo, em alguns casos, nomes especiais de unidades de medida são utilizados exclusivamente para grandezas de uma natureza específica. Por exemplo, a unidade de medida "segundo elevado ao expoente menos um" (1/s) é chamada hertz (Hz) quando utilizada para frequências, e becquerel (Bq) quando utilizada para atividades de radionuclídeos.
>
> NOTA 3 – As unidades de medida de grandezas adimensionais são números. Em alguns casos, são dados nomes especiais a estas unidades de medida, por exemplo, radiano, esferorradiano e decibel, ou são expressos por quocientes tais como milimol por mol, que é igual a 10^{-3}, e micrograma por kilograma, que é igual a 10^{-9}.
>
> NOTA 4 – Para uma dada grandeza, o termo abreviado "unidade" é frequentemente combinado com o nome da grandeza, por exemplo, "unidade de massa".

No SI existem duas classes de unidades de medida: as unidades de base e as unidades derivadas.

1.2.3 Unidades de base

> Unidade de medida que é adotada por convenção para uma grandeza de base. [1]

As unidades de base são sete grandezas físicas independentes. As novas definições em vigor, desde 20 de maio de 2019, e os símbolos das unidades de base estão apresentados na Tabela 1.2.

Tabela 1.2 Unidades de base do SI

Grandeza	Unidade	Símbolo	Definição
Comprimento	metro	m	O metro é definido tomando-se o valor numérico fixo da velocidade da luz no vácuo *c* como 299 792 458 quando expresso na unidade **m s**$^{-1}$.
Intensidade de corrente elétrica	ampere	A	O ampere é definido tomando o valor numérico da carga elementar *e* para ser 1,602 176 634 × 10^{-19} quando expresso na unidade C (coulombs), que é igual a **A s**.
Intensidade luminosa	candela	cd	A candela, intensidade luminosa, em uma dada direção, é definida tomando o valor numérico fixo da eficácia luminosa da radiação monocromática de frequência 540 × 10^{12} hertz, K_{cd} para ser 683 quando expresso na unidade **lm W**$^{-1}$, o que é igual a **cd sr W**$^{-1}$, ou **cd sr kg**$^{-1}$ **m**$^{-2}$ **s**^{3}.
Massa	kilograma	kg	O kilograma é definido tomando o valor numérico fixo da constante de Planck ***h*** como 6,626 070 15 × 10^{-34} quando expresso na unidade **J s**, que é igual a kg m^2 s^{-1}.
Quantidade de matéria	mol	mol	O mol é a quantidade de substância que contém exatamente 6,022 140 76 × 10^{23} entidades elementares. Esse número é o valor numérico fixo da constante de Avogadro, N_A, quando expressa na unidade **mol**$^{-1}$ e é chamado de número de Avogadro.
Temperatura termodinâmica	kelvin	K	O kelvin é definido tomando-se o valor numérico fixo da constante de Boltzmann ***k*** como 1,380 649 × 10^{-23} quando expresso na unidade **J K**$^{-1}$, que é igual a **kg m**^{2} **s**$^{-2}$ **K**$^{-1}$.
Tempo	segundo	s	O segundo é definido tomando o valor numérico fixo de frequência de césio, a frequência de transição hiperfina do estado fundamental não perturbado do átomo de césio 133, para ser 9 192 631 770 quando expresso na unidade **Hz**, que é igual a **s**$^{-1}$.

Conheça um pouco mais...

A Conferência Geral de Pesos e Medidas (CGPM), em sua 25ª reunião ocorrida em novembro de 2014, adotou uma Resolução sobre a nova revisão do Sistema Internacional de Unidades (SI), validada na 26ª reunião, em 2018. Nessa revisão, kilograma, ampere, kelvin e mol foram redefinidos com base nos valores numéricos fixos das constantes de Planck (*h*), da carga elementar em um próton (*e*), da constante de Boltzmann (*k*) e da constante de Avogadro (N_A), respectivamente.

Posteriormente, as sete unidades básicas do SI foram definidas com base em sete constantes de referência, a serem conhecidas como "constantes definidoras do SI", ou seja, a frequência de divisão de césio hiperfino - segundo; a velocidade da luz no vácuo – metro; a constante de Planck - kilograma; a carga elementar em um próton - ampere; a constante de Boltzmann - kelvin; a constante de Avogadro – mol; e a eficácia luminosa de uma fonte monocromática especificada – candela. Isso resultou em uma definição mais simples e mais fundamental de todo o SI e dispensou a última das definições com base em um artefato material – o protótipo internacional do kilograma mantido no BIPM.

A principal desvantagem da antiga definição do kilograma era a que se referia à massa do artefato, que, pela própria natureza, sabemos que não poderia ser absolutamente estável. Os resultados das comparações entre as cópias oficiais e o protótipo internacional mostravam alguma divergência com o tempo. A deriva na massa do protótipo internacional, desde 1889, não conseguiu ser mostrada, mas certamente deveria estar presente. A taxa de mudança de sua massa poderia ser determinada apenas por experiências absolutas que até agora são de precisão insuficientemente alta.

A nova unidade do kilograma pode ser medida com a "balança de watt (ou balança de Kibble)", um instrumento que permite comparar energia mecânica com eletromagnética usando duas experiências separadas.

O ampere pode ser medido usando a lei de Ohm (A = V/Ω) e as realizações práticas de V e Ω, baseados nos efeitos Josephson e quantum Hall, respectivamente.

O kelvin será definido a partir do novo sistema com termometria acústica. A técnica permite determinar a velocidade do som em uma esfera cheia de gás a uma temperatura fixa.

O mol pode ser realizado como a quantidade precisa de átomos em uma esfera perfeita de silício puro-28.

(Fonte: Adaptado de <https://www.bipm.org/en/publications/mises-en-pratique/> e <https://g1.globo.com/ciencia-e-saude/noticia/por-que-em-2019-1-kg-ja-nao-pesara-1-kg.ghtml>.

1.2.4 Unidades derivadas

Unidade de medida de uma grandeza derivada. [1]

São unidades formadas pela combinação das unidades de base segundo relações matemáticas que correlacionam as correspondentes grandezas. Na Tabela 1.3 são apresentados alguns exemplos de unidades derivadas.

Tabela 1.3 Exemplos de unidades derivadas

Grandeza	Unidade	Símbolo	Unidade de base	Outras unidades do SI
Ângulo plano	radiano	rad	m/m	
Área	metro quadrado	A	m^2	
Campo elétrico	volt por metro	V/m	$m\ kg\ s^{-3}\ A^{-1}$	
Capacitância	farad	F	$m^{-2}\ kg^{-1}\ s^4\ A^2$	C/V
Carga elétrica	coulomb	C	s A	
Condutância elétrica	siemens	S	$m^{-2}\ kg^{-1}\ s^3\ A^2$	A/V
Diferença de potencial elétrico	volt	V	$m^2\ kg\ s^{-3}\ A^{-1}$	W/A
Energia, trabalho, quantidade de calor	joule	J	$m^2\ kg\ s^{-2}$	N m
Fluxo luminoso	lúmen	lm	cd	cd sr
Força	newton	N	$m\ kg\ s^{-2}$	
Frequência	hertz	Hz	s^{-1}	

(*Continua*)

Tabela 1.3 Exemplos de unidades derivadas (*continuação*)

Grandeza	Unidade	Símbolo	Unidade de base	Outras unidades do SI
Indutância	henry	H	$m^2 \, kg \, s^{-2} \, A^{-2}$	Wb/A
Massa específica, densidade	kilograma por metro cúbico	ρ	kg/m^3	
Potência, fluxo energético	watt	W	$m^2 \, kg \, s^{-3}$	J/s
Pressão	pascal	Pa	$m^{-1} \, kg \, s^{-2}$	N/m^2
Resistência elétrica	ohm	Ω	$m^2 \, kg \, s^{-3} \, A^{-2}$	V/A
Temperatura Celsius	grau Celsius(*)	°C	K	
Velocidade	metro por segundo	v	m/s	
Volume	metro cúbico	V	m^3	

(*) O grau Celsius e o kelvin são iguais em tamanho, de modo que o valor numérico de uma diferença de temperatura ou de um intervalo de temperatura é idêntico quando expresso em graus Celsius ou em kelvins.

1.2.5 Análise dimensional das grandezas

A análise dimensional estuda as grandezas e as relações entre as respectivas unidades de medição dessas grandezas. O estudo da análise dimensional se torna um poderoso aliado para nos ajudar na escrita do SI e na obtenção de algumas equações envolvendo grandezas físicas.

O Vocabulário Internacional de Metrologia fornece a seguinte definição para **dimensão de uma grandeza**:

> A dimensão de uma grandeza é a expressão da dependência de uma grandeza em relação às grandezas de base de um sistema de grandezas, na forma de um produto de potências de fatores correspondentes às grandezas de base, omitindo-se qualquer fator numérico. [1]

Os símbolos correspondentes às dimensões das grandezas de base estão apresentados na Tabela 1.4.

Tabela 1.4 Dimensões das grandezas de base

Grandeza de base	Símbolo da grandeza	Símbolo da dimensão
Comprimento	l, x, r	L
Massa	m	M
Tempo	t	T
Corrente elétrica	I, i	I
Temperatura termodinâmica	T	Θ
Quantidade de substância	n	N
Intensidade luminosa	I_v	J

Segundo o VIM 2012, a dimensão de uma grandeza Q é representada por:

$$\dim(Q) = \mathbf{L}^{\alpha}\mathbf{M}^{\beta}\mathbf{T}^{\gamma}\mathbf{I}^{\delta}\Theta^{\varepsilon}\mathbf{N}^{\xi}\mathbf{J}^{\eta}$$

em que os expoentes dimensionais $\alpha, \beta, \gamma, \delta, \varepsilon, \xi, \eta$ podem ser positivos, negativos ou zero.

EXERCÍCIO RESOLVIDO 1.1

(FEPECS-DF - adaptado) Em 1851, o físico e matemático inglês George Stokes deduziu uma fórmula para a força de atrito que atua em uma esfera de raio R imersa em um líquido de viscosidade dinâmica η, e que se move com velocidade v. A fórmula deduzida por Stokes é $F = 6\pi R\eta v$. Considerando esta fórmula, qual é a unidade de viscosidade dinâmica no SI?

SOLUÇÃO:
Vamos escrever a equação em função de η. Logo, temos:

$$\eta = \frac{F}{6\pi R v}$$

$$\dim(\eta) = \frac{\dim(F)}{\dim(R)\cdot\dim(v)}$$

$$\dim(R) = L$$

$$\dim(v) = LT^{-1}$$

A unidade da força (newton) é expressa pela fórmula $f = m \cdot a$, sendo a a aceleração do corpo de massa m.

Temos:

$$a = \mathrm{m/s^2} \rightarrow \dim(a) = LT^{-2}$$

$$\dim(F) = \dim(m)\cdot\dim(a)$$

$$\dim(F) = MLT^{-2}$$

Substituindo na equação de $\dim(\eta)$, temos:

$$\dim(\eta) = \frac{MLT^{-2}}{L\cdot LT^{-1}} = ML^{-1}T^{-1}$$

Deste modo, a unidade de η é kg m^{-1} s^{-1}. Entretanto, como a unidade pascal (Pa) é kg m^{-1} s^{-2}, podemos representar a unidade viscosidade dinâmica no SI como **pascal segundo** (Pa s).

EXERCÍCIO RESOLVIDO 1.2

(FEEPA) Temos a equação $P = v^2k$, em que v é velocidade. Para que P seja pressão é necessário que k seja?

a) massa

b) massa específica

c) vazão mássica

d) peso

e) peso específico

SOLUÇÃO:

Vamos escrever a equação em função de k.

$$k = \frac{P}{v^2}$$

Fazendo uma análise dimensional de k

$$\dim(k) = \frac{\dim(P)}{\dim(v^2)}$$

Como pressão é força/área, temos:

$$\dim(P) = \frac{\dim(\text{força})}{\dim(\text{área})}$$

$$\dim(P) = \frac{MLT^{-2}}{L^2} = ML^{-1}T^{-2}$$

A dimensão de v^2 é dada pela expressão:

$$\dim(v^2) = L^2T^{-2}$$

Então, temos para a dimensão de k:

$$\dim(k) = \frac{\dim(P)}{\dim(v^2)} = \frac{ML^{-1}T^{-2}}{L^2T^{-2}} = ML^{-3}$$

No Sistema Internacional, essa dimensão representa as unidades: $Un(k) = \frac{\text{kg}}{\text{m}^3}$

Essa é a unidade de vazão mássica. Portanto, a resposta correta é a (c).

1.2.6 Múltiplos e submúltiplos

No SI foram definidos múltiplos e submúltiplos, com a nomenclatura e simbologia dada na Tabela 1.5 a seguir.

Tabela 1.5 Múltiplos e submúltiplos no Sistema Internacional

Fator	Prefixo	Símbolo	Fator	Prefixo	Símbolo
10^{24}	yotta	Y	10^{-1}	deci	d
10^{21}	zetta	Z	10^{-2}	centi	c
10^{18}	exa	E	10^{-3}	mili	m
10^{15}	peta	P	10^{-6}	micro	μ
10^{12}	tera	T	10^{-9}	nano	n
10^{9}	giga	G	10^{-12}	pico	p
10^{6}	mega	M	10^{-15}	femto	f
10^{3}	kilo	k	10^{-18}	atto	a
10^{2}	hecto	h	10^{-21}	zepto	z
10	deca	da	10^{-24}	yocto	y

Com exceção dos prefixos da (deca), h (hecto) e k (kilo), todos os símbolos dos prefixos dos múltiplos são escritos com letra maiúscula e todos os símbolos dos submúltiplos são escritos com letra minúscula. Todos os nomes de prefixos são escritos com letra minúscula, exceto no início de uma frase.

Apesar de serem previstos os múltiplos da (deca) e h (hecto) e o submúltiplo d (deci), o seu uso não é comum e recomenda-se expressar em k (kilo), m (mili) ou μ (micro).

1.2.7 Regras para grafia das unidades e símbolos do SI

As regras de grafia dos símbolos e das unidades foram inicialmente propostas pela 9ª CGPM, em 1948. Em seguida, foram adotadas pela ISO/TC 12 (ISO 31, Grandezas e Unidades).

Algumas regras são apresentadas a seguir.

1) Os símbolos são expressos com letras minúsculas e em caracteres romanos.

   Exemplo: metro (m), segundo (s).
   As exceções são a letra grega Ω[1] e a unidade litro, que também pode ser escrita com L. Obs.: o litro não é uma unidade do SI.

2) Se o nome da unidade é um nome próprio, a primeira letra do símbolo é maiúscula, porém, escreve-se por extenso com letra minúscula.

   Exemplo: pascal (Pa), kelvin (K).

   A grafia de °C é grau Celsius, pois a unidade grau começa com letra minúscula, e Celsius é um adjetivo, começando com letra maiúscula porque é um nome próprio.

[1] Ohm: unidade de resistência elétrica.

3) Os símbolos das unidades não têm plurais e não são seguidos por pontos.

Exemplo: 10 kg, 500 m, 25 s.

4) No plural das unidades acrescenta-se apenas o "s" ao final da unidade.

Exemplo: 10 pascals, 80 newtons.

5) Na divisão de uma unidade por outra pode ser utilizada a barra inclinada, o traço horizontal, ou a potência negativa.

Exemplo: km/h, $\frac{\text{km}}{\text{h}}$ ou km h^{-1}.

6) Para evitar ambiguidades, use apenas uma barra inclinada, parênteses ou potências negativas.

Exemplo: m/s^2 ou m s^{-2}, e nunca m/s/s.

7) A multiplicação dos símbolos das unidades deve ser indicada por um espaço ou um ponto centrado à meia altura (·).

Exemplo: newton metro → N m ou N·m

8) O acento tônico não recai sobre o prefixo, e sim sobre a unidade.

Exemplo: micro<u>me</u>tro, kilo<u>me</u>tro.

9) O kilograma, seus múltiplos e submúltiplos pertencem ao gênero masculino.

Exemplo: duzen<u>tos</u> kilogramas, <u>um</u> grama.

10) Na grafia de uma unidade constituída pela multiplicação de nomes de unidades convém utilizar um espaço ou um hífen para separar os nomes das unidades.

Exemplo: Pa s → pascal segundo ou pascal-segundo.

11) Medidas de tempo:

Correto	**5 h 14 min**; 3 h 30 min 15 s; 2 h
Errado	5:14 h; 3 h 30' 15"; 3:30:15 h

Obs.: a hora (h) e o minuto (min) não são unidades do SI.

12) O valor numérico precede a unidade e sempre existe um espaço entre o número e a unidade. Desse modo, sendo o valor de uma grandeza o produto de um número por uma unidade, o espaço é considerado um sinal de multiplicação.

Exemplo: 124,6 mm, 45,9 °C, 50 kg.
Exceção para esta regra são os símbolos das unidades do grau (°), minuto (′) e segundo (″) do ângulo plano (unidades fora do SI), para os quais não há espaço entre o valor numérico e o símbolo da unidade.

Exemplo: 45° 25′ 6″

13) Quando se utiliza um prefixo de múltiplo, ou submúltiplo, este faz parte da unidade e precede o símbolo da unidade, sem espaço entre o símbolo do prefixo e o símbolo da unidade.

Correto: 124,6 mm (valor numérico/espaço/prefixo da unidade/unidade)
Errado: 124,6 m m

14) Não misture nome com o símbolo.

Correto	kilometro por hora ou km/h
Errado	km/hora ou kilometro/h

1.2.8 Unidades fora do SI

É reconhecida pelo BIPM a necessidade de se utilizar unidades que, embora não façam parte do SI, sejam amplamente difundidas. Algumas dessas unidades são apresentadas na Tabela 1.6 a seguir.

Tabela 1.6 Unidades fora do SI

Grandeza	Nome	Símbolo	Valor em unidade SI
Tempo	minuto	min	60 s
	hora	h	3 600 s
	dia	d	86 400 s
Ângulo plano	grau	°	π/180 rad
	minuto	′	π/10 800 rad
	segundo	″	π/648 000 rad
Volume	litro	l ou L	1 dm^3 = 10^{-3} m^3
Massa	tonelada	t	1 000 kg
Energia	elétron-volt	eV	energia cinética adquirida por um elétron atravessando uma diferença de potencial de 1 volt no vácuo (1,60219 × 10^{-19} aproximadamente)
Pressão	bar	bar	0,1 MPa = 100 kPa
	milímetro de mercúrio	mmHg	133,322 Pa
Área	hectare	ha	10^4 m^2

1.3 Exercícios Propostos

1.3.1 Qual é o símbolo da grandeza comprimento no SI?
a) mts
b) m
c) KM
d) km

1.3.2 Qual é o símbolo da grandeza tempo no SI?
a) s
b) seg
c) h
d) hs

1.3.3 Qual é o símbolo da grandeza corrente elétrica no SI?
a) A
b) a
c) Amp
d) Ap

1.3.4 Qual é o símbolo da grandeza velocidade no SI?
a) mts/s
b) m/seg
c) km/hr
d) m/s

1.3.5 Qual é o símbolo da grandeza tensão elétrica no SI?
a) T
b) VA
c) V
d) VT

1.3.6 Quanto vale 1 μm em potência de dez?
a) 10^3 m
b) 10^6 m
c) 10^{-6} m
d) 10^{-3} m

1.3.7 A unidade de força no Sistema Internacional é:
a) dyna
b) newton
c) kilograma-força
d) kilograma

1.3.8 A unidade de pressão no Sistema Internacional é:
a) pascal
b) psi
c) kilograma-força
d) bar

1.3.9 Qual é o símbolo da grandeza temperatura no SI?
a) K
b) °F
c) °K
d) C

1.3.10 Assinale a alternativa correta quanto à escrita.
a) 18 hrs
b) 3 mts
c) 10 hs
d) 9 L

1.3.11 Assinale a alternativa correta quanto à escrita.

a) 5 Newtons
b) 5 newtons
c) 5 Newton
d) 5 newton

1.3.12 Assinale a alternativa correta quanto à escrita.

a) 18 h
b) 4 KM/H
c) 10 mts
d) 9 Kg

1.3.13 Quanto vale 1 MHz em potência de dez?

a) 10^{6} Hz
b) 10^{-6} Hz
c) 10^{-3} Hz
d) 10^{-9} Hz

1.3.14 Quanto vale 1 ns em potência de dez:

a) 10^{3} s
b) 10^{6} s
c) 10^{-9} s
d) 10^{9} s

1.3.15 Assinale a opção que só possua unidades de base do Sistema Internacional.

a) metro, segundo e grau Celsius
b) metro, hora e grau Celsius
c) kilometro, segundo e kelvin
d) metro, ampere e kelvin

1.3.16 Assinale a opção que só possua unidades derivadas do Sistema Internacional.

a) metro, segundo e grau Celsius
b) joule, hora e grau Celsius
c) joule, newton e volt
d) metro, ampere e kelvin

1.3.17 (Inmetro – 2010) As unidades básicas do Sistema Internacional de Unidades (SI) incluem:

a) segundo, metro, candela e newton
b) segundo, metro, candela e kelvin
c) segundo, metro, kelvin e joule
d) segundo, mol, joule e ampere
e) segundo, mol, ampere e pascal

1.3.18 (Inmetro – 2010) Assinale a opção que contém um valor de pressão grafado corretamente em unidades do Sistema Internacional de Unidades.

a) 200 MPA
b) 200 MPa
c) 200 Mpa
d) 200 mpa
e) 200 mPA

1.3.19 (Prefeitura de Itu – 2012) Qual a unidade de medida para pressão?

a) pascal
b) mol
c) candela
d) kelvin

1.3.20 (Prefeitura de Itu – 2012) Qual a unidade de medida para volume?

a) kilograma
b) metro cúbico
c) metro quadrado
d) mol

1.3.21 (Prefeitura de Itu – 2012) O símbolo (m^3/s) representa qual grandeza?

a) massa específica
b) volume
c) vazão
d) velocidade

1.3.22 (Prefeitura de Itu – 2012) A resistência elétrica é representada por qual símbolo?

a) B
b) Ω
c) μ
d) Σ

1.3.23 (Prefeitura de Itu – 2012) Para a grandeza carga elétrica, utilizamos qual unidade?

a) joule
b) coulomb
c) volt
d) farad

1.3.24 (Ipem-ES) As unidades de base do Sistema Internacional de Unidades, dentre outras, são:

a) seg, °C, PA, kg, A
b) km, kg, K, mol, A
c) m, K, s, A, kg
d) s, m, cd, bar, °C

1.3.25 (Vunesp) O intervalo de tempo de 2,4 minutos equivale, no Sistema Internacional de Unidades (SI), a:

a) 24 segundos
b) 124 segundos
c) 144 segundos
d) 160 segundos
e) 240 segundos

1.3.26 (Cesgranrio) Na expressão

$$x = k\frac{v^n}{a}$$

x representa uma distância, v uma velocidade, a uma aceleração, e k representa uma constante adimensional. Qual deve ser o valor do expoente n para que a expressão seja fisicamente correta?

1.3.27 (Uergs) No Sistema Internacional, as unidades de medida de potencial elétrico, campo elétrico, trabalho e capacitância são, respectivamente:

a) W, N/C, F, J
b) V, N/C, J, C
c) V, V/m, J, F
d) W, V/m, F, J
e) W, V/m, J, F

1.3.28 (UFU-MG) A intensidade física (I) do som é a razão entre a quantidade de energia (E) que atravessa uma unidade de área (S) perpendicular à direção de propagação do som, na unidade de tempo (t), ou seja, no Sistema Internacional de Unidades (SI), qual é a unidade de I?

1.3.29 (Cefet-PR) Toda grandeza física pode ser expressa matematicamente, em função de outras grandezas físicas, por meio da fórmula dimensional. Utilizando-se dos símbolos dimensionais das grandezas fundamentais do SI, determine a fórmula dimensional da grandeza física potência.

a) MLT^{-1}
b) $ML^{-2}T^{-3}$
c) $M^{-1}L^{3}T^{-2}$
d) $ML^{2}T^{-3}$
e) MLT^{-2}

1.3.30 (Cesgranrio) Na análise de determinados movimentos, é bastante razoável supor que a força de atrito seja proporcional ao quadrado da velocidade da partícula que se move. Analiticamente, $f = kv^2$. Qual é a unidade da constante de proporcionalidade k no Sistema Internacional de Unidades?

Capítulo 2

APRESENTAÇÃO DO CAPÍTULO

CONHECENDO A METROLOGIA E SUA ESTRUTURA

Neste capítulo vamos discutir algumas definições e conceitos que consideramos fundamentais para o bom conhecimento da metrologia, mostrar algumas interações com áreas correlatas, como a normalização, avaliação da conformidade e qualidade, e apresentar as estruturas metrológicas em nível internacional, regional e nacional.

As definições e conceitos, na grande maioria dos casos, estão ancorados no documento referência Vocabulário Internacional de Metrologia – Conceitos Fundamentais e Gerais e Termos Associados [1], adotado no Brasil pela Portaria Inmetro nº 232, de 8 maio de 2012.

2.1 Metrologia - definição

Metrologia é a "ciência da medição e suas aplicações". Complementando esta definição, dizemos que a "metrologia engloba todos os aspectos teóricos e práticos da medição, qualquer que seja a incerteza da medição e o campo de aplicação". [1]

A metrologia existe para sustentar um acordo universal para as unidades de medida, ou seja, a existência de uma padronização dos valores. Para que isso aconteça deve existir uma estrutura metrológica internacional e nacional para garantir que os instrumentos de medição sejam mantidos e aplicados de forma adequada e correta no dia a dia operacional e nas transações comerciais. Esta **padronização de unidades de medida** é de grande importância comercial para as nações e as empresas.

No processo de fabricação de um automóvel, por exemplo, existem diversos fornecedores de peças, e cada um possui seu sistema de produção e seus instrumentos de medição. No entanto, todas as peças devem se encaixar perfeitamente na montagem do automóvel. Imaginem um fornecedor de rodas fabricando e medindo os furos dos parafusos de fixação com um diâmetro um pouco menor do que o fabricado e medido pelo fornecedor de parafusos. Simplesmente as rodas não poderiam ser utilizadas.

Utilizar diferentes unidades de medida para a mesma grandeza está em desacordo com a padronização da linguagem estabelecida no Sistema Internacional de Unidades (SI), conforme vimos no capítulo anterior. Entretanto, alguns países de colonização britânica ainda empregam outras unidades de medida, como a polegada, pé, libra, jarda, milha e outras. Essa utilização pode acarretar sérios equívocos e consequências desastrosas para a sociedade.

Vejamos alguns casos verídicos como exemplos.

Caso 1: Vasa, o navio de guerra sueco

Foto: © MicheleBoiero | iStockphoto.com.

Figura 2.1 Navio de guerra Vasa.

O navio de guerra sueco Vasa naufragou, em 1628, em sua viagem inaugural, a menos de dois quilômetros da costa, causando a morte de 30 tripulantes. Na época, armado com 64 canhões de bronze, era considerado o navio mais poderoso do mundo. Os arqueólogos que o estudaram, depois que ele foi içado do fundo do mar em 1961, disseram que ele era mais espesso a bombordo do que a estibordo. Uma razão pode ser o fato de que os operários usaram sistemas de medidas diferentes, pois os arqueólogos encontraram quatro réguas usadas na construção: duas estavam marcadas em pés suecos, que têm 12 polegadas, enquanto as outras usavam pés de Amsterdã, com 11 polegadas.

Fonte: Adaptado de <www.bbc.com/portuguese/noticias/2014/05/140530_erros_ciencia_engenharia_rb>.

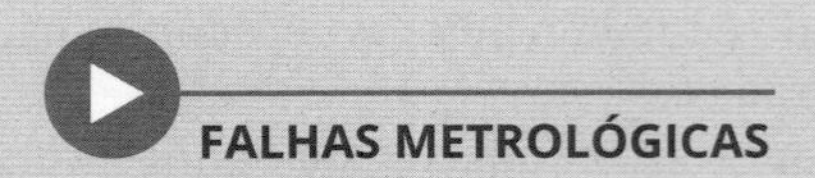

FALHAS METROLÓGICAS

Caso 2: Boeing 767-200 da Air Canada, conhecido como planador Gimli

Foto: © Robert Pearson.

Figura 2.2 Boeing 767-200.

Em 1983, o Canadá estava adaptando seu sistema de medidas, passando das unidades inglesas para o Sistema Internacional de Unidades. Em uma parada em terra, um Boeing 767-200 da empresa Air Canada apresentou problemas no dispositivo de controle de combustível. A equipe de manutenção, então, utilizou-se da régua manual de medição para definir o volume de querosene nos tanques do avião a fim de completá-los. Entretanto, aquela aeronave era a primeira da frota que usava o controle de combustível no SI, mas os técnicos de pista tomaram como base a densidade do combustível de 1,77 libra por litro (sistema inglês), enquanto no SI esse valor era de 0,80 kilograma por litro. Por causa dessa confusão, o avião foi abastecido com menos da metade do volume de querosene necessário para realizar o trajeto entre as cidades de Montreal e Edmonton (precisaria de 22 300 kilogramas de combustível e recebeu 22 300 libras, aproximadamente 10 115 kilogramas). O resultado da "falha metrológica" foi uma pane seca no meio do caminho e a uma altitude de 12 500 m. A aeronave aterrissou planando, felizmente de forma segura, no aeroparque industrial de Gimli, em Manitoba.

Fonte: Adaptado de <http://goo.gl/mpC7RB>.

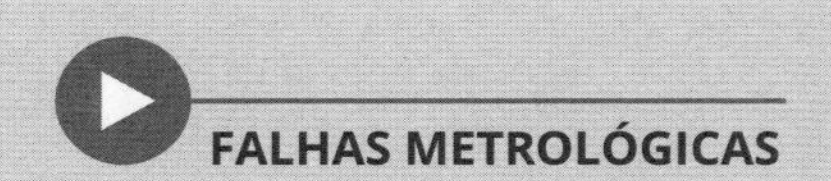

Caso 3: Espaçonave *Mars Climate Orbiter*

Foto: NASA.

Figura 2.3 Espaçonave *Mars Climate Orbiter*.

Em 1999, a espaçonave *Mars Climate Orbiter* desviou-se da rota original ao entrar na atmosfera de Marte, simplesmente porque sua trajetória foi erroneamente calculada usando dois sistemas de medidas: o SI e o Sistema Inglês. Isso acarretou um prejuízo da ordem de US$ 300 milhões para a NASA, uma vez que ocasionou a perda da espaçonave. A explicação é que a nave não se espatifou, mas teve um propulsor destruído ao entrar de forma abrupta na atmosfera do planeta. Foram infrutíferas as tentativas de recolocá-la na órbita correta e de evitar que a *Mars* sumisse no espaço. O diretor da NASA, Carl Pilcher, disse à revista *Science News* que o fato de não identificar a "falha metrológica" durante o trajeto foi um erro grave cometido pelos responsáveis da missão.

Fonte: Adaptado de <http://goo.gl/tRfBeJ>.

Caso 4: A Ponte de Laufenburg

Foto: © Thor767 | iStockphoto.com.

Figura 2.4 Ponte de Laufenburg.

O nível do mar varia de um lugar para o outro, e os países usam diferentes pontos de referência. A Grã-Bretanha, por exemplo, mede a altura em relação ao nível do mar em Cornwall, e a França o faz em relação ao nível do mar em Marselha. A Alemanha mede em relação ao Mar do Norte, enquanto a Suíça, assim como a França, opta pelo Mediterrâneo. Em 2003, isso gerou um problema em Laufenburg, povoado que está na divisa entre a Alemanha e a Suíça, pois, à medida que as duas metades de uma ponte se aproximavam uma da outra durante a construção, em vez de estar "à mesma altura do nível do mar", um lado estava 54 centímetros acima do outro. O lado alemão teve que ser rebaixado para que a ponte pudesse ser completada.

Fonte: Adaptado de
<www.bbc.com/portuguese/noticias/2014/05/140530_erros_ciencia_engenharia_rb>.

O caso da Ponte de Laufenburg não foi motivado pelo uso de sistemas diferentes, mas sim por adotarem uma "referência" diferente. Entretanto, as situações vividas pela Air Canada e NASA não teriam acontecido se não houvesse falhas na "comunicação metrológica", pois, em princípio, não ocorreram erros na calibração dos instrumentos de medição.

Calibrar é importante e necessário, mas harmonizar os conceitos e as unidades de medição possibilita a correta interpretação das informações e, consequentemente, uma tomada de decisões certeiras em um mercado globalizado.

2.2 Importância de medir

Medir faz parte do nosso cotidiano.

Ao olhar o mostrador de um relógio, vemos o resultado da medição de tempo (hora, minuto e segundo); ao comprar um produto pesado em uma balança, temos a medição da massa (kilograma, grama); ao abastecer o carro no posto de gasolina, percebemos a medição do volume (litro) de combustível; quando recebemos a conta de luz de nossa residência, podemos verificar ter sido realizada a medição do consumo de energia elétrica naquele período (kW).

Enfim, estamos sempre presenciando e vivenciando com o resultado de medições.

Medir é um processo que envolve, basicamente, a existência de:

- um fenômeno (ou de um corpo ou de uma substância) que desejamos conhecer;
- um instrumento de medição (ou de um conjunto de instrumentos) calibrado, preferencialmente;
- uma unidade de medida (kg, m, °C etc.);
- um indivíduo capacitado para realizar o ato de medir e interpretar corretamente o resultado.

A importância de medir foi destacada há muitos anos por dois grandes cientistas.

Galileu Galilei disse: "Mede o que é mensurável e torna mensurável o que não o é". (CITADOR – Frases e citações.)

Foto: © paolopc | iStockphoto.com.

Figura 2.5 Galileu Galilei.

Figura 2.6 William Thomson (Lord Kelvin).

WILLIAM THOMSON (Lord Kelvin) afirmou que: "Quando você pode medir aquilo de que fala e expressá-lo em números, você sabe alguma coisa sobre isto. Mas quando você não pode medi-lo, quando você não pode expressá-lo em números, o seu conhecimento é limitado e insatisfatório: pode ser o início do conhecimento, mas você, no seu pensamento, avançou muito pouco para o estágio da ciência". (Popular Lectures, v. 1, p. 73.)

2.3 Objetivo da medição

Em qualquer campo de atividade, as decisões devem ser tomadas com base em informações. Na área científica e tecnológica, tais informações são, em geral, resultado de medições realizadas de forma direta ou indireta, relacionadas com o objeto em estudo.

Pela definição, medição é: "Processo de obtenção experimental de um ou mais valores que podem ser, razoavelmente, atribuídos a uma grandeza". [1]

As medições podem ser influenciadas por diferentes agentes metrológicos, tais como o método de medição, a amostra, o analista que realiza a medida, o instrumento de medição, as condições ambientais e a rastreabilidade dos instrumentos e dos padrões de medição. Dessa maneira, entendemos a **medida** como o "resultado do processo de medição" e, nesse sentido, sua qualidade depende de como tal processo é gerenciado.

A Figura 2.7 apresenta os diferentes agentes metrológicos que influenciam o resultado da medição.

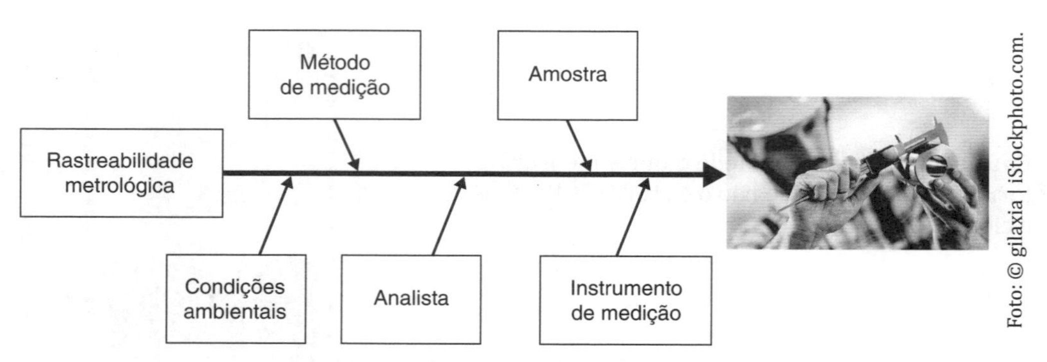

Figura 2.7 Agentes metrológicos.

Vamos discutir um pouco sobre cada agente metrológico.

2.3.1 Método de medição

Eis uma definição para **método de medição**: "Descrição genérica de uma organização lógica de operações utilizadas na realização de uma medição". [1]

O método de medição, na forma ideal, deveria estar contido em uma norma técnica, contudo, pode estar presente em um procedimento operacional, em uma instrução de trabalho, em um fluxograma, ou em qualquer outra forma de documento interno da organização.

Devemos ressaltar que o método de medição deve ser desenvolvido por especialistas no assunto, sendo também utilizado por profissionais com conhecimento e capacitação nas técnicas definidas pelo método.

A norma ABNT NBR 14105-1:2013 Parte 1: Medidores Analógicos de Pressão com Sensor de Elemento Elástico – Requisitos de Fabricação, Classificação, Ensaios e Utilização determina as condições necessárias para a realização da calibração de manômetros do tipo Bourdon. Dentre os vários requisitos, ela define, por exemplo, o número mínimo de pontos de calibração em função da **classe de exatidão**[1] do manômetro.

Tabela 2.1 Número de pontos de calibração de um manômetro, segundo a ABNT NBR 14105-1:2013

Classe de exatidão	Número de pontos de calibração
A4, A3 e A2	10
A1, A, B, C, D	5

Um pouco mais de história...

Eugène Bourdon nasceu em 1808, em Paris, França. Ele começou sua carreira como relojoeiro e, posteriormente, engenheiro. Bourdon inventou o medidor que leva seu nome em 1849. Este manômetro pode medir até 6800 atmosferas. Esta invenção também ajudou a diminuir o número de incidentes de motores a vapor, porque antes de Bourdon medir essa quantidade de pressão era quase impossível. Ele morreu em 1884, mas o seu medidor de pressão de tubo de Bourdon é usado até hoje.

Foto: Domínio público.

[1] Classe de exatidão: classe de instrumentos de medição ou de sistemas de medição que satisfazem requisitos metrológicos estabelecidos, destinados a manter os erros de medição ou as incertezas de medição instrumentais dentro de limites especificados, sob condições de funcionamento especificadas (VIM, 2012).

2.3.2 Amostra

Amostra é uma parte representativa de um todo que, uma vez avaliada, analisada e medida, possibilita que os resultados encontrados sejam atribuídos ao conjunto original.

EXEMPLO 2.2

Verificação do passo da rosca de um lote de 10 000 parafusos.

Foto: © gelmold | iStockphoto.com.

Figura 2.8 Lote de parafusos para determinação do passo da rosca.

Uma opção seria medir todos os 10 000 parafusos, no entanto, seria um processo demorado e oneroso. Assim, uma alternativa viável é escolher aleatoriamente determinado número de peças da produção como amostra, utilizando os critérios estabelecidos na norma ABNT NBR 5426:1985,[2] por exemplo. A média das medidas do passo das peças escolhidas é considerada uma boa estimativa para o total de parafusos.

Devemos tomar cuidado na seleção e na utilização de uma amostra, para que ela realmente represente o conjunto; caso contrário, podemos atribuir valores errados em razão de uma escolha ou manuseio indevido da amostra.

Alguns cuidados básicos devem ser observados na escolha e definição da amostra:

- aplicar métodos estatísticos para determinar o tamanho da amostra, uma vez que ela deve representar o todo;
- fazer a seleção aleatória da amostra e garantir que esta pertença ao mesmo lote de fabricação. Por exemplo, uma boa forma de determinar a temperatura ambiente de um laboratório é realizar a medição da temperatura em vários locais, e não apenas em um mesmo lugar;

[2] A norma ABNT NBR 5426:1985 Planos de Amostragem e Procedimentos na Inspeção por Atributos estabelece planos de amostragem e procedimentos para inspeção por atributos. Estes planos são destinados, em princípio, para inspeção de lotes de séries contínuas e também podem ser usados para inspeção de lotes isolados.

- assegurar que as medições sejam realizadas em condições definidas em normas, métodos ou procedimentos técnicos. Exemplo: usando novamente a norma ABNT NBR 14105-1:2013 [3], esta define que a temperatura do local de calibração deve estar compreendida entre (20 ± 2) °C;
- evitar contaminações que possam modificar as características físicas ou químicas da amostra;
- verificar, onde aplicável, o prazo de validade da amostra.

2.3.3 Analista

O analista, fator humano e principal elemento do processo de medição, precisa:

- conhecer o método de medição;
- saber avaliar as condições ambientais e decidir sobre a realização ou não das medições;
- ser capaz de selecionar adequadamente a amostra a ser avaliada;
- estar treinado e capacitado para a utilização correta dos instrumentos que compõem o sistema de medição;
- registrar e interpretar corretamente o resultado das medições.

Figura 2.9 Sistema de medição de geração de energia.

2.3.4 Condições ambientais

Inicialmente, precisamos definir **grandeza de influência**:

> **Grandeza** que, numa **medição** direta, não afeta a grandeza efetivamente medida, mas afeta a relação entre a **indicação** e o **resultado de medição**.
> Exemplo: Temperatura de um micrômetro utilizado na medição do comprimento de uma haste, mas não a temperatura da própria haste que pode fazer parte da definição do **mensurando**. [1]

As grandezas de influência, na maioria das vezes, não podem ser evitadas, mas devem ser monitoradas e controladas de modo a minimizar seus efeitos no resultado final da medição.

Assim, o que chamamos de **condições ambientais** são as influências desses fatores ambientais, tais como a temperatura, umidade, poeira, vibração, flutuação na tensão de alimentação elétrica, ruído elétrico ou magnético, iluminação, ou outros fatores existentes no local onde as medições serão realizadas.

EXEMPLO 2.3

Para medir a concentração de determinado ingrediente ativo que entra na composição de um medicamento é preciso que a temperatura do laboratório seja mantida em (22,0 ± 0,5) °C, e a umidade relativa em (50 ± 5) %. Um sistema condicionador de ar deve, então, controlar a temperatura e a umidade nas condições ideais. Um **termo-higrômetro** (Fig. 2.10) deve medir essas condições, a fim de possibilitar uma ação, por parte do analista, caso essas variáveis saiam de controle.

Quando qualquer anomalia surgir, seja na temperatura ou na umidade, devemos interromper as medições, ou corrigir seus resultados.

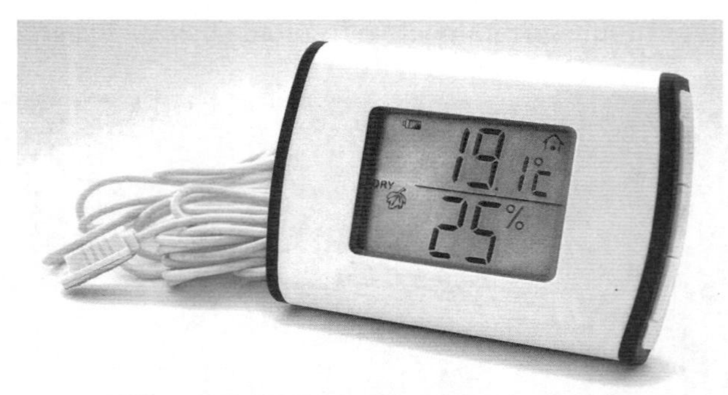

Figura 2.10 Termo-higrômetro digital (temperatura e umidade relativa do ar).

Foto: © AGEphotography | iStockphoto.com.

2.3.5 Instrumento de medição

Define-se **instrumento de medição** como: "Dispositivo utilizado para realizar medições, individualmente ou associado a um ou mais dispositivos suplementares". [1]

Veja, a seguir, alguns instrumentos de medição.

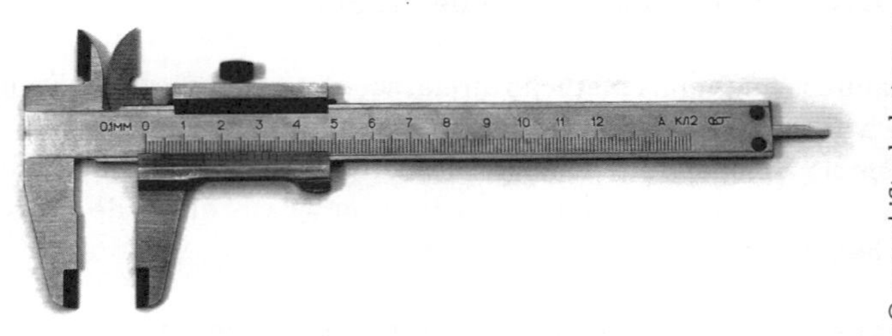

Figura 2.11 Paquímetro.

Foto: © surov | iStockphoto.com.

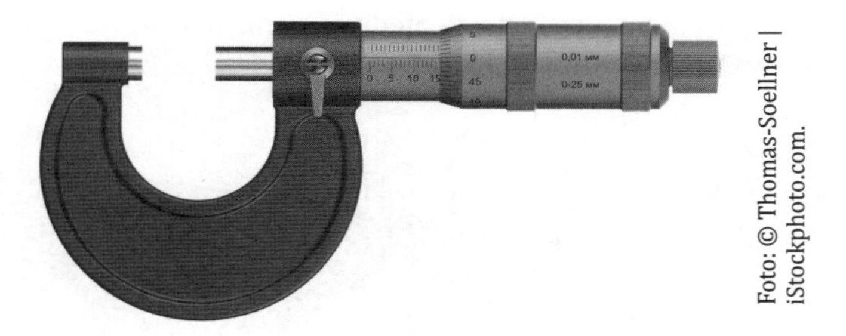

Foto: © Thomas-Soellner | iStockphoto.com.

Figura 2.12 Micrômetro.

Foto: © Krasyuk | iStockphoto.com.

Figura 2.13 Multímetro.

Foto: © curraheeshutter | iStockphoto.com.

Figura 2.14 Manômetro do tipo Bourdon.

Foto: © wir0man | iStockphoto.com.

Figura 2.15 Balança analítica.

A Figura 2.16 apresenta um sistema de medição para controle de qualidade de água e vapor. Observe vários instrumentos de medição acoplados.

Foto: © imantsu | iStockphoto.com.

Figura 2.16 Sistema de medição.

A medição serve para indicar ou controlar um processo, monitorar uma situação de alarme ou, simplesmente, investigar um fenômeno físico, químico ou biológico. No caso de uma simples monitoração, os sistemas de medição indicam o valor instantâneo, ou acumulado, da grandeza a ser medida. Exemplos são os velocímetros e hodômetros dos automóveis, os termômetros clínicos e os manômetros.

Conheça um pouco mais...

Muitos carros já possuem o hodômetro digital, que funciona por pulsos elétricos gerados por um sensor localizado no seu eixo. A cada giro, um pulso é enviado à central eletrônica, gerando um sinal para que o painel digitalize as informações.

A maioria dos carros em circulação ainda possui o hodômetro mecânico. Esse sistema é composto por um cabo de aço, ligado à caixa de câmbio e ao relógio do velocímetro, e um jogo de engrenagens escondido atrás do painel do veículo. Na caixa de câmbio, o cabo está conectado a uma engrenagem que se movimenta conforme os giros do eixo. Consequentemente, o cabo de aço também dá voltas em torno de si mesmo, o que movimenta uma engrenagem sem fim instalada na extremidade próxima ao painel. Essa peça aciona um jogo de engrenagens que movimenta o marcador.

Foto: © Antenore | iStockphoto.com.

Hodômetro: A função do hodômetro é medir as distâncias percorridas pelo veículo.

Um sistema de controle utiliza um transdutor e um controlador capaz de manter uma grandeza, ou processo, dentro de certos valores especificados. De acordo com a definição, **transdutor** é um: "Dispositivo, utilizado em medição, que fornece uma grandeza de saída, a qual tem uma relação especificada com uma grandeza de entrada". [1]

Nesta situação, a grandeza é medida, seu valor é comparado com um valor de referência e uma ação de correção é tomada, a fim de manter a grandeza próxima ao valor de referência.

Conheça um pouco mais...

Veja o sistema de controle de nível (*L*, do inglês *level*) de um reservatório, conforme a figura a seguir.

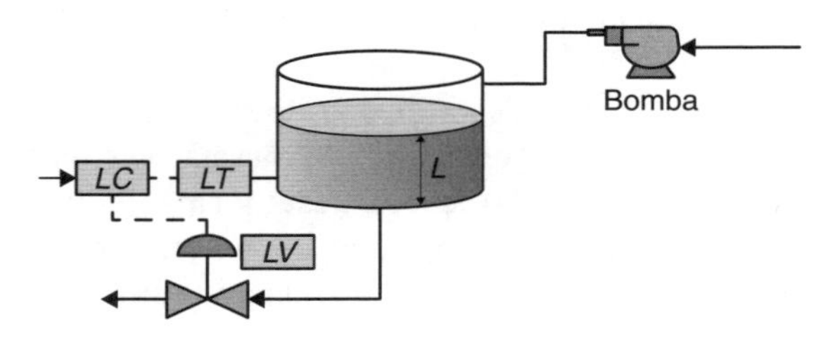

O transdutor (*LT*) envia para o controlador (*LC*) um sinal elétrico proporcional à variação do nível (*L*) na caixa-d'água. O controlador compara esse sinal da variável de processo (nível) a um valor de referência (*SP*) e, dependendo da magnitude dessa diferença, envia um sinal de correção à válvula de controle (*LV*) para que esta reduza (ou aumente) a vazão de líquido, de modo a manter o nível estável dentro do reservatório.

Um sistema de alarme atua em equipamentos de aviso, sonoro ou visual, após a ocorrência de uma situação não desejada ou perigosa (por exemplo: alarme de incêndio).

O sistema de alarme também pode operar em conjunto com sistemas de segurança, a fim de manter a integridade dos equipamentos e, principalmente, das pessoas.

No caso da investigação de um fenômeno, um exemplo é a medição do "buraco na camada de ozônio" na atmosfera terrestre para apurar suas consequências em relação à vida no planeta.

2.3.6 Rastreabilidade metrológica

De acordo com a definição, **rastreabilidade metrológica** é a: [1]

> Propriedade de um resultado de medição pela qual tal resultado pode ser relacionado a uma referência através de uma cadeia ininterrupta e documentada de calibrações, cada uma contribuindo para a incerteza de medição.

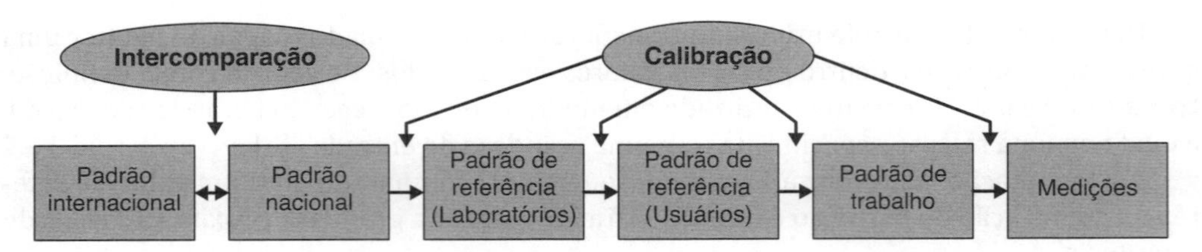

Figura 2.17 Rastreabilidade metrológica.

Os padrões e instrumentos calibrados com rastreabilidade garantida transferem exatidão às medições e possibilitam uma estimativa adequada da incerteza final de medição. Assim, antes de efetuar e utilizar o resultado de uma medição como informação relevante, para qualquer tomada de decisão é necessário analisar o processo de medição de modo a conhecer todas as fontes de influência associadas aos agentes metrológicos.

Uma vez identificadas estas fontes de influência, deve-se atuar sobre o processo de medição para que ele dê origem a medidas de qualidade, ou seja, metrologicamente confiáveis.

A incerteza final do processo de medição é, desta forma, influenciada pela incerteza oriunda de cada agente metrológico. Nos capítulos de incerteza de medição (Caps. 5 e 6), abordaremos o conceito de incerteza e a metodologia para a sua estimativa, considerando as variáveis de influência.

2.4 Confiabilidade metrológica

De uma forma genérica, **confiabilidade** é a capacidade, ou a probabilidade, de um sistema realizar uma função e manter seu funcionamento, sob condições específicas, de forma adequada, conforme previsto no projeto, durante um período de tempo predeterminado, em circunstâncias de rotina, bem como em circunstâncias hostis e inesperadas.

Assim, a confiabilidade metrológica é a **capacidade de um sistema de medição transmitir certeza e confiança nos resultados obtidos**. Sem a comprovação metrológica não há como garantir a confiabilidade dos dados de controle das características que determinam a qualidade do produto.

Analisando o ambiente pelo lado do consumidor, o sistema metrológico existente deve possibilitar aos usuários o acesso a mecanismos de verificação da conformidade dos produtos oferecidos. A partir dos resultados das medições realizadas pelos fabricantes e verificadas pelos órgãos controladores, os consumidores podem confiar que os produtos industrializados foram mensurados adequadamente (por exemplo: peso, volume, composição química, concentração etc.) e liberados para comercialização.

2.5 Áreas de atuação da metrologia

Podemos separar a metrologia em duas grandes áreas de atuação: a metrologia legal e a metrologia científica e industrial.

2.5.1 Metrologia legal

É a área da metrologia mais próxima do cidadão comum, e que tem como principal função garantir a proteção de produtos e serviços que envolvam e necessitem de algum tipo de medição.

É definida pela Organização Internacional de Metrologia Legal (OIML) como: "A aplicação de requisitos legais para medidas e instrumentos de medição".

Os regulamentos metrológicos baseados nas diretrizes da OIML – da qual o Brasil é país-membro – estabelecem as exigências técnicas, o controle metrológico, os requisitos de utilização e de marcação, bem como as exigências das unidades de medida que devem ser satisfeitas pelos fabricantes e pelos usuários dos instrumentos de medição.

Além das atividades comerciais, estão submetidos ao controle metrológico os instrumentos de medição usados em atividades oficiais, na área médica, na fabricação de remédios, nos campos da proteção ocupacional, ambiental e da radiação. Nestes casos, o controle assume especial importância em face dos perigosos efeitos negativos que resultados errados podem provocar à saúde humana.

Conheça um pouco mais...

Exemplos de instrumentos e de produtos pré-medidos submetidos ao controle metrológico brasileiro.

Instrumentos: balanças; pesos; bombas medidoras de combustíveis; veículos-tanque (caminhão e vagão); carrocerias para carga sólida; taxímetros; medidas de capacidade para líquidos; medidas materializadas de comprimento (metros, trenas); termômetros para derivados de petróleo e álcool; densímetros para derivados de petróleo e álcool; termômetros clínicos; medidores de energia elétrica; hidrômetros (medidores de água fria); medidores de gás domiciliares; sistemas de medição de líquidos criogênicos; sistemas de medição de gás combustível comprimido; cronotacógrafos; medidores de velocidade; medidores de gás tipo rotativo e tipo turbina; analisadores de gases veiculares; etilômetros (bafômetros); medidores de pressão sanguínea (esfigmomanômetros); opacímetros; sistemas de medição utilizados para líquidos e gases; medidores de comprimento.

Produtos pré-medidos: alimentícios; têxteis; gás engarrafado; higiene e limpeza; material escolar; material de escritório; medicamentos; cosméticos; material para construção; químicos; cesta básica.

2.5.2 Metrologia científica e industrial

A metrologia científica é vinculada às pesquisas e metodologias científicas de mais alto nível de qualidade metrológica, e que trata dos padrões de medição e dos instrumentos laboratoriais.

Como desdobramento, estas ações abrangem ainda os sistemas de medição das indústrias (metrologia industrial), responsáveis pelo controle dos processos produtivos e pela garantia da qualidade dos produtos e serviços ofertados ao mercado.

2.6 Estrutura metrológica internacional

A estrutura internacional de cada uma das duas grandes áreas de atuação da metrologia (legal e científica) é muito parecida.

2.6.1 Metrologia legal

Organização Internacional de Metrologia Legal (OIML)

É um tratado intergovernamental que, dentre outras atividades, desenvolve regulamentos, normas e documentos para utilização pelas autoridades de metrologia legal e da indústria.

Conheça um pouco mais...

Organização Internacional de Metrologia Legal (OIML)
A OIML, desde 1955, lança as bases para um sistema de metrologia mundial.

> A missão da OIML é permitir que as economias implementem infraestruturas de metrologia legal efetivas que sejam mutuamente compatíveis e internacionalmente reconhecidas, para todas as áreas para as quais os governos assumem a responsabilidade, como as que facilitam o comércio, estabelecem confiança mútua e harmonizam o nível de proteção ao consumidor em todo o mundo.

(Disponível em: <https://www.oiml.org>. Acesso em: 11 out. 2019.)

Conferência Internacional de Metrologia Legal

Órgão máximo de tomada de decisão da OIML. É composta por representantes dos países-membros, por países que se unem como observadores e por associações de instituições internacionais para definir a política geral e promover a implementação das diretrizes metrológicas da OIML.

Comitê Internacional de Metrologia Legal (CIML)

É o órgão de decisão funcional da organização. Aprova o plano de trabalho anual do BIML, a adoção de recomendações da OIML, documentos e publicações.

Bureau Internacional de Metrologia Legal (BIML)

É a secretaria e sede da OIML. As tarefas do Bureau compreendem a organização das reuniões da Conferência e da Comissão, a execução das decisões da Conferência e das Comissões e a divulgação e distribuição das publicações da Organização.

2.6.2 Metrologia científica

Conferência Geral de Pesos e Medidas (CGPM)

A CGPM é composta por delegados dos estados-membros e por observadores dos associados. Entre suas atribuições estão a de discutir e analisar as disposições necessárias para garantir a propagação e a melhoria do Sistema Internacional de Unidades (SI).

Comitê Internacional de Pesos e Medidas (CIPM)

Composto por 18 países-membros, atua como autoridade científica internacional, e sua principal tarefa é promover a uniformidade mundial em unidades de medida, por meio de ação direta ou mediante a apresentação de projetos de resolução à CGPM.

Bureau Internacional de Pesos e Medidas (BIPM)

Organização intergovernamental estabelecida pela Convenção do Metro, cuja missão é assegurar e promover a comparabilidade global das medições, incluindo o fornecimento de um sistema internacional coerente de unidades para pesquisa científica e inovação.

2.7 Estrutura metrológica regional: Sistema Interamericano de Metrologia (SIM)

O Sistema Interamericano de Metrologia (SIM), instituído em 1979, resultou de um amplo acordo entre as organizações nacionais de metrologia envolvendo 34 nações. Sua missão consiste em promover e apoiar uma infraestrutura de medição integrada nas Américas, que permite que cada Instituto Nacional de medição estimule a inovação, a competitividade, o comércio, a segurança do consumidor e o desenvolvimento sustentável, participando efetivamente na comunidade internacional de metrologia.

Organizado em cinco sub-regiões (Noramet, Carimet, Camet, Andimet e Suramet), possui um Conselho de governadores estruturado por um coordenador de cada sub-região, um Comitê Técnico, um Comitê de Desenvolvimento Profissional e uma representação integrada que fornece acesso para o SIM em um acordo mundial para a comparação de padrões no nível de metrologia mais alto.

O SIM está comprometido com a implementação de um Sistema de Medição Global nas Américas, no qual todos os usuários podem ter confiança. Trabalhando para o estabelecimento de um sistema de medição regional robusto, o SIM é essencial para tornar possível o desenvolvimento de uma Área de Livre Comércio nas Américas (ALCA).

No contexto da cooperação estabelecida, as medidas tomadas pelos países-membros ajudarão a alcançar:[3]

- estabelecimento de sistemas de mensuração nacionais e regionais;
- estabelecimento de uma hierarquia das normas nacionais de cada país e vinculação com padrões regionais e internacionais;

[3] Texto adaptado de http://www.sim-metrologia.org.br/.

- estabelecimento de equivalência entre os padrões nacionais de medição e os certificados de calibração emitidos pelos laboratórios nacionais de metrologia;
- comparabilidade dos resultados obtidos em processos de medição realizados em laboratórios dentro do sistema;
- treinamento de pessoal técnico e científico;
- distribuição de documentação técnica e científica;
- vinculação com os padrões internacionais mantidos pelo Bureau Internacional de Pesos e Medidas (BIPM);
- cooperação estreita com a organização internacional de metodologia científica (BIPM) e metrologia legal (OIML) e com outras organizações internacionais interessadas em acreditação de laboratório (ILAC) e com tecnologia e padrões de medição (IMEKO), pesquisa e desenvolvimento (universidades e organizações de P&D), orientada para promover a competitividade, promover transações comerciais mais equitativas e apoiar o desenvolvimento básico em saúde, segurança, desenvolvimento industrial sustentável e proteção ambiental.

2.8 Estrutura metrológica brasileira

2.8.1 Sistema Nacional de Metrologia, Normalização e Qualidade Industrial (Sinmetro)

O Sinmetro foi instituído pela Lei nº 5 966, de 11 de dezembro de 1973, e tem a atribuição de gerenciar a infraestrutura de serviços tecnológicos nas áreas de metrologia (legal, científica e industrial), normalização, qualidade industrial e avaliação da conformidade.

Compõem o Sinmetro: o Conselho Nacional de Metrologia, Normalização e Qualidade Industrial (Conmetro), e seus Comitês Técnicos; o Instituto Nacional de Metrologia, Qualidade e Tecnologia (Inmetro); a Associação Brasileira de Normas Técnicas (ABNT); os organismos de certificação para sistemas da qualidade, gestão ambiental, produtos e pessoal; os organismos de inspeção; os organismos de treinamento; os organismos provedores de ensaio de proficiência; os laboratórios acreditados de calibração e de ensaios; os institutos estaduais de pesos e medidas (Ipem) e as redes metrológicas estaduais.

Áreas de atuação do Sinmetro

- **Metrologia legal**

As atividades da metrologia legal no Brasil são anteriores à lei que instituiu o Sinmetro. Na década de 1930, já existia uma "Lei de Metrologia", e o controle metrológico iniciou, de fato, com a criação do Instituto Nacional de Pesos e Medidas (INPM) em 1961, substituído em 1973 pelo Inmetro, que incorporou suas atividades.

Como afirmamos anteriormente, a metrologia legal se constitui em um dos maiores sistemas de defesa do consumidor, e o Inmetro coordena a Rede Brasileira de Metrologia Legal e Qualidade (RBMLQ-I), constituída pelos Institutos de Pesos e Medidas (Ipem) dos estados.

- **Metrologia científica e industrial**

A metrologia científica e industrial promove a competitividade e estimula um ambiente favorável ao desenvolvimento científico e industrial do País, além de ser imprescindível ao processo de inovação tecnológica. A coordenação é feita pelo Inmetro, responsável pelas grandezas metrológicas básicas com confiabilidade igual à dos países do primeiro mundo e pela transferência para a sociedade dos padrões de medição.

- **Ensaios e calibrações**

A responsabilidade pelas atividades de ensaios (utilizados para a certificação de produtos) e calibrações (de padrões e instrumentos industriais) dentro do Sinmetro é dos laboratórios que compõem a Rede Brasileira de Laboratórios de Ensaios (RBLE) e a Rede Brasileira de Calibração (RBC). São laboratórios acreditados pelo Inmetro e podem ser públicos, privados ou mistos, nacionais ou estrangeiros.

- **Normalização e regulamentação técnica**

A Associação Brasileira de Normas Técnicas (ABNT) tem essa responsabilidade no Sinmetro, e também a autoridade para credenciar Organismos de Normalização Setoriais para o desempenho dessas tarefas. A ABNT é uma organização não governamental mantida com a contribuição do governo federal e seus associados. Representa o Brasil nos fóruns de normalização internacionais (ISO e IEC) e nos fóruns regionais (Copant e Mercosul). As atividades relacionadas com a avaliação da conformidade e acreditação são baseadas em normas e guias ABNT/ISO/IEC.

- **Acreditação**

Acompanhando a tendência internacional no sentido de existir apenas um organismo acreditador por país, no âmbito do Sinmetro o único organismo acreditador é o Inmetro. Normas e guias da ABNT, Copant, AMN (Mercosul), orientações do IAF, ILAC e IAAC estabelecem os critérios de acreditação que são adotados no Sinmetro. O Inmetro, dessa forma, acredita organismos de certificação (para Sistemas da Qualidade, Gestão Ambiental, Produtos e Pessoal), de inspeção, de treinamento, de ensaios de proficiência (que proporcionam uma maior confiabilidade a RBC e RBLE), laboratórios de calibração e laboratórios de ensaios.

Conheça um pouco mais...

Instituições internacionais relacionadas com atividades de normalização, regulamentação e acreditação:

International Organization for Standardization (ISO) (www.iso.org)
É uma organização internacional independente, não governamental, que conta com a adesão de 162 organismos nacionais de normalização. Por meio de seus membros,

esta entidade reúne especialistas para compartilhar conhecimentos e, baseado no consenso, desenvolver voluntariamente para o mercado normas internacionais pertinentes que apoiam a inovação e fornecem soluções para os desafios globais.

International Electrotechnical Commission (IEC) (www.iec.ch)
É a organização líder mundial que prepara e publica padrões internacionais para todas as tecnologias elétricas, eletrônicas e afins. Especialistas de laboratórios de indústria, comércio, governo, de teste e de investigação, universidades e grupos de consumidores participam dos trabalhos de normalização da IEC.

Comissão Pan-americana de Normas Técnicas (Copant) (www.copant.org)
É uma associação civil, sem fins lucrativos, composta pelos organismos nacionais de normalização das Américas. É a referência para a normalização técnica e avaliação da conformidade para os países das Américas, para os seus membros e seus pares internacionais.

Associação Mercosul de Normalização (AMN) (www.amn.org.br)
É uma associação civil, sem fins lucrativos, não governamental e o único organismo responsável pela normalização voluntária no âmbito do Mercosul. Composta pelo Instituto Argentino de Normalización y Certificación (IRAM), Associação Brasileira de Normas Técnicas (ABNT), Instituto Uruguayo de Normas Técnicas (UNIT) e Instituto Nacional de Tecnología, Normalización y Metrología (INTN - Paraguai).

International Accreditation Forum (IAF) (www.iaf.nu)
É a associação mundial de organismos de acreditação e de outros organismos interessados na avaliação da conformidade nas áreas de sistemas de gestão, produtos, serviços, pessoal e outros programas similares de avaliação da conformidade. Sua função principal é desenvolver um único programa mundial de avaliação da conformidade, de modo a reduzir o risco para as empresas e seus clientes, assegurando-lhes que os certificados credenciados podem ser confiáveis.

International Laboratory Accreditation Cooperation (ILAC) (www.ilac.org)
É uma cooperação internacional de organismos de acreditação de laboratórios e de inspeção formada há mais de 30 anos para ajudar a remover barreiras técnicas ao comércio. O objetivo fundamental consiste no aumento do uso e da aceitação pela indústria, assim como pelos órgãos reguladores, dos resultados de laboratórios e organismos de inspeção acreditados, incluindo os resultados de laboratórios em outros países. Dessa maneira, é possível tornar realidade o objetivo do livre comércio: "produto ensaiado uma vez, aceito em qualquer lugar".

Inter American Accreditation Cooperation (IAAC) (www.iaac.org.mx)
É uma associação cuja missão é promover a cooperação entre os organismos de acreditação e as partes interessadas das Américas, visando ao desenvolvimento de estruturas de avaliação da conformidade para alcançar a melhoria de produtos, processos e serviços. Foi criada em 1996 no Uruguai e incorporada em 2001 como uma associação civil de acordo com a lei mexicana. Não tem fins lucrativos e funciona com

base na cooperação de seus membros e partes interessadas. Obtém recursos de taxas de adesão, contribuições voluntárias dos seus membros e doações baseadas em projetos de organizações regionais, particularmente a Organização dos Estados Americanos (OEA) e o Physikalisch Technische Bundesanstalt (PTB) da Alemanha.

2.8.2 Conselho Nacional de Metrologia, Normalização e Qualidade Industrial (Conmetro)

É o órgão normativo do Sinmetro. Integram o Conmetro os ministros da Economia; da Ciência, Tecnologia, Inovações e Comunicações; da Saúde; do Meio Ambiente; das Relações Exteriores; da Justiça e Segurança Pública; da Agricultura, Pecuária e Abastecimento; da Defesa; da Educação; do Desenvolvimento Regional; os presidentes do Inmetro, da ABNT, da Confederação Nacional da Indústria (CNI), da Confederação Nacional do Comércio de Bens, Serviços e Turismo (CNC) e do Instituto Brasileiro de Defesa do Consumidor (IDEC).

Basicamente, o Conmetro possui a seguinte competência:

- estabelecer e supervisionar a política nacional de metrologia, normalização e certificação, além de definir critérios, procedimentos e regulamentos técnicos;
- garantir a uniformidade das unidades de medida utilizadas no Brasil;
- estabelecer critérios e procedimentos para aplicação de penalidades referentes à metrologia, normalização e certificação, nos casos de infração aos dispositivos legais.

O Conmetro atua por intermédio de seis comitês técnicos: Comitê Brasileiro de Normalização (CBN), Comitê Brasileiro de Avaliação da Conformidade (CBAC), Comitê Brasileiro de Metrologia (CBM), Comitê do Codex Alimentarius do Brasil (CCAB),[4] Comitê Brasileiro de Barreiras Técnicas ao Comércio (CBTC) e Comitê Brasileiro de Regulamentação (CBR).

Além dos comitês técnicos, atuam como órgãos de assessoramento a Comissão Permanente dos Consumidores (CPCon) e o Comitê Gestor do Programa Brasileiro de Avaliação do Ciclo de Vida.

2.8.3 Instituto Nacional de Metrologia, Normalização e Tecnologia (Inmetro)

O Inmetro é uma autarquia federal e atua na secretaria executiva do Sinmetro. Dentre as diversas atividades, suas competências e atribuições na área de metrologia são:

- assegurar a padronização, manutenção e disseminação das unidades fundamentais do Sistema Internacional (SI);
- rastrear as unidades de medição aos padrões internacionais e disseminá-las até as indústrias;
- estabelecer as metodologias para a intercomparação dos padrões de medição, dos instrumentos e das medidas materializadas;

[4] Codex Alimentarius é um conjunto de códigos de conduta, orientações, recomendações e padrões reconhecidos internacionalmente, relativos à produção de alimentos e segurança alimentar.

- rastrear os padrões de referência dos laboratórios acreditados aos padrões nacionais;
- atuar na área da metrologia legal e apoiar atividades de normalização e qualidade industrial;
- acreditar laboratórios e estabelecer faixas de valores e incerteza de medição.

Os laboratórios do Inmetro (Figura 2.18) estão localizados no município de Duque de Caxias/RJ, abrigando divisões técnicas nas áreas de acústica e vibrações, eletricidade, mecânica, ótica, térmica e química. São responsáveis por:

- padronizar as unidades do Sistema Internacional de Unidades;
- assegurar a rastreabilidade dos padrões nacionais aos padrões do BIPM, ou comparados a padrões nacionais de outros países mediante as comparações-chave coordenadas pelo BIPM;
- garantir a rastreabilidade dos padrões de referência dos laboratórios acreditados aos padrões nacionais;
- realizar calibração de padrões e de instrumentos de medição, bem como de determinados ensaios.

Foto: © inmetro.gov.br.

Figura 2.18 Vista dos laboratórios do Inmetro.

2.8.4 Laboratórios designados pelo Inmetro

O Inmetro designou dois laboratórios para operarem na área de radiações ionizantes e na área de tempo e frequência. Com isso, o Inmetro reconhece competência técnica a esses laboratórios para atuarem com as medições primárias nessas grandezas. São eles:

Laboratório Nacional de Metrologia das Radiações Ionizantes (LNMRI) do Instituto de Radioproteção e Dosimetria da Comissão Nacional de Energia Nuclear (IRD/CNEN)[5]

O LNMRI, desde 1989, é designado pelo Inmetro para atuar na área das radiações ionizantes. Antes disso, em 1976, o laboratório passou a integrar a rede dos Laboratórios de Dosimetria Padrão Secundário (*Secondary Standard Dosimetry Laboratory* – SSDL), da Agência Internacional de Energia Atômica (AIEA) para assegurar a qualidade das medições realizadas em radioterapia no mundo todo.

A missão do LNMRI é desenvolver, manter e disseminar os padrões nacionais para radiações ionizantes e radioatividade. Além disso, presta serviços de calibração, fornece padrões e desenvolve pesquisas importantes na área de metrologia científica de suporte ao desenvolvimento tecnológico nuclear nacional. Mantém padrões radioativos e sistemas de medições para calibração de monitores, dosímetros e fontes radioativas. É responsável pela guarda e manutenção do Padrão Brasileiro de Fluência de Nêutrons e pelo desenvolvimento de técnicas metrológicas para a padronização de novos radionuclídeos.

O LNMRI opera também um laboratório de pesquisa, desenvolvimento e fornecimento de materiais de referência radioativos. Esses materiais de referência nucleares são indispensáveis para uma avaliação confiável da atividade de um radionuclídeo em amostras ambientais e de alimentos. O acompanhamento e a verificação contínua da quantidade de radioatividade em amostras de ar, da água, do solo e dos alimentos são vitais para manter níveis adequados de segurança.

Divisão Serviço da Hora (DSHO) do Observatório Nacional (ON)[6]

A DSHO, cujas atividades tiveram início ainda no Imperial Observatório do Rio de Janeiro, criado em 15 de outubro de 1827 pelo Imperador Dom Pedro I, obedece às convenções internacionais estabelecidas e é encarregada de gerar, conservar e disseminar a Hora Legal Brasileira (HLB) a todo território nacional, com diferentes níveis de exatidão e confiabilidade, conforme a legislação brasileira, além de promover pesquisa e desenvolvimento no campo da metrologia de tempo e frequência.

Desde 1983, o Inmetro credenciou o então Serviço da Hora para realizar calibrações na área de tempo e frequência, ganhando a função de Laboratório Primário de Tempo e Frequência (LPTF).

Assim, a DSHO fica responsável pelos padrões nacionais de tempo e frequência que embasam a Rastreabilidade Metrológica Brasileira. Internacionalmente, o BIPM é o órgão que define a rastreabilidade dos padrões nacionais e da HLB.

Todos os sinais gerados e transmitidos são referenciados aos padrões metrológicos nacionais de tempo e frequência, inter-referenciados por quatro relógios de césio e um de rubídio. As frequências desses sinais possuem exatidão de $0{,}5 \times 10^{-12}$, equivalendo a um erro de $2{,}5 \times 10^{-6}$ Hz em uma frequência de 5 MHz. Há um referenciamento permanente ao Tempo Universal Coordenado, gerado pelo BIPM.

---

[5] Texto adaptado da página do IRD, disponível em: <http://www.ird.gov.br>. Acesso em: 11 out. 2019.

[6] Texto adaptado da página do ON, disponível em: <http://pcdsh01.on.br>. Acesso em: 11 out. 2019.

2.8.5 Laboratórios acreditados pelo Inmetro

A acreditação é concedida pelo Inmetro com base na norma ABNT NBR ISO/IEC 17025:2017, de acordo com as diretrizes estabelecidas pela International Laboratory Accreditation Cooperation (ILAC) e nos códigos de Boas Práticas Laboratoriais (BPL) da Organização para Cooperação e Desenvolvimento Econômico (OCDE).

A acreditação é facultada a qualquer laboratório que preste serviço de calibração ou ensaios, de forma independente ou vinculada a uma organização, público ou privado, nacional ou estrangeiro, a despeito de seu porte ou área de atuação.

Laboratórios de calibração

Os laboratórios habilitados para a realização de serviços de calibração reúnem competências técnicas e capacitações vinculadas a indústrias, universidades e institutos tecnológicos, e adotam padrões com rastreabilidade às referências metrológicas nacionais ou internacionais, estabelecendo uma relação com as unidades do Sistema Internacional de Unidades (SI).

+ NO SITE

Rede Brasileira de Calibração: no *site* do Inmetro, <http://www.inmetro.gov.br/laboratorios/rbc/>, é possível ter acesso aos laboratórios acreditados e seus respectivos serviços.

Laboratórios de ensaios

Da mesma forma que os de calibração, esses laboratórios reúnem competências técnicas e capacitações associadas a indústrias, universidades e institutos tecnológicos. São habilitados para realizar ensaios e testes de funcionamento e desempenho em produtos que possuem certificação compulsória ou voluntária. A rastreabilidade das medições é garantida por meio das calibrações dos padrões nos laboratórios acreditados ou diretamente nos laboratórios do Inmetro.

+ NO SITE

Rede Brasileira de Laboratórios de Ensaios: no *site* do Inmetro, <http://www.inmetro.gov.br/laboratorios/rble/>, é possível ter acesso aos laboratórios acreditados e seus respectivos serviços.

2.9 Normas e metrologia

Uma norma técnica estabelece requisitos de qualidade, de desempenho e de segurança no fornecimento de algo, no seu uso ou mesmo na sua destinação final, bem como estipula procedimentos, padroniza formas, dimensões, tipos, usos, fixa classificações ou terminologias e glossários, **define a maneira de medir** e determina as características, como os **métodos de ensaio**.

As normas técnicas são aplicáveis a produtos, serviços, processos, sistemas de gestão, pessoal, enfim, nos mais diversos campos. Em geral, é o cliente que estabelece a norma técnica que será seguida no fornecimento do bem ou serviço que pretende adquirir. Isto pode ser feito explicitamente, quando o cliente define claramente a norma aplicável, ou simplesmente espera que, no mercado onde atua, as normas em vigor sejam seguidas.

IMPORTANTE

Podemos afirmar que não há metrologia sem norma.

2.9.1 A NBR ISO 9001 e a metrologia

A ABNT NBR ISO 9001:2015 - Sistema de Gestão da Qualidade - Requisitos [4] especifica requisitos para um sistema de gestão que pode ser utilizado para aplicação interna pelas organizações, para certificação, ou para fins contratuais.

Enfocando a questão metrológica, existe na norma um requisito técnico específico, *7.1.5.2 Rastreabilidade de medição*, que estabelece o seguinte:

> Quando a rastreabilidade de medição for um requisito, ou for considerada pela organização uma parte essencial da provisão de confiança na validade de resultados de medição, os equipamentos de medição devem ser:
>
> a) Verificados ou calibrados, ou ambos, em intervalos especificados, ou antes do uso, contra padrões de medição rastreáveis a padrões de medição internacionais ou nacionais; quando tais padrões não existirem, a base usada para calibração ou verificação deve ser retida como informação documentada.
>
> b) Identificados para determinar sua situação.
>
> c) Salvaguardados contra ajustes, danos ou deterioração que invalidariam a situação de calibração e resultados de medições subsequentes.
>
> A organização deve determinar se a validade de resultados de medição prévios foi adversamente afetada quando o equipamento de medição for constatado inapropriado para seu propósito pretendido, e deve tomar ação apropriada, como necessário.

Conheça um pouco mais...

O requisito 7.1.5.2 da NBR ISO 9001 diz que os instrumentos de medição devem ser **verificados** ou calibrados, ou ambos. Segundo o VIM 2012, o significado de **verificação** é: "Fornecimento de evidência objetiva de que um dado item satisfaz requisitos especificados".

Além desse requisito, vemos a necessidade da metrologia em outros, particularmente no *7.1.4 Ambiente para a operação dos processos*, que define que "a organização deve determinar, prover e manter um ambiente necessário para a operação de seus processos e para alcançar a conformidade de produtos e serviços".

O requisito complementa ainda que um ambiente apropriado pode ser a combinação de fatores humanos e físicos (por exemplo: temperatura, calor, umidade, iluminamento, ventilação, ruído).

E como mensurar esses fatores físicos? Resposta: Metrologia.

2.9.2 A NBR ISO/IEC 17025 e a metrologia

A ABNT NBR ISO/IEC 17025:2017: Requisitos Gerais para a Competência de Laboratórios de Ensaio e Calibração compreende ensaios e calibrações realizados utilizando métodos normalizados, métodos não normalizados e métodos desenvolvidos pelo próprio laboratório.

Dentre os diversos requisitos normativos, a Figura 2.19 resume aqueles em que a metrologia está fortemente presente.

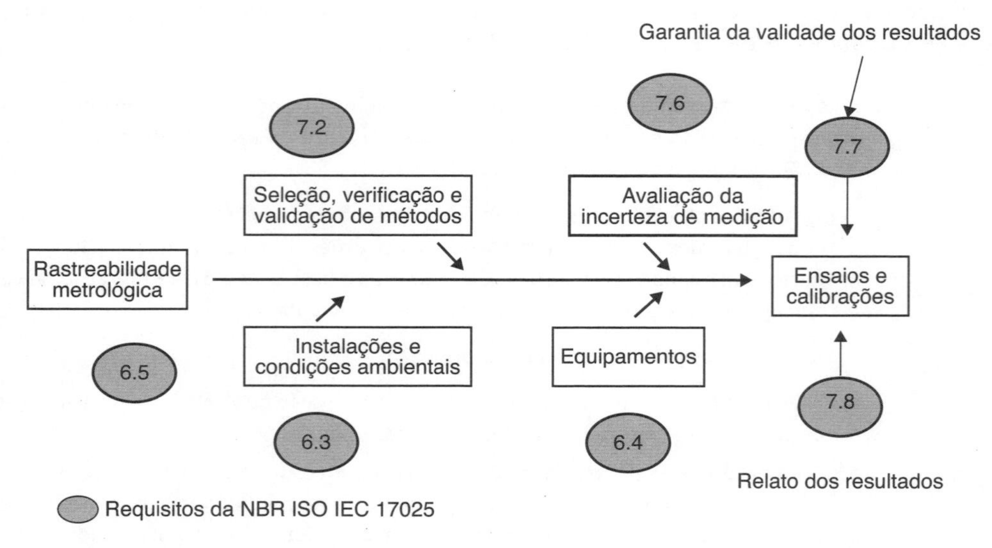

Figura 2.19 Metrologia nos requisitos da ABNT NBR ISO/IEC 17025:2017.

Instalações e condições ambientais - requisito 6.3

- monitorar, controlar e registrar as condições ambientais;
- as instalações e as condições ambientais não podem afetar adversamente a validade dos resultados.

Equipamentos - requisito 6.4

- laboratório deve ter todos os instrumentos de medição, padrões e materiais de referência requeridos para a realização de suas atividades;
- equipamentos com capacidade para alcançar a exatidão e/ou a incerteza de medição requeridas;
- os equipamentos devem ser calibrados;
- laboratório deve ter um programa de calibração;
- indicar o *status* de calibração;
- assegurar funcionamento e calibração de instrumento que tenha saído do controle direto do laboratório;
- verificações intermediárias realizadas de acordo com procedimento;
- instrumentos protegidos contra ajustes que invalidem resultados.

Rastreabilidade metrológica - requisito 6.5

- laboratório deve estabelecer e manter a rastreabilidade metrológica de seus resultados de medição;
- calibrações e medições rastreáveis ao Sistema Internacional (SI);
- programa e procedimento para a calibração dos padrões de referência por organismos rastreáveis; utilizados somente para calibração; calibrados antes e depois de ajustes;
- materiais de referência: rastreáveis as unidades SI ou materiais de referência já certificados.

Seleção, verificação e validação de métodos - requisito 7.2

- utilizar métodos e procedimentos adequados para a avaliação da incerteza de medição;
- a validação de métodos inclui, entre outras técnicas, a calibração ou avaliação da tendência e precisão usando padrões ou materiais de referência.

Avaliação da incerteza de medição - requisito 7.6

- identificação das fontes de contribuição para as incertezas de medição;
- calibração: avaliação da incerteza de medição para todas as calibrações;
- ensaio: avaliação da incerteza de medição ou uma estimativa baseada no método.

Garantia da validade dos resultados - requisito 7.7

- uso de materiais de referência certificados;
- programa de comparação interlaboratorial ou de ensaios de proficiência;
- checagens intermediárias nos equipamentos de medição;
- ensaios ou calibrações replicadas;
- reensaio ou recalibração de itens retidos.

Relato dos resultados - requisito 7.8

Pela importância desse requisito, dedicamos integralmente o Capítulo 8 deste livro para discuti-lo.

2.9.3 A NBR ISO 10012 e a metrologia

A ABNT NBR ISO 10012:2004: Sistemas de Gestão de Medição – Requisitos para os Processos de Medição e Equipamentos de Medição[7] [6] fornece orientações para a gestão de processos de medição e comprovação metrológica dos instrumentos de medição usados para dar suporte e demonstrar conformidade com requisitos metrológicos.

A norma declara que um sistema de gestão eficaz visa assegurar que os instrumentos e os processos de medição estejam adequados para o seu uso pretendido. Destaca, ainda, que o sistema de gestão deve gerenciar o risco de que esses instrumentos e processos de medição possam produzir resultados incorretos que afetem a qualidade dos produtos de uma organização.

A ABNT NBR ISO 10012:2004 é uma norma "essencialmente metrológica" e todos os requisitos tratam de assuntos importantes, entretanto, vamos destacar o requisito *7 – Comprovação metrológica e realização do processo de medição*, que apresenta uma série de orientações interessantes, algumas das quais iremos reproduzir a seguir.

Conheça um pouco mais...

O esquema que se segue representa um modelo de gestão de um processo de medição. Os números na figura referem-se aos requisitos da norma ABNT NBR ISO 10012:2004.

[7] A ABNT NBR ISO 10012:2004 trata **instrumento de medição** como equipamento de medição. Como no VIM não encontramos esse termo, substituímos sempre por instrumento.

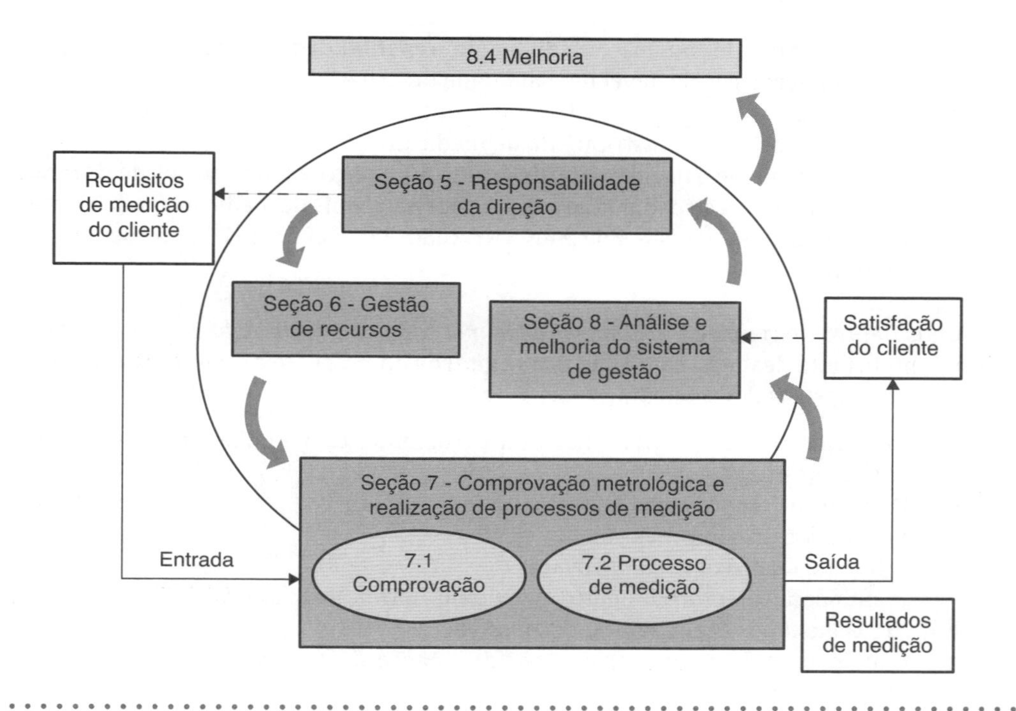

- A recalibração de um instrumento de medição não é necessária se ele estiver dentro de uma situação de calibração válida. O procedimento de comprovação metrológica pode incluir mecanismos para verificar se as incertezas e erros de medição estão dentro dos limites permissíveis especificados.
- Exemplos de características metrológicas dos instrumentos: faixa, tendência, repetibilidade, estabilidade, histerese, efeitos de grandezas de influência, erro, resolução de leitura.
- Histórico de calibração, avanços de tecnologia e de conhecimento podem ser usados para determinar intervalos de comprovação metrológica. Técnicas de controle estatístico de processos podem ser úteis na análise dos intervalos de calibração.
- Os resultados de uma calibração devem ser registrados de forma que a rastreabilidade de todas as medições possa ser demonstrada e que os resultados das calibrações possam ser reproduzidos em condições próximas das condições originais.
- Um processo de medição pode requerer correção de dados, por exemplo, em razão de condições ambientais.
- Ao especificar o processo de medição pode ser necessário determinar: quais medições são necessárias; que métodos usar; que instrumentos deverão ser empregados; quais habilidades e qualificações da equipe que realizará as medições.
- Recomenda-se que o impacto das grandezas de influência sobre o processo de medição seja quantificado.
- As características de desempenho requeridas ao uso pretendido do processo de medição devem ser identificadas e quantificadas. Algumas dessas características

são: incerteza de medição, estabilidade, repetibilidade, reprodutibilidade, erro máximo permissível e nível de habilidade do usuário.
- Recomenda-se que a incerteza de um resultado de medição leve em conta a incerteza da calibração do instrumento de medição.
- A rastreabilidade é usualmente alcançada por meio de laboratórios de calibração confiáveis com rastreabilidade aos padrões nacionais de medição. Um laboratório que atenda aos requisitos da ABNT NBR ISO/IEC 17025:2017 pode ser considerado confiável.

Ainda dentro do requisito 7. *Comprovação metrológica e realização do processo de medição*, é importante destacar a questão dos **registros** do processo de comprovação metrológica. Esses registros devem incluir:

- Descrição e identificação única do instrumento: tipo, modelo, número de série, fabricante etc.
- Data que a comprovação metrológica foi realizada.
- Resultados da comprovação.
- Intervalo da próxima comprovação.
- Identificação do procedimento (ou método, norma, instrução etc.) de comprovação.
- Erros máximos aceitáveis ou permissíveis.
- Condições ambientais pertinentes e declaração sobre correções necessárias.
- Incertezas envolvidas na calibração.
- Detalhe de qualquer intervenção (manutenção, ajuste, modificação) no instrumento de medição.
- Limitações de uso.
- Identificação de quem realizou a comprovação metrológica.
- Identificação do responsável por qualquer correção de informação registrada.
- Identificação única do relatório ou certificado de calibração.
- Rastreabilidade dos resultados das medições.
- Requisitos metrológicos para o uso pretendido.
- Resultado da calibração realizada após, e onde requerido, antes de qualquer intervenção no instrumento de medição.

Com relação ao tempo de retenção dos registros de comprovação metrológica, segundo a norma, isso depende de diversos fatores, tais como: requisitos do cliente, requisitos estatutários ou regulamentares e responsabilidade civil do fabricante. Afirma, ainda, que registros relacionados com padrões de medição podem precisar ser mantidos indefinidamente.

2.9.4 Norma técnica, regulamento técnico e portaria

2.9.4.1 Norma técnica

Uma norma técnica, segundo a ABNT, é definida como "um documento estabelecido por consenso e aprovado por um organismo reconhecido, que fornece regras, diretrizes ou características mínimas para atividades ou para seus resultados, visando à obtenção de um grau ótimo de ordenação em um dado contexto".

Deve ser realçado o aspecto de que as normas técnicas são estabelecidas por consenso entre os interessados e aprovadas por um organismo reconhecido.

Acrescente-se, ainda, que são desenvolvidas para o benefício e com a cooperação de todos os interessados e, em particular, para a promoção da economia global ótima, levando-se em conta as condições funcionais e os requisitos de segurança.

a) Uso das normas

As normas são utilizadas como referência para a avaliação da conformidade, por exemplo, para a certificação, calibração ou a realização de ensaios.

Muitas vezes o cliente, além de pretender que o produto siga determinada norma, também deseja que a conformidade a essa norma seja demonstrada, mediante procedimentos de avaliação da conformidade. Por vezes, os procedimentos de avaliação da conformidade, em particular a certificação, são obrigatórios legalmente para alguns mercados (certificação compulsória estabelecida pelo governo para comercialização de produtos e serviços); em outras, embora não haja a obrigatoriedade legal, as práticas correntes nesse mercado tornam indispensáveis utilizar determinados procedimentos de avaliação da conformidade, normalmente a certificação.

A ordem jurídica, em geral, considera que as normas em vigor no mercado devam ser seguidas, a menos que o cliente explicitamente estabeleça outra norma. Assim, quando uma empresa pretende introduzir o seu produto ou serviço em um determinado mercado, deve procurar conhecer as normas que lá se aplicam, e se adequar.

b) Voluntariedade das normas

As normas são de uso voluntário, ou seja, não são obrigatórias por lei, e é possível fornecer um produto ou serviço que não siga a norma aplicável no mercado determinado. Em diversos países, há obrigatoriedade de segui-las, pelo menos em algumas áreas, e no caso brasileiro existe o **Código de Defesa do Consumidor**.

Por outro lado, fornecer um produto que não siga a norma aplicável no mercado implica esforços adicionais para introduzi-lo nesse mercado, que incluem a necessidade de demonstrar de forma convincente que o produto atende às necessidades do cliente e de assegurar que questões como o intercâmbio de componentes e insumos não representarão um impedimento ou dificuldade adicional. Do ponto de vista legal, quando não se segue a norma aplicável, o fornecedor tem responsabilidades adicionais sobre o uso do produto.

c) Normas nacionais

São normas técnicas estabelecidas por um organismo nacional de normalização para aplicação em um dado país. No Brasil, as normas brasileiras (NBR) são elaboradas pela ABNT.

A ABNT é reconhecida como o Fórum Nacional de Normalização, o que significa que as normas NBR são reconhecidas formalmente como as normas brasileiras. As NBR são elaboradas nos Comitês Brasileiros da ABNT (ABNT/CB) ou em Organismos de Normalização Setoriais (ONS), acreditados pela ABNT. Os ABNT/CB e os ONS são organizados em uma base setorial ou por temas de normalização que afetem diversos setores, como é o caso da qualidade ou da gestão ambiental.

Com frequência, uma norma se refere a outras normas que são necessárias para a sua aplicação. As normas podem, também, ser exigidas para o cumprimento de regulamentos técnicos ou na certificação compulsória.

+ NO SITE

A ABNT publica anualmente o Programa Anual de Normalização (PAN) contendo todos os títulos que se planeja desenvolver ao longo do ano. Esse plano é acessível mediante contato com os respectivos ABNT/CB ou ONS, ou para associados, na página da ABNT (http://www.abnt.org.br/normalizacao/programa-anual-de-normalizacao-pan).

2.9.4.2 Regulamento técnico

Um regulamento técnico é um documento adotado por uma autoridade com poder legal para tanto, que contém regras de caráter obrigatório e estabelece requisitos técnicos, seja diretamente, seja pela referência a normas técnicas ou a incorporação do seu conteúdo, no todo ou em parte.

Em geral, regulamentos técnicos visam assegurar aspectos relativos à saúde, à segurança, ao meio ambiente, ou à proteção do consumidor e da concorrência justa. O cumprimento de um regulamento técnico é obrigatório e o seu não cumprimento constitui uma ilegalidade com a correspondente punição.

Por vezes, um regulamento técnico, além de estabelecer as regras e requisitos técnicos para um produto, processo ou serviço, também pode estabelecer procedimentos para a **avaliação da conformidade** ao regulamento, inclusive a certificação compulsória.

a) Regulamentos técnicos no Brasil

Podem ser adotados pelos diversos órgãos nos níveis federal, estadual ou municipal, de acordo com as suas competências específicas estabelecidas legalmente.

Por motivos de tradição, nem sempre são chamados de Regulamentos Técnicos, como é caso das Normas Regulamentadoras (NR) do Ministério do Trabalho.

Não existe uma compilação oficial completa da regulamentação federal brasileira. Assim, os interessados na regulamentação técnica para um produto, processo ou serviço específico devem procurar informações nos diversos órgãos do governo com relação ao assunto.

b) Regulamentos técnicos e o comércio internacional

Todos os países emitem regulamentos técnicos. Assim, quando se pretender exportar um produto para determinado mercado é imprescindível conhecer se o produto ou serviço a ser exportado está sujeito a um regulamento técnico naquele país, em particular.

O Acordo de Barreiras Técnicas ao Comércio da OMC estabelece uma série de princípios com o objetivo de eliminar entraves desnecessários ao comércio, em particular as barreiras técnicas, que são aquelas relacionadas com normas, regulamentos técnicos e procedimentos de avaliação da conformidade que podem dificultar o acesso de produtos aos mercados. Um dos pontos essenciais do acordo é o entendimento de que as normas elaboradas pelos organismos internacionais de normalização (por exemplo, ISO ou IEC) constituem a referência para o comércio internacional. O acordo estipula que, sempre que possível, os governos devem adotar regulamentos técnicos baseados nas normas internacionais, e considera que aqueles que seguem essas normas não se constituem em barreiras técnicas.

Conheça um pouco mais...

Sempre que um governo decidir adotar um regulamento técnico que não siga uma norma internacional deve notificar formalmente os demais membros da OMC com antecedência mínima de 60 dias, apresentado uma justificativa. Os demais membros da OMC podem solicitar esclarecimentos e apresentar comentários e sugestões ao regulamento proposto. Estas informações são veiculadas pelos chamados "pontos focais" (*inquiry points*), que são organizações designadas por cada um dos membros da OMC e responsáveis por efetuar as notificações da regulamentação a ser adotada por esse país e pelo recebimento da comunicação das notificações efetuadas pelos outros países. O *inquiry point* do Brasil é o Inmetro.

2.9.4.3 Portaria

Portaria, de forma geral, é um documento de ato jurídico administrativo que contém ordens, instruções acerca da aplicação de leis ou regulamentos, recomendações de caráter geral e normas sobre a execução de serviços, a fim de esclarecer ou informar sobre atos ou eventos realizados internamente em órgão público.

A primeira edição luso-brasileira do Vocabulário Internacional de Metrologia (VIM 2012) foi adotada no Brasil pela Portaria Inmetro nº 232, de 8 de maio de 2012, reproduzida a seguir.

Serviço Público Federal

MINISTÉRIO DO DESENVOLVIMENTO, INDÚSTRIA E COMÉRCIO EXTERIOR
INSTITUTO NACIONAL DE METROLOGIA, QUALIDADE E TECNOLOGIA - INMETRO

Portaria n.º 232, de 08 de maio de 2012

O PRESIDENTE DO INSTITUTO NACIONAL DE METROLOGIA, QUALIDADE E TECNOLOGIA - INMETRO, no uso de suas atribuições, conferidas no § 3º do artigo 4º da Lei n.º 5.966, de 11 de dezembro de 1973, nos incisos I e IV do artigo 3º da Lei n.º 9.933, de 20 de dezembro de 1999, e no inciso V do artigo 18 da Estrutura Regimental da Autarquia, aprovada pelo Decreto nº 6.275, de 28 de novembro de 2007;

Considerando que o Brasil é membro signatário da Convenção do Metro formalizada em Paris, em 20 de maio de 1875, criando a Conferência Geral de Pesos e Medidas (CGPM) e o Bureau Internacional de Pesos e Medidas (BIPM);

Considerando a necessidade de se uniformizar a terminologia utilizada no Brasil, no campo da metrologia, e de se minimizar ao máximo as diferenças de seu uso em relação a Portugal, resolve baixar as seguintes disposições:

Art. 1º Adotar, no Brasil, a 1ª edição luso-brasileira do Vocabulário Internacional de Metrologia – Conceitos fundamentais e gerais e termos associados (VIM 2012), em anexo, baseada na 3ª edição internacional do *VIM – International Vocabulary of Metrology – Basic and general concepts and associated terms – JCGM 200:2012*, elaborada pelo Bureau Internacional de Pesos e Medidas (BIPM), pela Comissão Internacional de Eletrotécnica (IEC), pela Federação Internacional de Química Clínica e Medicina Laboratorial (IFCC), pela Cooperação Internacional de Acreditação de Laboratórios (ILAC), pela Organização Internacional de Normalização (ISO), pela União Internacional de Química Pura e Aplicada (IUPAC), pela União Internacional de Física Pura e Aplicada (IUPAP) e pela Organização Internacional de Metrologia Legal (OIML), com a devida adaptação ao nosso idioma, às reais condições existentes no País e às já consagradas pelo uso.

Art. 2º Esta Portaria entrará em vigor na data de sua publicação no Diário Oficial da União, ficando revogada a Portaria Inmetro nº 319, de 23 de outubro de 2009, publicada no D.O.U., em 09 de novembro de 2009, seção 01, páginas 129 a 142.

JOÃO ALZIRO HERZ DA JORNADA

2.10 Vocabulário Internacional de Metrologia (VIM)

Documento de utilização obrigatória no Brasil, em função da Portaria Inmetro nº 232 anteriormente citada.

O texto a seguir, que reproduz parte do prefácio da primeira edição luso-brasileira do VIM 2012, destaca a importância do documento.

> O VIM surge no contexto da metrologia mundial da segunda metade do século XX como uma resposta e uma fuga à síndrome de Babel: buscar a harmonização internacional das terminologias e definições utilizadas nos campos da metrologia e da instrumentação. São desse período três importantes documentos normativos cuja ampla aceitação contribuiu sobremaneira para uma maior harmonização dos procedimentos e da expressão dos resultados no mundo da medição. São eles o próprio VIM, o GUM (Guia para a Expressão da Incerteza de Medição, de 1993) e a norma ISO Guia 25 (1978) que, revisada e ampliada, resultou na norma ISO/IEC 17025, Requisitos Gerais para a Competência de Laboratórios de Ensaio e Calibração, de 2000. A adoção destes documentos auxilia a evolução e a dinâmica do processo de globalização das sociedades tecnológicas e contribui para uma maior integração dos mercados, com uma consequente redução geral de custos. No que se refere ao interesse particular de cada país, pode alavancar uma maior participação no mercado mundial e nos mercados regionais.

2.11 Exercícios Propostos

2.11.1 Analise a seguinte afirmativa: "Um instrumento novo, de um fabricante conceituado e tradicional no mercado, não precisa ser calibrado, pois o fabricante garante sua rastreabilidade". Você concorda ou discorda? Justifique sua resposta.

2.11.2 O que é metrologia?

2.11.3 Qual é a função do Inmetro dentro da estrutura do Sistema Nacional de Metrologia, Normalização e Qualidade Industrial (Sinmetro)?

2.11.4 Cite três atribuições do Inmetro.

2.11.5 Como é a estrutura laboratorial brasileira?

2.11.6 Cite algumas diferenças entre a metrologia científica e a metrologia legal.

2.11.7 Qual a função da metrologia legal em nossa sociedade?

2.11.8 De acordo com a ABNT NBR ISO 10012:2004, apresente cinco itens que devem constar nos registros dos processos de comprovação metrológica.

2.11.9 O que você entende por "grandeza de influência"?

2.11.10 O que são produtos pré-medidos? Exemplifique

2.11.11 Qual o principal organismo mundial de metrologia legal?

2.11.12 O que significa um laboratório ser acreditado?

2.11.13 Qual a diferença entre norma técnica, regulamento técnico e portaria?

2.11.14 Qual a importância do Vocabulário Internacional de Metrologia?

Capítulo 3

APRESENTAÇÃO DO CAPÍTULO

ESTATÍSTICA APLICADA À METROLOGIA

A Metrologia é uma ciência que se utiliza de alguns conceitos estatísticos, principalmente para a declaração da incerteza de medição.

Antes de apresentarmos essas ferramentas estatísticas é importante discutir, inicialmente, o conceito de **algarismo significativo**, apesar de não haver uma correlação direta entre os assuntos. O motivo é que neste capítulo vamos destacar apenas a estatística aplicada à metrologia, ou seja, tratar da análise de dados obtidos de medições e, dessa forma, os resultados dessas estatísticas deverão estar compatíveis com o número de algarismos significativos das medições originais.

Na declaração da resolução de leitura dos instrumentos de medição, das incertezas de medição e do resultado final da medição, devemos considerar o número correto de algarismos significativos. Veremos, no Capítulo 5, que existe um documento normativo que nos obriga a declarar a incerteza de medição com apenas dois algarismos significativos.

3.1 Algarismos significativos de uma medida

O resultado de um cálculo utilizando todos os dígitos do *display* de uma calculadora implica que ele é exato para todos os dígitos, fato que, na prática, raramente é possível (com o uso dos computadores o número de dígitos pode ser aumentado consideravelmente).

Quando utilizamos o resultado de uma medição originada a partir de cálculos, devemos considerar que os números usados têm somente um valor limitado de algarismos significativos, porque os conceitos de incerteza, exatidão, resolução e conversão de unidades estão envolvidos.

Suponhamos que a medida **13,403 m** indique o valor mais provável de uma grandeza, e que a variação máxima na série de medições que permitiram calcular este valor seja de **0,04 m**. Como essa variação pode ser para mais ou para menos, devemos expressar o resultado da medição da seguinte maneira:

(13,403 ± 0,04) m

Analisando o resultado, notamos que existe uma dúvida que afeta a segunda casa decimal do valor mais provável. É, portanto, desnecessário escrever a terceira casa decimal, uma vez que a anterior já é duvidosa.

O resultado da medição deve ser expresso como: **(13,40 ± 0,04) m.**

Das considerações feitas, podemos estabelecer o conceito de algarismos significativos de uma medida.

ATENÇÃO!

Os algarismos significativos de uma medida são os algarismos considerados corretos, a contar do primeiro diferente de zero, acrescido do último, que é considerado algarismo significativo duvidoso.

No caso apresentado, a medida 13,40 m possui quatro algarismos significativos: 1, 3 e 4 considerados algarismo significativo correto, e o zero considerado algarismo significativo duvidoso.

Em toda medição, o último algarismo estimado será sempre o duvidoso. Isso ocorre porque sempre teremos dúvida sobre esse valor, seja porque temos que estimá-lo, seja porque o instrumento digital o "estimou" para nós.

Vejamos a seguinte figura.

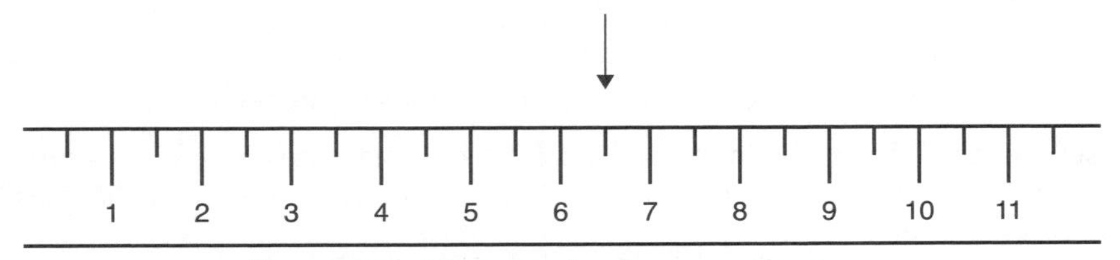

Figura 3.1 Régua graduada em centímetros.

A régua está graduada em centímetros. Se medíssemos o posicionamento da seta diríamos que o valor é 6,5 cm. Observe que o algarismo 5 seria o duvidoso da medição. Isso ocorre porque não temos certeza absoluta de que o posicionamento da seta é 6,5 cm. Se a régua tivesse uma menor divisão de 0,1 cm, poderíamos ler 6,4 cm, ou, se tivesse subdivisões de 0,01 cm, poderíamos ler 6,48 cm. Mesmo assim, o algarismo 8 seria o duvidoso. É por este motivo que uma medição sempre terá um algarismo duvidoso.

Nos capítulos sobre incerteza de medição (Caps. 5 e 6), veremos mais detalhadamente esta questão e estudar como essa limitação de leitura implicará o surgimento de uma fonte de incerteza de medição: a incerteza da resolução de leitura.

EXEMPLO 3.1

Medições e seus números de algarismos significativos

a) 23,50 m: quatro algarismos significativos
b) 0,0043 m: dois algarismos significativos
c) 67 °C: dois algarismos significativos
d) 127 V: três algarismos significativos

Devemos tomar cuidado no caso do algarismo zero no final dos números. Se os "zeros" são escritos corretamente para corresponder aos números significativos, então 36,00 possui quatro algarismos significativos e 36,0 possui três. Nestes dois casos, os zeros são necessários para definir a exatidão da medição.

Para diminuir as ambiguidades, devemos observar as seguintes regras quanto aos "zeros":

Regra 1: Os zeros não são significativos se situados à esquerda do primeiro algarismo significativo.
Exemplo: 0,023 kg (dois algarismos significativos).
Os zeros à esquerda do algarismo 2 só expressam que o resultado da medição é inferior à unidade (1 kg).

Regra 2: Os zeros à direita só devem ser escritos quando garantidamente significativos.
Exemplo: 0,12300 (cinco algarismos significativos).

Quando um número termina em zeros à direita, esses zeros podem não ser, necessariamente, significativos. Por exemplo, 50 600 calorias podem ter três, quatro ou cinco algarismos significativos. A ambiguidade pode ser evitada pela utilização da notação-padrão exponencial, ou "científica". Se o número de algarismos significativos for três, quatro ou cinco, poderíamos escrever 50 600 calorias como:

$5{,}06 \times 10^4$ calorias (três algarismos significativos)
$5{,}060 \times 10^4$ calorias (quatro algarismos significativos)
$5{,}0600 \times 10^4$ calorias (cinco algarismos significativos)

Ao escrever um número em notação científica, o número de algarismos significativos é claramente indicado pelo número de algarismos numéricos no termo "dígitos", como mostrado nos exemplos.

IMPORTANTE

A potência de dez não é considerada algarismo significativo.

3.1.1 Regras de arredondamento

Quando a medida possui mais algarismos significativos do que se precisa, devemos conservar apenas os necessários e abandonar os demais.

Por exemplo, a medida 34,527 m possui cinco algarismos significativos. Se, por acaso, temos de expressá-la com apenas três, devemos escrever 34,5 m; havendo necessidade de quatro, escrevemos 34,53 m.

Nesse último caso, observamos que o algarismo da segunda casa decimal passou de 2 para 3. Eis o motivo: se tivéssemos usado 34,52 m, estaríamos cometendo um erro, por falta, igual a:

$$(34{,}527 - 34{,}52)\ \text{m} = 0{,}007\ \text{m}.$$

Usando 34,53 m, cometemos um erro menor, por excesso, de:

$$(34{,}53 - 34{,}527)\ \text{m} = 0{,}003\ \text{m}.$$

Segundo a ABNT NBR 5891:2014 – Regras de Arredondamento na Numeração Decimal, ao arredondarmos um número, devemos ter em mente as seguintes regras:

a) O último algarismo de um número deve sempre ser acrescido de uma unidade caso o algarismo descartado seja superior a cinco. Exemplos de arredondamento para três significativos:

$$134{,}7\ \text{m} = 135\ \text{m}$$

$$0{,}03432\ \text{mm} = 0{,}0343\ \text{mm}$$

b) No caso de o algarismo descartado ser igual a cinco, se após o cinco descartado existirem quaisquer outros algarismos diferentes de zero, o último algarismo retido será acrescido de uma unidade. Exemplos de arredondamento para três significativos:

$$14{,}751\ °\text{C} = 14{,}8\ °\text{C}$$

$$0{,}0346501\ \text{km} = 0{,}0347\ \text{km}$$

c) No caso de o algarismo descartado ser igual a cinco, se após o cinco descartado só existirem zeros ou não existir outro algarismo, o último algarismo retido será acrescido de uma unidade somente se for ímpar. Exemplos de arredondamento para três significativos:

$$4{,}8350\ \text{N} = 4{,}84\ \text{N}$$

$$34{,}25\ °\text{C} = 34{,}2\ °\text{C}$$

3.1.2 Operações com algarismos significativos

Para que o resultado das operações contenha apenas algarismos significativos, devemos agir da seguinte maneira nas operações matemáticas.

a) Adição e subtração

Somamos ou subtraímos normalmente as parcelas, e o resultado final da operação deve ter o mesmo **número de casas decimais da parcela que possuir o menor número de casas decimais**.

EXERCÍCIO RESOLVIDO 

Dê o resultado do somatório (85,45 m + 5,6 m + 98,523 m), com o correto número de algarismos significativos.

SOLUÇÃO:

Somamos normalmente as parcelas e fornecemos o resultado com o número de casas decimais da parcela que possuir o menor número de casas decimais.

$$
\begin{array}{r}
85{,}45 \\
5{,}6 \\
98{,}523 \\
\hline
189{,}573 \text{ m}
\end{array}
$$

Como a parcela com menor número de casas decimais é 5,6 (uma casa decimal), adotando a regra da soma e subtração o resultado final será **189,6 m**.

b) Multiplicação e divisão

Multiplicamos ou dividimos normalmente as parcelas, e o resultado da operação deve ter o mesmo **número de algarismos significativos da parcela que possuir o menor número de algarismos significativos**.

EXERCÍCIO RESOLVIDO 

Dê o resultado da divisão de 89,1 m^2 por 5,4690 m, com o correto número de algarismos significativos.

SOLUÇÃO:

Dividimos normalmente as parcelas e fornecemos o resultado com o número de algarismos significativos da parcela que possuir o menor número de algarismos significativos.

$$\frac{89,1\ m^2}{5,4690\ m} = 16,29182666\ m$$

Adotando a regra da multiplicação e divisão, como 89,1 possui apenas três algarismos significativos, temos que o resultado final da divisão será 16,3 m.

c) Raiz quadrada

A raiz quadrada de um número de *n* algarismos significativos pode ter, no máximo, *n* e, no mínimo, *n* – 1 algarismos significativos.

EXEMPLO: $\sqrt{25,5}$ km.

Como 25,5 km possui três significativos, podemos representar o resultado como 5,05 ou 5,0. A quantidade de significativos utilizada dependerá da precisão necessária ao cálculo utilizado.

EXEMPLO: $(\sqrt{25,5} + 4,8)$ km = (5,0 + 4,8) km = 9,8 km.
$(\sqrt{25,5} + 4,81)$ km = (5,05 + 4,81) km = 9,86 km.

3.1.3 Operações mistas

Ao usar uma calculadora, se você trabalhar a totalidade de um cálculo longo sem anotar os resultados intermediários, talvez não seja capaz de dizer se um erro foi cometido. Além disso, mesmo se você perceber que houve algum erro, poderá não ser capaz de dizer onde ele está. Em um cálculo extenso envolvendo operações mistas, devem-se realizar tantos dígitos quantos possíveis em todo o conjunto de cálculos e, depois, arredondar o resultado final de forma adequada.

Por exemplo:

(5,00/1,235) + 3,000 + (6,35/4,0) = 4,04858 + 3,000 + 1,5875 = 8,630829 = 8,6 m

A primeira divisão deve resultar em três algarismos significativos. A última divisão deve resultar em dois algarismos significativos. Os três números somados devem resultar em um número com um dígito após a casa decimal. Assim, o resultado final arredondado correto deve ser 8,6. Este resultado final tem sua exatidão limitada pela última operação (divisão).

IMPORTANTE

Em um cálculo extenso, envolvendo operações mistas, devem-se realizar tantos dígitos quantos possíveis em todo o conjunto de cálculos e, depois, arredondar o resultado final de forma adequada.

A maioria das calculadoras modernas permite que você carregue os resultados dos cálculos intermediários no visor ao realizar uma série complexa de cálculos. Ao fazer isso, é possível manter os resultados de cada etapa de cálculo sem ter de inserir os resultados intermediários (uma prática que talvez incentive o arredondamento cedo demais). Desta forma, você consegue evitar completamente erros de truncamento introduzidos por arredondamentos intermediários.

Utilizar todos os dígitos até o resultado final pode ser crítico para muitas operações matemáticas em estatística. Arredondar resultados intermediários ao calcular somas de quadrados pode comprometer seriamente a exatidão do resultado.

3.2 Conceitos da estatística aplicada à metrologia

O resultado de uma medição sempre apresentará uma dúvida associada (chamada de incerteza da medição), e o que se procura, na realidade, é estimar os valores da medida e da incerteza da melhor forma possível.

A incerteza de medição sempre existirá e nunca será eliminada, uma vez que o valor verdadeiro da grandeza é estimado (na prática, usa-se o valor do padrão como um valor de referência). É possível, porém, definir os limites dentro dos quais se encontra o valor de uma medição considerando um determinado valor de probabilidade, usando técnicas e análises estatísticas.

As medições experimentais são realizadas com base em experimentos aleatórios. Entende-se por experimento aleatório aquele que é influenciado por variáveis não controladas, aleatórias.

Suponha que precisamos determinar a massa específica de um sólido (ρ). Sabe-se que a massa específica é a relação entre a massa do corpo (m) e seu volume (V), dada pela expressão:

$$\rho = \frac{m}{V} \tag{3.1}$$

Então, ao medir a massa do corpo com o auxílio de uma balança, temos a variável massa m como componente aleatória, uma vez que seu valor pode ser afetado pela posição em que colocamos o corpo no prato da balança, além da própria característica da balança em não reproduzir repetitivamente os valores medidos.

O mesmo acontece com a medição do volume da peça. Ele é afetado pela variação da temperatura onde é realizada a sua medição e, também, pela instabilidade dos instrumentos de medição.

Uma variável aleatória (X) é a variável que associa um número a um experimento aleatório.

Por esse motivo, necessitamos das ferramentas estatísticas para determinarmos um resultado de medição com confiabilidade.

Antes de discutirmos o conceito de incerteza da medição e de apresentarmos a metodologia de seu cálculo, cabe introduzir alguns fundamentos e ferramentas básicas da estatística.

3.2.1 Variável aleatória, experimento aleatório e espaço amostral

Quando realizamos um experimento, uma medição, estamos sujeitos a resultados que podem ser influenciados por variáveis que não controlamos. Por exemplo, a variação da temperatura ambiente influenciando o comprimento de uma peça metálica (dilatação) ou a umidade relativa do ar afetando a massa de uma substância que absorva umidade. Enfim, em todo processo de medição estamos sujeitos a **variáveis aleatórias** que interferem ou podem interferir no resultado da medição.

Assim, experimentos desse tipo possuem variáveis aleatórias, independentemente de sermos cuidadosos com o experimento, e não podemos evitar essas variáveis de influência. Nosso objetivo, então, será compreender, quantificar e modelar esses tipos de variações que encontramos com frequência nas medições.

Podemos definir um **experimento aleatório** como todo aquele que fornece resultados diferentes, mesmo tomando todos os cuidados para que o procedimento de medição seja realizado da mesma forma. O conjunto de todos os resultados possíveis de um experimento aleatório é chamado de **espaço amostral** do experimento.

Essas variáveis aleatórias podem ser divididas em dois tipos: discreta ou contínua.

a) Variável aleatória discreta

Considere um dado não viciado cujos valores de x são (1, 2, 3, 4, 5, 6). Ao lançá-lo, a probabilidade de se obter qualquer um dos valores é 1/6.

Assim, a distribuição de probabilidade $P(X)$ desta variável X para este tipo de ocorrência é:

Tabela 3.1 Probabilidade no lançamento de um dado

Valor da variável (X)	Probabilidade de ocorrência $P(X)$
1	1/6
2	1/6
3	1/6
4	1/6
5	1/6
6	1/6

A distribuição é discreta porque a variável é discreta, ou seja, não pode assumir valores intermediários. Ao lançarmos um dado não encontraremos, por exemplo, valores entre 1 e 2 ou entre 4 e 5. Uma variável aleatória discreta é uma variável com um número finito de valores. Por exemplo:

- número de amassados em um automóvel;
- quantidade de laranjas em um cesto;
- número de peças fabricadas em um dia.

b) Variável aleatória contínua

A temperatura ambiente de um laboratório (T) que vem sendo medida ao longo de uma semana, por exemplo, é considerada uma variável aleatória contínua porque ela pode assumir qualquer valor ao longo do dia e da semana.

Então, podemos dizer que uma variável aleatória contínua assume infinitos valores. Por exemplo:

- medição de temperatura;
- medição de pressão;
- medição de corrente elétrica.

Observe que as variáveis típicas de interesse na metrologia são variáveis contínuas.

As distribuições contínuas de probabilidades mais utilizadas na metrologia são:

- distribuição normal ou gaussiana;
- distribuição uniforme ou retangular;
- distribuição triangular;
- distribuição *t*-Student.

Ao longo deste capítulo, vamos estudar um pouco sobre essas distribuições de probabilidade e suas principais características.

3.2.2 Histograma

Um histograma é um gráfico em barras que apresenta uma distribuição de frequências. Uma distribuição de frequências é uma tabela onde apresentamos os dados coletados em função da frequência de sua ocorrência. Esses dados devem estar divididos em intervalos de classe. Um método eficiente para determinar o número de intervalos de classe consiste em obter a raiz quadrada do número de dados coletados. O número de intervalos de classe será aproximadamente igual ao valor dessa raiz. Os intervalos de classe devem ser iguais em largura de modo a aumentar a informação gráfica na distribuição de frequências.

EXERCÍCIO RESOLVIDO 3.3

Considere o quadro a seguir com 60 valores de temperatura de um forno de calibração de termômetro estabilizado em 50,00 °C.

A variação da temperatura do forno, quando atinge a sua estabilidade, gera uma incerteza na calibração de termômetros chamada de incerteza da estabilidade do forno.

Tabela 3.2 Valores de temperatura de um forno de calibração

Temperatura (°C)					
49,59	49,60	49,63	49,64	49,66	49,68
49,59	49,61	49,63	49,65	49,67	49,68

(*Continua*)

Tabela 3.2 Valores de temperatura de um forno de calibração (*continuação*)

Temperatura (°C)					
49,59	49,60	49,63	49,64	49,66	49,68
49,59	49,61	49,63	49,65	49,67	49,68
49,59	49,62	49,63	49,65	49,67	49,68
49,59	49,62	49,64	49,65	49,67	49,69
49,60	49,62	49,64	49,66	49,67	49,69
49,60	49,62	49,64	49,66	49,67	49,69
49,60	49,62	49,64	49,66	49,67	49,69
49,60	49,62	49,64	49,66	49,67	49,70
49,60	49,62	49,64	49,66	49,67	49,70
49,60	49,63	49,64	49,66	49,68	49,70

Com base nesses resultados de medição, faça o seu histograma.

SOLUÇÃO:

Vamos construir o histograma seguindo cinco passos. São eles:

Passo 1: Determinação da amplitude A do intervalo de medições.

A amplitude mede a dispersão entre os valores mínimo e máximo da distribuição, não considerando os valores intermediários, ou seja:

$$A = X_{\text{máx}} - X_{\text{mín}} \tag{3.2}$$

Uma característica da amplitude é que, mesmo aumentando-se o número de medições, ela não diminui (pode até aumentar).

Neste exemplo, a amplitude é determinada por:

$$A = 49{,}70\ ^\circ\text{C} - 49{,}59\ ^\circ\text{C}$$

$$A = 0{,}11\ ^\circ\text{C}$$

Passo 2: Número de classes k.

Determinamos o número de classe k calculando a raiz quadrada do número de medições realizadas n, logo:

$$k = \sqrt{n} \tag{3.3}$$

$$k = \sqrt{60}$$

$$k = 7{,}745967$$

Deste modo, o número de classe do nosso histograma será 7 ou 8, dependendo de como ficará o tamanho de cada classe.

Passo 3: Largura das classes L.

Para determinar a largura das classes L, devemos dividir a amplitude A pelo número de classe escolhido k.

$$L = \frac{A}{k} \quad (3.4)$$

Escolhendo $k = 8$, temos: $L = \frac{0{,}11}{8} = 0{,}01375$

Escolhendo $k = 7$, temos: $L = \frac{0{,}11}{7} = 0{,}01571$

Observe que ambos os valores de L não fornecem números com as mesmas casas decimais que os dados medidos. Seria interessante se a largura L nos fornecesse valores como 0,01 °C ou 0,02 °C.

Uma técnica útil na construção dos histogramas é aumentar um pouco a amplitude A, de modo que comecemos a contar a frequência de incidência dos nossos valores um pouco antes de seu início e um pouco depois. Por exemplo:

$$A = 49{,}71\,°C - 49{,}58\,°C$$

$$A = 0{,}13\,°C$$

Deste modo, o novo valor de L será:

$$L = \frac{0{,}13}{8} = 0{,}01625\,°C$$

$$L = \frac{0{,}13}{7} = 0{,}01857\,°C$$

Assim, vamos escolher L = 0,01857 °C e arredondar para 0,02 °C.

Passo 4: Contagem de ocorrência por classe – frequência.

Essa é a penúltima etapa, onde construímos um quadro relacionando as classes e suas respectivas frequência de ocorrência.

Neste exemplo, temos:

Tabela 3.3 Distribuição de frequência

Intervalo de classe	Frequência
49,58 °C ≤ x < 49,60 °C	4
49,60 °C ≤ x < 49,62 °C	8
49,62 °C ≤ x < 49,64 °C	11
49,64 °C ≤ x < 49,66 °C	11
49,66 °C ≤ x < 49,68 °C	15
49,68 °C ≤ x < 49,70 °C	8
49,70 °C ≤ x < 49,71 °C	3

Passo 5: Montagem do histograma.

Nesta etapa, selecionamos os intervalos de classe e sua respectiva frequência, e montamos um gráfico de barras, por exemplo, usando o *software* Excel da Microsoft®.

O mesmo Excel também faz o histograma automaticamente, bastando selecionar os dados e clicar em histograma, que fica na aba DADOS, dentro do ícone ANÁLISE DE DADOS.

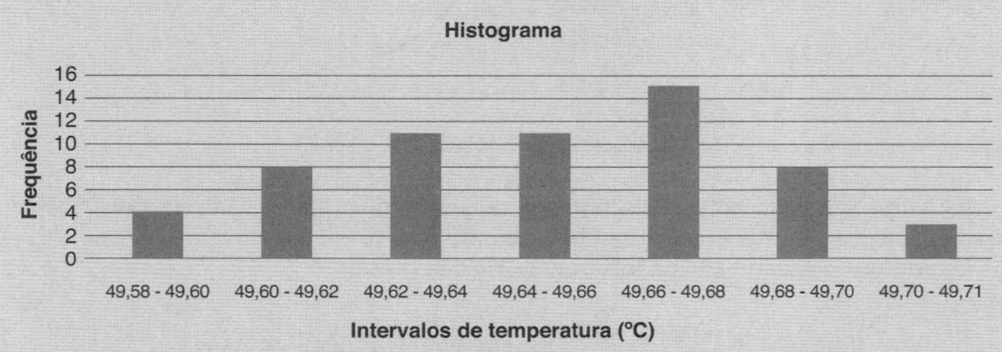

Gráfico 3.1 Histograma da distribuição de temperatura do forno estabilizado.

Observe que a média dos valores de temperatura do forno vale 49,64 °C, e que este valor se encontra no meio da distribuição de frequência no histograma.

Essa é uma característica da maioria das distribuições estatísticas, como veremos mais adiante neste capítulo.

3.2.3 Função densidade de probabilidade

A função densidade de probabilidade $f(x)$ descreve a distribuição de uma variável aleatória X. Se um valor X tem uma grande probabilidade de ocorrer dentro de um intervalo $[a, b]$, a sua função densidade de probabilidade $f(x)$, neste intervalo, será grande.

A função densidade de probabilidade $f(x)$ descreve as probabilidades associadas a uma variável aleatória.

Para uma variável aleatória contínua X, uma função densidade de probabilidade $f(x)$ é uma função tal que:

1) $f(x) \geq 0$

2) $\int_{-\infty}^{+\infty} f(x)dx = 1$

3) $P(a \leq X \geq b) = \int_{a}^{b} f(x)dx$

No Gráfico 3.2, a área sob $f(x)$ representa a probabilidade de X assumir um valor entre a e b.

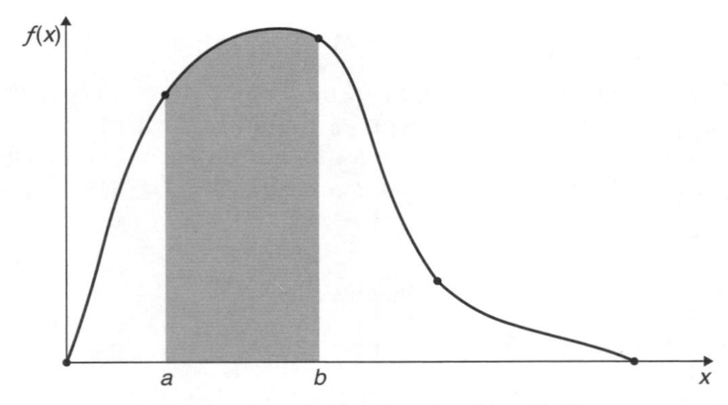

Gráfico 3.2 Probabilidade $P(a < X > b)$.

Para uma variável aleatória discreta X, o somatório dos valores de $P(x)$ da distribuição discreta, entre os limites $-\infty$ e $+\infty$, também sempre resulta em um.

Lembrando o exemplo do dado, o somatório de $P(x)$ será:

$$P(-\infty < x < +\infty) = P(1 \leq x \leq 6) = \frac{1}{6} + \frac{1}{6} + \frac{1}{6} + \frac{1}{6} + \frac{1}{6} + \frac{1}{6} = 1$$

3.2.4 Média e desvio-padrão de uma distribuição de probabilidade

As distribuições de probabilidade são caracterizadas por sua média e pelo seu desvio-padrão. Quando a média em questão é a média da população, designamos pela letra grega μ. Quando se tratar da média de uma amostra, designamos por $\bar{x}$.

A média (μ), ou valor esperado $E(X)$, é a melhor estimativa de uma medição, e é definida pela equação:

$$\mu = E(X) = \int_{-\infty}^{+\infty} x \cdot f(x) dx \tag{3.5}$$

em que X é uma variável aleatória e $f(x)$, uma função densidade de probabilidade.

Embora a média da amostra ou da população seja um dado útil, saber o quanto os dados estão dispersos em torno da média é uma informação importante. A variável que mede a dispersão desses dados em torno da média chama-se **desvio-padrão**, e seu quadrado é conhecido como **variância**.

A variância de X é denotada por $V(X)$, ou σ^2, e definida pela expressão:

$$\sigma^2 = V(X) = \mathrm{E}\left(\left(x - E(x)\right)^2\right) = \int_{-\infty}^{+\infty} (x - \mu)^2 f(x) dx \tag{3.6}$$

3.2.5 Distribuições de probabilidades mais adotadas na metrologia

Vimos, na Seção 3.2.1, que as distribuições de probabilidades mais usadas em metrologia são: **distribuição uniforme** ou **retangular**; **distribuição triangular**; **distribuição normal** ou **gaussiana**; e **distribuição *t*-Student.**

Agora, vamos estudar as principais características dessas distribuições e suas aplicações na metrologia.

a) Distribuição retangular ou uniforme

Quando a distribuição de probabilidade for constante em um intervalo definido, estaremos diante de uma distribuição uniforme ou retangular.

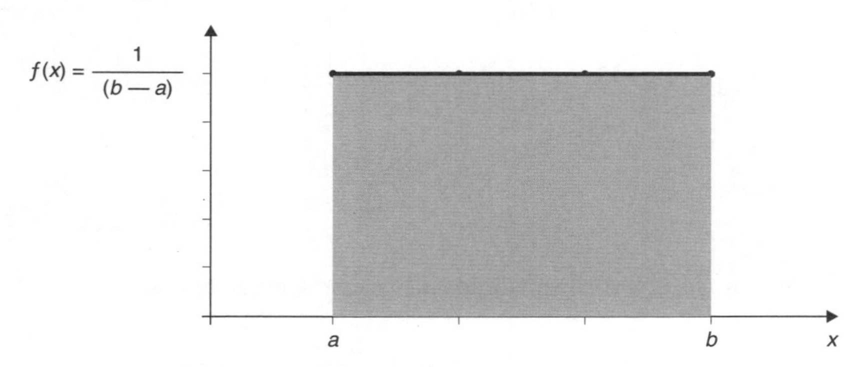

Gráfico 3.3 Distribuição uniforme ou retangular.

A distribuição uniforme tem uma função densidade de probabilidade definida por:

$$f(x) = \frac{1}{b-a}; \qquad a \leq x \leq b \tag{3.7}$$

Obs.: $f(x) = 0$ quando $x < a$ ou $x > b$.

A média de uma variável aleatória contínua uniforme X é definida pela Equação (3.5).

$$\mu = E(X) = \int_{-x}^{x} x \cdot f(x)dx$$

Integrando a Equação (3.4) nos limites entre a e b e adotando $f(x) = \frac{1}{b-a}$, temos:

$$\int_{a}^{b} \frac{x}{b-a}dx = \frac{x^2}{2(b-a)}\Bigg|_a^b$$

$$\mu = \bar{x} = \frac{(a+b)}{2} \tag{3.8}$$

Usando a definição de variância dada pela Equação (3.6), temos:

$$\sigma^2 = V(X) = \int_{-\infty}^{+\infty} (x-\mu)^2 f(x)dx$$

$$V(X)=\int_{b}^{a}\frac{\left[x-\left(\frac{a+b}{2}\right)\right]^{2}}{b-a}dx$$

$$V(X)=\left.\frac{\left(x-\frac{a+b}{2}\right)^{2}}{3(b-a)}\right|_{a}^{b}$$

$$V(X)=\frac{(b-a)^{2}}{12} \tag{3.9}$$

Como o desvio-padrão é a raiz quadrada da variância, então temos:

$$\sigma(X)=s(X)=\frac{b-a}{\sqrt{12}} \tag{3.10}$$

Adotamos a expressão $S(X)$ para o desvio-padrão amostral e a expressão $\sigma(X)$ para o desvio-padrão da população. No caso da distribuição uniforme, é dada pela mesma equação.

EXERCÍCIO RESOLVIDO 3.4

Suponha que o valor da massa de um objeto seja 25,9 g e que a balança digital utilizada para essa medição tenha uma resolução de leitura de 0,1 g. Isto significa dizer que a balança lê incrementos de 0,1 g em 0,1 g. Considerando o algoritmo existente na balança digital, responsável pela digitalização dos valores indicados, o "valor verdadeiro" da massa estará compreendido no intervalo 25,85 g a 25,95 g. Valores como 25,96 g, ou maiores, deverão ser arredondados pelo instrumento para 26,0 g; da mesma forma que valores como 25,84 g, ou menores, para 25,8 g.

Com base nessas informações determine a média e o desvio-padrão dessa distribuição.

SOLUÇÃO:

Considerando que a balança tem uma limitação de leitura de 0,1 g (resolução), sabemos que toda vez que a balança indicar 25,9 g teremos uma dúvida do "verdadeiro valor" da massa em questão, ocasionada pela sua limitação de resolução. Considerando que a probabilidade de o "valor verdadeiro" estar compreendido entre 25,85 g e 25,95 g é a mesma dentro deste intervalo, é razoável adotar uma distribuição estatística que reflita este comportamento, ou seja, a distribuição retangular ou uniforme. No gráfico a seguir, temos:

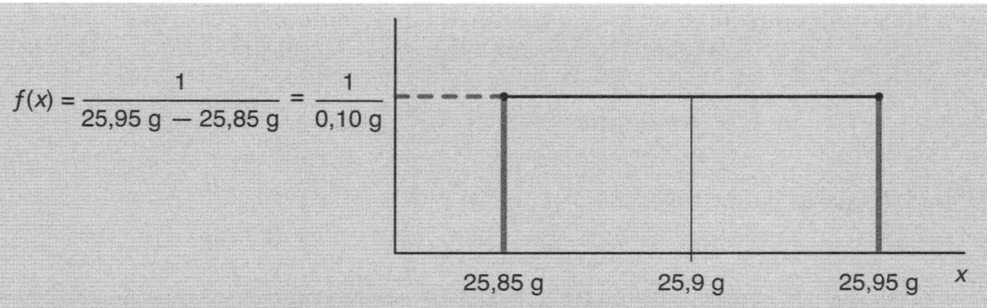

Gráfico 3.4 Distribuição estatística do Exercício Resolvido 3.2.

Observe que a área sob o gráfico vale 1, como era de se esperar.
Deste modo, a média será:

$$\overline{x} = \frac{a+b}{2} = \frac{25{,}95\text{ g}+25{,}85\text{ g}}{2} \qquad \overline{x} = 25{,}9\text{ g}$$

O desvio-padrão é dado pela Equação (3.9)

$$s(x) = \frac{b-a}{\sqrt{12}} = \frac{25{,}95\text{g}-25{,}85\text{g}}{\sqrt{12}} = \frac{0{,}1\text{g}}{\sqrt{12}} \qquad s(x) = 0{,}028867513\text{ g}$$

Veremos mais adiante que esse resultado é considerado a incerteza da resolução de leitura dos instrumentos com distribuição de leitura retangular.

b) Distribuição triangular

Quando a distribuição de probabilidade for maior na parte central, em um intervalo definido, e decair linearmente nas extremidades, estaremos diante de uma distribuição triangular.

Em muitos casos, é mais realista esperar que valores perto dos limites fossem menos prováveis do que os que estejam próximos do ponto médio. É, então, razoável substituir a distribuição retangular simétrica por uma distribuição triangular.

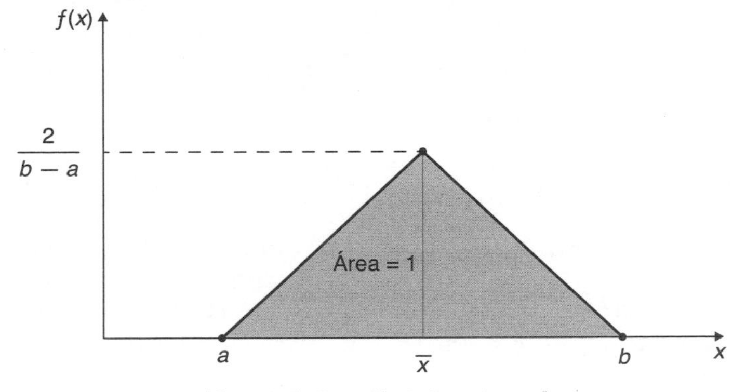

Gráfico 3.5 Distribuição triangular.

Obs.: $f(x) = 0$ quando $x < a$ ou $x > b$.

Para a distribuição triangular com a média no centro do intervalo *a*, *b*, temos:

$$\mu = \overline{x} = \left(\frac{a+b}{2} \right) \tag{3.11}$$

e desvio-padrão dado pela expressão:

$$\sigma(X) = s(X) = \frac{b-a}{\sqrt{24}} \tag{3.12}$$

Adotamos a expressão para o desvio-padrão amostral e a expressão para o desvio-padrão da população. No caso da distribuição triangular, é dada pela mesma equação.

EXERCÍCIO RESOLVIDO 3.5

Suponha que, na calibração de um manômetro, com intervalo de medição (0 a 40) bar e resolução 1 bar, ao utilizarmos uma bomba comparadora fixamos os pontos de calibração no manômetro objeto em: 10 bar, 20 bar, 30 bar e 40 bar (Fig. 3.2).

Figura 3.2 Calibração de manômetro.

Esses valores são fixados, de forma a apresentar uma probabilidade de ocorrência maior do que qualquer outro.

Por exemplo, para o ponto 30 bar, o "valor verdadeiro" da pressão estará compreendido no intervalo 29,5 bar a 30,5 bar. Valores como 30,5 bar (ou maiores) serão arredondados para 31 bar, da mesma forma que valores como 29,4 bar (ou menores) para 29 bar. Considerando a probabilidade de o "valor verdadeiro" ser maior no ponto 30 bar do que em qualquer outro ponto, porque fixamos neste valor.

Com base nessas informações, determine a média e o desvio-padrão dessa distribuição no ponto 30 bar.

SOLUÇÃO:

Considerando que a probabilidade do "valor verdadeiro" é maior no ponto 30 bar do que em qualquer outro ponto, porque fixamos neste valor, é razoável adotar uma distribuição estatística que reflita este comportamento, ou seja, a distribuição triangular. Na figura a seguir, temos:

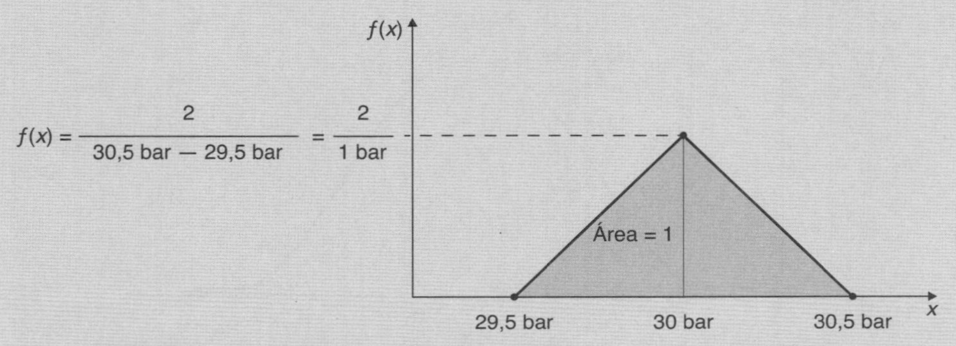

Gráfico 3.6 Distribuição estatística do Exercício Resolvido 3.5.

Para o cálculo da média, adotaremos a Equação (3.10).

$$\overline{x} = \frac{29{,}5 \text{ bar} + 30{,}5 \text{ bar}}{2}$$

$$\overline{x} = \frac{60{,}0 \text{ bar}}{2}$$

$$\overline{x} = 30{,}0 \text{ bar}$$

Para o cálculo do desvio-padrão, adotaremos a Equação (3.12).

$$s(X) = \frac{30{,}5 \text{ bar} - 29{,}5 \text{ bar}}{\sqrt{24}}$$

$$s(X) = \frac{1 \text{ bar}}{\sqrt{24}}$$

$$s(X) = 0{,}0416666666 \text{ bar}$$

Esse resultado é considerado a incerteza da resolução de leitura dos instrumentos com distribuição de leitura triangular.

c) Distribuição normal ou gaussiana

A distribuição normal ou gaussiana é, sem dúvida, a mais importante das distribuições de probabilidade. Diversas variáveis se comportam segundo uma distribuição gaussiana.

Gauss baseou a teoria dos erros em postulados. Um deles diz respeito ao valor mais provável de uma grandeza: "O valor mais provável de uma grandeza, medida diversas vezes, é a média aritmética das medidas encontradas, desde que mereçam a mesma confiança".

O gráfico que se segue representa uma distribuição de probabilidade gaussiana ou normal. Nela, temos a clássica forma de um sino onde seu centro está sua média μ e a largura de sua base representa a dispersão dos valores σ em torno da média.

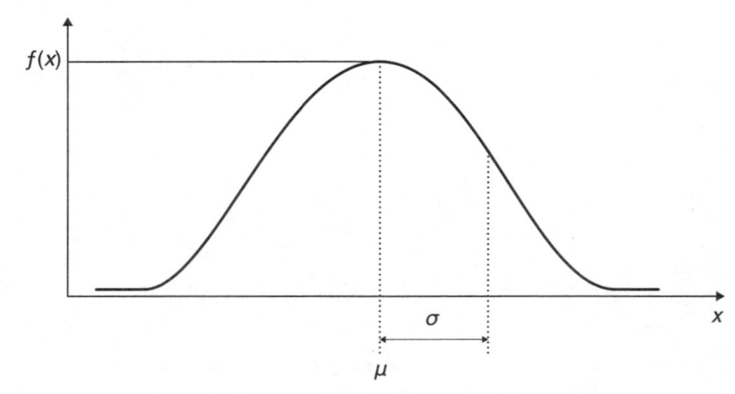

Gráfico 3.7 Distribuição normal ou gaussiana.

A distribuição normal tem uma função densidade de probabilidade definida por:

$$f(x)=\frac{1}{\sigma\sqrt{2\pi}}e^{\frac{-(x-\mu)^2}{2\sigma^2}} \quad ; -\infty < x < \infty \tag{3.13}$$

com σ correspondendo ao desvio-padrão da população da distribuição dada pela equação:

$$\sigma=\sqrt{\frac{\sum_{i=1}^{n}(\mu-x_i)^2}{n}} \tag{3.14}$$

e μ é a média da população da distribuição dada pela equação:

$$\mu=\frac{\sum_{i=1}^{n}x_i}{n} \tag{3.15}$$

A média e o desvio-padrão são características muito importantes em qualquer distribuição estatística. A média indica o valor mais provável e o desvio-padrão o espalhamento desses valores em torno da média.

Suponha que você tenha que medir o comprimento de um objeto com uma régua simples, anote o resultado.

Peça a outros que repitam a medição, sem que cada um tome conhecimento dos resultados obtidos pelos demais, e anote todos os resultados.

Você observará que as medidas diferem. Repita a medição dez vezes e, provavelmente, encontrará alguns resultados diferentes. Este fato é denominado dispersão da medição.

Como o próprio nome diz, a dispersão dos valores encontrados em uma medição avalia estatisticamente o grau de espalhamento desses valores em torno da média. Quanto maior a dispersão, mais valores afastados em torno da média da distribuição são encontrados.

Em uma distribuição normal, 68,27 % dos resultados estarão dispersos em torno da média para um desvio-padrão (1σ); 95,45 % para dois desvios-padrão (2σ) e 99,7 % para três desvios-padrão (3σ). Os intervalos mencionados são mostrados no Gráfico 3.8.

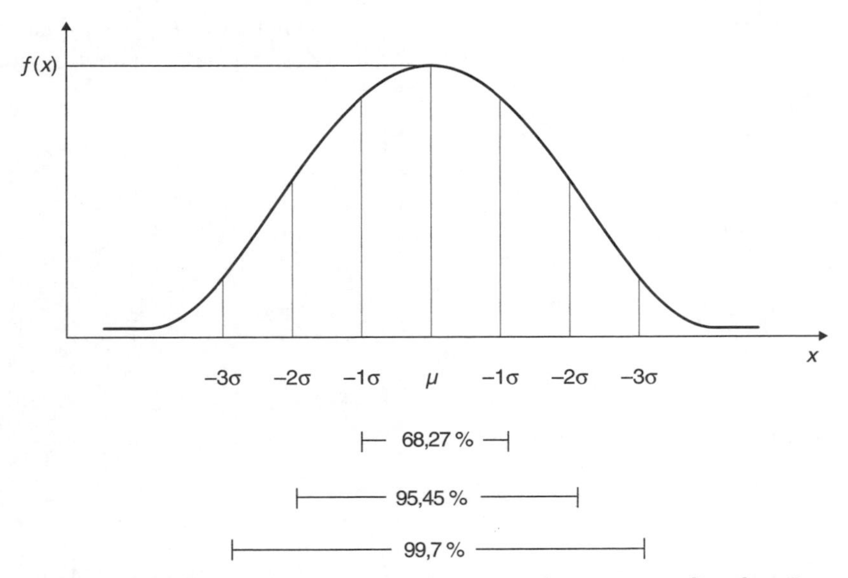

Gráfico 3.8 Probabilidades associadas aos desvios-padrão em uma distribuição normal.

Na metrologia, raramente conhecemos toda a população, pois não realizamos infinitas medições. Neste caso, adota-se o desvio-padrão da amostra (s), ou desvio-padrão amostral, calculado pela equação:

$$s=\sqrt{\frac{\sum_{i=1}^{n}\left(\bar{x}-x_i\right)^2}{n-1}} \tag{3.16}$$

em que $\bar{x}$ é a média da amostra e n o tamanho da amostra.

As medidas merecem a mesma confiança, por exemplo, se forem realizadas pelo mesmo observador, usando o mesmo instrumento e o mesmo método. Surge aqui uma pergunta: qual o número conveniente de medições a realizar?

Esse número varia de caso para caso, mas, na prática, adota-se um intervalo de três a dez medições. Abaixo de três medições, os erros podem não estar bem representados, e acima de dez, o processo de medição pode tornar-se oneroso.

A variância amostral s^2 é o quadrado do desvio-padrão amostral, dado pela expressão:

$$s^2=\frac{\sum_{i=1}^{n}\left(\bar{x}-x_i\right)^2}{n-1} \tag{3.17}$$

A variância é utilizada no cálculo da incerteza de medição por ser uma variável que pode ser combinada linearmente, ou seja, podemos somar as variâncias e não os desvios-padrão de diferentes distribuições.

EXERCÍCIO RESOLVIDO 

Considerando a variância s_1^2 de uma amostra igual a 3 e a variância s_2^2 de outra amostra igual a 4, determine a variância resultante desta soma e seu desvio-padrão.

SOLUÇÃO:

$$s^2 = s_1^2 + s_2^2$$

$$s^2 = 3 + 4$$

$$s^2 = 7$$

O desvio-padrão resultante será:

$$s = \sqrt{s^2}$$

$$s = \sqrt{7}$$

que é diferente da soma direta dos desvios.

$$\sqrt{3} + \sqrt{4} \neq \sqrt{7}$$

Na metrologia, temos um teorema muito aplicado. Ele é conhecido como o Teorema Central do Limite. Diz o seguinte: "Quanto mais variáveis aleatórias forem combinadas, mesmo sendo de diferentes distribuições estatísticas, mais próximo de uma distribuição normal será o resultado dessa combinação de variáveis".

É por esse motivo que, no estudo da metrologia, abordamos como uma distribuição normal o resultado final da combinação das diversas fontes de incertezas, mesmo sendo, essas fontes, de diferentes distribuições estatísticas. O resultado final do somatório dessas influências tem um comportamento de uma distribuição normal.

Considere o cálculo de incerteza na calibração de um manômetro analógico. Nele, encontramos várias fontes de incertezas que serão estimadas (a melhor estimativa das diversas fontes de incertezas de medição é o desvio-padrão da cada fonte).

As fontes podem ser oriundas de diversas distribuições, como, por exemplo:

- variação da leitura do manômetro em carga e em descarga (histerese) – distribuição uniforme;
- variação das medições realizadas pelo manômetro – incerteza da repetitividade – distribuição *t*-Student;
- influência da incerteza de medição do padrão utilizado na calibração do manômetro – distribuição normal;
- influência da resolução do manômetro objeto, quando "setamos" seu valor na calibração em um ponto definido – distribuição triangular.

Enfim, a incerteza final, oriunda das diversas fontes de incertezas antes citadas, de acordo com o **Teorema Central do Limite**, será uma distribuição normal.

Uma decorrência do Teorema Central do Limite é o fato de, se retirarmos diversas amostras de tamanho n e calcularmos suas médias ($\overline{x1}, \overline{x2}, ..., \overline{xp}$), em que p é o número de amostras e n o tamanho das amostras, teremos para o **desvio-padrão da média** amostral a expressão dada pela equação:

$$s(\bar{x}) = \frac{s}{\sqrt{n}} \tag{3.18}$$

sendo n o número de medições realizadas.

O desvio-padrão da média tem uma grande importância na metrologia, pois, sem precisar fazer infinitas medições, conseguimos estimar o desvio-padrão existente entre as médias de diversas amostras da mesma população. O desvio-padrão da média é considerado pelo ISO GUM[1] [7] a incerteza do tipo A, caso a amostra pertença à mesma população. Do contrário, a incerteza do tipo A será igual ao desvio-padrão da amostra (s).

Quanto maior o número de medições feitas de um mesmo mensurando, mais próximo os seus valores se comportarão como uma distribuição normal. Infinitas medições terão uma distribuição normal.

IMPORTANTE

O desvio-padrão da média representa a dispersão entre as médias das amostras pertencentes a uma mesma população.

Um pouco mais de história...

Foto: © tanukiphoto | iStockphoto.com.

Johann Carl Friedrich Gauss (1777-1855) é um dos maiores nomes da matemática da Era Contemporânea, tendo realizado importantes contribuições também para a astronomia e para a física. Vindo de uma família camponesa humilde, com pais analfabetos, Gauss já mostrava facilidade com os números desde os primeiros anos de vida, ainda antes de se alfabetizar. Aos sete anos, desafiado por seu professor a realizar a soma dos algarismos de um a 100, em poucos segundos, o aluno chega à resposta de 5 050, enunciando a fórmula até então desconhecida de progressão aritmética. Ainda que com forte resistência do pai, Gauss dá seguimento aos estudos, incentivado e financiado desde a mocidade por Buttner, diretor da escola em que estudava, e Carl Wilhelm Ferdinand, Duque de Braunschweig.

[1] ISO GUM: *Guide to the Expression of Uncertainty in Measurement* (Guia para a Expressão de Incerteza de Medição).

Impressionado com o potencial de Gauss, o Duque custeia seu curso na Universidade de Göttingen. Elabora o método dos mínimos quadrados. Trabalha, também, com a teoria dos números, a teoria das funções elípticas, eletromagnetismo e gravitação, entre outros temas. Alcança notável reputação na Europa e vem a ser professor universitário, tendo escrito diversas obras. Não fosse a influência de Buttner e do Duque Ferdinand na trajetória de Gauss, talvez os geniais teoremas e leis da matemática não teriam vindo à luz, da forma como foram enunciados. Gauss é conhecido como o Príncipe da Matemática.

d) Distribuição *t*-Student

Ao realizarmos um número pequeno de medições, inferior a 30, percebemos que mesmo quando a amostra pertence a uma distribuição normal, seu histograma não toma a forma de um sino, típica dessa distribuição.

A fim de visualizarmos essa característica, geramos, no Excel, aleatoriamente, 1000 valores pertencentes a uma distribuição normal de média populacional $\mu = 2{,}00$ e desvio-padrão da população $\sigma = 0{,}40$.

Dessa população,[2] retiramos amostras de tamanhos $n = 5$; $n = 20$; $n = 100$ e $n = 1000$.

Nosso objetivo é construir histogramas das diferentes amostras e observar seu comportamento.

a) Análise da amostra com $n = 5$

O resultado encontrado foi:
Média = 2,09 e desvio-padrão amostral = 0,43

Tabela 3.4 Dados do histograma para $n = 5$

Intervalo	Frequência
1,5	1
1,8	0
2,1	1
2,4	1
Mais	2

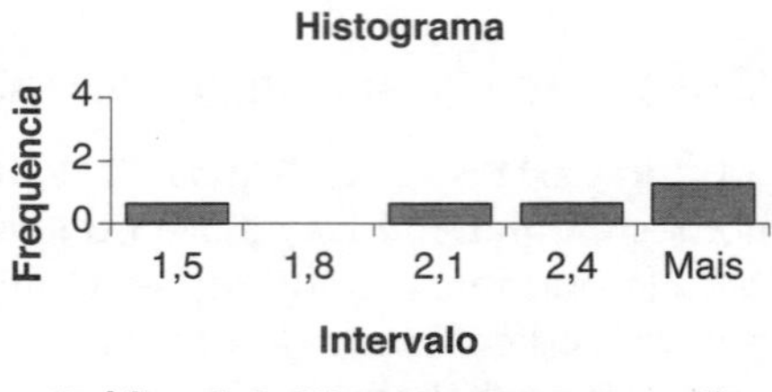

Gráfico 3.9 Histograma para $n = 5$.

Observe que, apesar de os valores serem retirados de uma distribuição normal com média 2,00 e desvio-padrão 0,40, a média dos cinco valores vale 2,09 e o desvio-padrão 0,43. Isso ocorre porque só obteremos média 2,00 e desvio 0,40 quando tivermos todos os valores que geraram a curva normal em questão (infinitos valores).

Outra característica importante a ser observada é o fato de o histograma contendo os cinco valores não se parecer com uma distribuição normal (forma de sino). Isto só irá acontecer na medida em que o número da amostra se aproximar do número da população.

[2] Vamos considerar que os dados gerados são grandes o suficiente para serem encarados como a população.

b) Análise da amostra com $n = 20$

Média =1,97 e desvio-padrão amostral = 0,44

Tabela 3.5 Dados do histograma para $n = 20$

Intervalo	Frequência
1,1	1
1,4	0
1,7	5
2,0	3
2,3	7
2,7	2
Mais	2

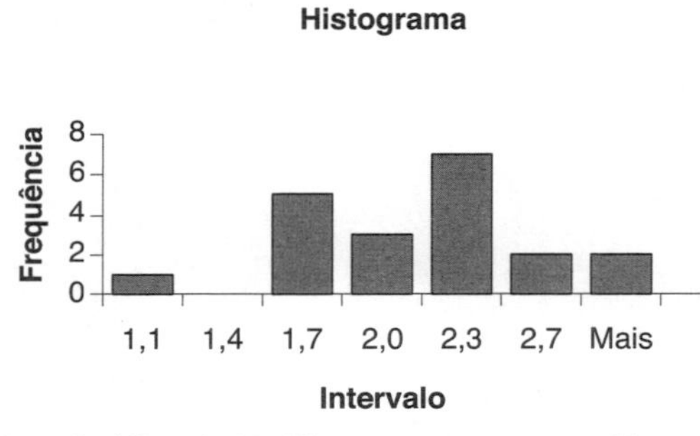

Gráfico 3.10 Histograma para $n = 20$.

c) Análise da amostra com $n = 100$

Média = 2,05 e desvio-padrão amostral = 0,36

Tabela 3.6 Dados do histograma para $n = 100$

Intervalo	Frequência
1,1	1
1,4	2
1,6	8
1,8	13
2,1	32
2,3	17
2,5	16
2,7	8
Mais	3

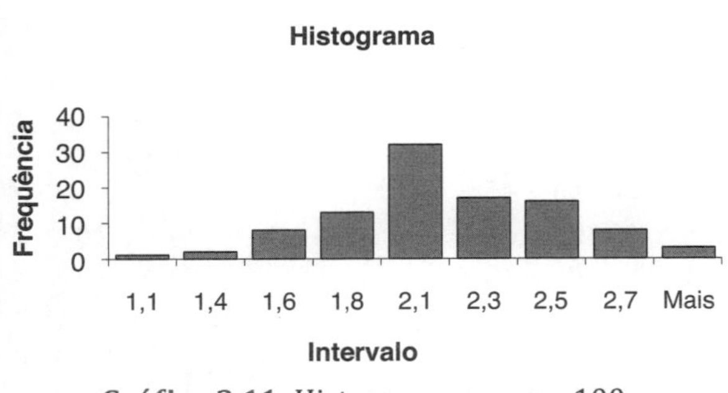

Gráfico 3.11 Histograma para $n = 100$.

d) Análise da amostra com n = 1000

Média = 2,00 e desvio-padrão amostral = 0,40

Tabela 3.7 Dados do histograma para n = 1000

Intervalo	Frequência
0,6	1
0,9	5
1,2	23
1,5	90
1,8	200
2,1	277
2,4	258
2,7	105
3,0	36
3,3	3
3,6	2
Mais	0

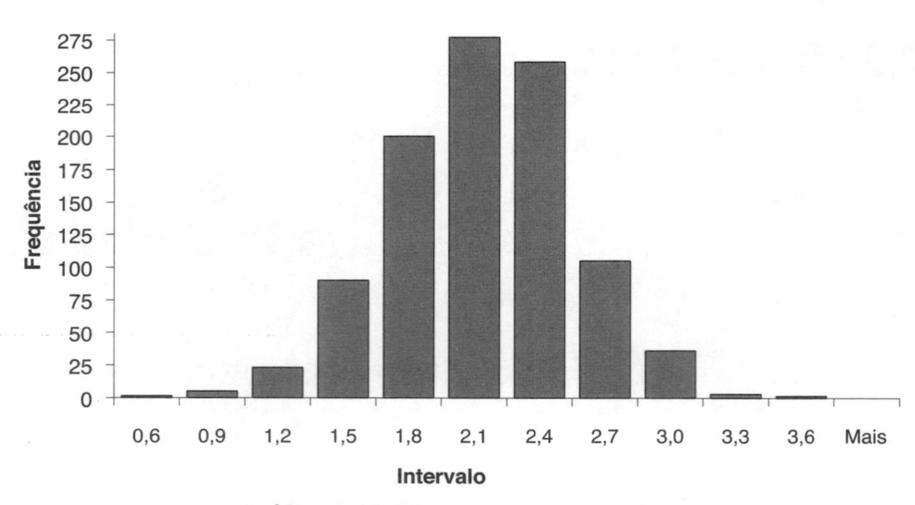

Gráfico 3.12 Histograma para n = 1000.

Percebemos que a distribuição tende à forma de uma distribuição normal na medida em que o número de medições torna-se grande. Na prática, se $n \geq 30$, podemos considerar a aproximação com a curva normal.

Pelo demostrado, podemos observar que é necessário um número de medições elevado ($n \geq 30$) para obter uma distribuição próxima à normal. Como nem sempre é viável realizar 30 medições de um mesmo mensurando, devemos aplicar um fator de correção, aproximando a distribuição de pequenos valores a uma distribuição normal.

Este fator, conhecido como fator *t*-Student para a estatística e fator de abrangência k para a metrologia, é função do tamanho da amostra n ou do número de graus de liberdade[3] ν e da probabilidade de abrangência desejada p. Na Metrologia, para o cálculo da incerteza de medição, foi normalizado considerar a probabilidade de abrangência p igual a 95,45 %.

O fator de abrangência k ou ***t*-Student** foi desenvolvido pelo matemático e químico William Gosset, que assinava seus trabalhos com o pseudônimo de Student. Por volta do final do século XIX, William Gosset desenvolve a distribuição intitulada **distribuição *t*-Student**. A ideia básica era corrigir os fatores que iriam multiplicar os desvios-padrão para pequenas medições. Como vimos no gráfico 3.8 para um intervalo de dois desvios-padrão ($\pm 2\sigma$), temos a probabilidade de 95,45 % de encontrarmos as medições dispersas em torno da média. Isso é verdade para infinitas medições. Como na prática fazemos três, quatro, cinco medições, é necessário multiplicar o desvio-padrão por um fator superior a dois.

A Tabela 3.8 apresenta o fator de abrangência para diversas probabilidades. Essa tabela pode ser construída no Excel utilizando a função: INV.T.BC. É necessário escolher o grau de liberdade que se deseja e a probabilidade de abrangência, lembrando que a probabilidade usada deve ser 100 % menos a probabilidade desejada. Por exemplo, se desejo 95,45 % de probabilidade, devo inserir no campo probabilidade 4,55 %.

Tabela 3.8 Tabela da distribuição *t*-Student

Número de medições	Graus de liberdade efetivos	Probabilidade de abrangência					
n	n	50 %	68,27 %	90 %	95 %	**95,45 %**	99,7 %
2	1	1,000	1,837	6,314	12,706	**13,968**	212,205
3	2	0,816	1,321	2,920	4,303	**4,527**	18,216
4	3	0,765	1,197	2,353	3,182	**3,307**	8,891
5	4	0,741	1,142	2,132	2,776	**2,869**	6,435
6	5	0,727	1,111	2,015	2,571	**2,649**	5,376
7	6	0,718	1,091	1,943	2,447	**2,517**	4,800
8	7	0,711	1,077	1,895	2,365	**2,429**	4,442
9	8	0,706	1,067	1,860	2,306	**2,366**	4,199
10	9	0,703	1,059	1,833	2,262	**2,320**	4,024
11	10	0,700	1,053	1,812	2,228	**2,284**	3,892
12	11	0,697	1,048	1,796	2,201	**2,255**	3,789
13	12	0,695	1,043	1,782	2,179	**2,231**	3,706

(*Continua*)

[3] O número de graus de liberdade é definido pela diferença entre o número de possibilidades menos o número de restrições. Para um número de medições n, teremos $n - 1$ graus de liberdade.

Tabela 3.8 Tabela da distribuição *t*-Student (*continuação*)

Número de medições	Graus de liberdade efetivos	Probabilidade de abrangência					
14	13	0,694	1,040	1,771	2,160	**2,212**	3,639
15	14	0,692	1,037	1,761	2,145	**2,195**	3,583
16	15	0,691	1,034	1,753	2,131	**2,181**	3,535
17	16	0,690	1,032	1,746	2,120	**2,169**	3,494
18	17	0,689	1,030	1,740	2,110	**2,158**	3,459
19	18	0,688	1,029	1,734	2,101	**2,149**	3,428
20	19	0,688	1,027	1,729	2,093	**2,140**	3,401
25	24	0,685	1,021	1,711	2,064	**2,110**	3,302
30	29	0,683	1,018	1,699	2,045	**2,090**	3,239
35	34	0,682	1,015	1,691	2,032	**2,076**	3,197
40	39	0,681	1,013	1,685	2,023	**2,066**	3,166
45	44	0,680	1,012	1,680	2,015	**2,058**	3,142
50	49	0,680	1,010	1,677	2,010	**2,052**	3,123
55	54	0,679	1,009	1,674	2,005	**2,047**	3,108
60	59	0,679	1,009	1,671	2,001	**2,043**	3,096
65	64	0,678	1,008	1,669	1,998	**2,040**	3,086
70	69	0,678	1,007	1,667	1,995	**2,037**	3,077
75	74	0,678	1,007	1,666	1,993	**2,034**	3,069
80	79	0,678	1,006	1,664	1,990	**2,032**	3,063
85	84	0,677	1,006	1,663	1,989	**2,030**	3,057
90	89	0,677	1,006	1,662	1,987	**2,028**	3,052
95	94	0,677	1,005	1,661	1,986	**2,027**	3,047
100	99	0,677	1,005	1,660	1,984	**2,026**	3,043
1001	1000	0,675	1,001	1,646	1,962	2,003	2,975

Considerando o exemplo anterior, em que a média da população é μ = 2,00 e seu desvio-padrão é σ = 0,40 para n = 1000 valores, podemos verificar, para diversos valores de n (5; 20; 100 ...), que a média da população sempre estará compreendida no intervalo $\overline{x} \pm k \cdot s\,(\overline{x})$, em que k é o fator de abrangência e $s(\overline{x})$ é o desvio-padrão da média.

Tabela 3.9 Intervalo dos dados para 95,45 % de probabilidade

n	$\overline{x}$	s	$s(\overline{x})$	k	$\overline{x} \pm k \cdot s\left(\overline{x}\right)$ p/ 95,45 %
5	2,09	0,43	0,19	2,869	(2,09 ± 0,55)
20	1,97	0,44	0,10	2,140	(1,97 ± 0,21)
100	2,05	0,36	0,04	2,026	(2,05 ± 0,08)

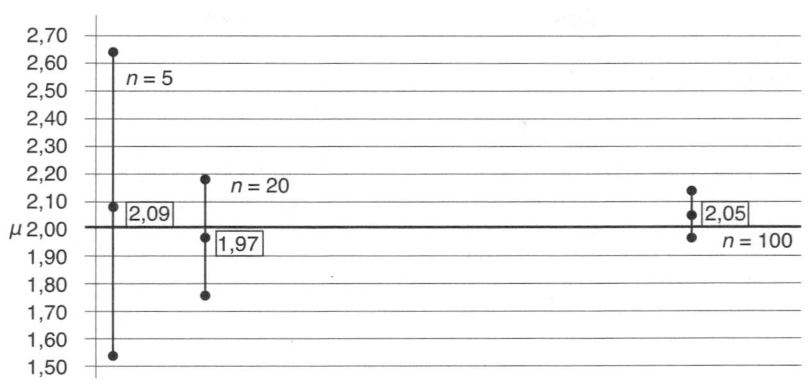

Gráfico 3.13 Dispersão em torno da média com 95,45 % de probabilidade.

Analisando a Tabela 3.9 e o Gráfico 3.13, podemos observar que, quanto maior o número de medições, menor será o intervalo onde encontraremos, com uma probabilidade definida, a média da população.[4]

EXERCÍCIO RESOLVIDO 3.7

Foram feitas oito medições de resistência elétrica em um resistor *R*, encontrando os seguintes valores.

Tabela 3.10 Medições de resistência elétrica do Exercício Resolvido 3.7

Medições	*R* (Ω)
1	199,8
2	200,0
3	200,1
4	200,4
5	199,5
6	200,0
7	200,5
8	199,9

Considerando a distribuição dessa amostra como pertencente a uma distribuição normal, determine:

a) Sua média aritmética.
b) Seu desvio-padrão amostral.
c) Seu desvio-padrão da média.

[4] Em medições, chamamos a média da população de seu valor verdadeiro, valor esse que não conseguimos determinar na prática, uma vez que não podemos medir infinitas vezes.

d) O intervalo em que temos 95,45 % de probabilidade de encontrarmos a média das oito medições.

SOLUÇÃO:

a) A média de uma distribuição normal é dada pela Equação (3.15):

$$\mu = \frac{\sum_{i=1}^{n} x_i}{n}$$

O valor é 200,0 Ω.

b) O desvio-padrão amostral de uma distribuição normal é dado pela Equação (3.16):

$$s = \sqrt{\frac{\sum_{i=1}^{n} \left(\bar{x} - x_i\right)^2}{n-1}}$$

Seu valor é 0,3196 Ω.

c) O desvio-padrão da média é dado pela Equação (3.18):

$$s\left(\bar{x}\right) = \frac{s}{\sqrt{n}}$$

Seu valor será:

$$s = \frac{0,3196}{\sqrt{8}}$$

$$s = 0,112995\ \Omega$$

d) Para encontrar o intervalo no qual temos a probabilidade de encontrarmos aproximadamente 95 % (95,45 %) de todos os valores medidos, temos que determinar o valor t da distribuição t-Student, que é o equivalente ao fator de abrangência k encontrado nos certificados de calibração ou ensaio. Para tanto, devemos verificar na Tabela 3.8 o correspondente valor de k para o grau de liberdade, $\nu = n - 1$. No nosso caso, n será 2,429 para 95,45 % de probabilidade. Assim, o intervalo procurado será dado pela equação

$$\bar{x} \pm k \cdot s\left(\bar{x}\right)$$

$$200,0 \pm 2,429 \times 0,112995$$

$$200,0 \pm 0,281922$$

$$(200,0 \pm 0,3)\ \Omega$$

Esse resultado nos informa que temos 95,45 % de probabilidade de fazermos mais oito medições e a nova média estar compreendida neste intervalo, ou seja, entre (199,7 e 200,3) Ω.

Um pouco mais de história...

Foto: Domínio público.

William Gosset (1876-1937). Filho mais velho de Agnes Sealy Vidal e do coronel Frederic Gosset. Foi educado em Winchester. No New College Oxford, onde estudou química e matemática, ele obteve diploma de Primeira Classe em ambas as ciências, sendo diplomado em Matemática (1897) e em Química (1899).

Gosset obteve um posto como químico na cervejaria Guinness em Dublin (Irlanda), em 1899. Trabalhando na cervejaria, ele fez trabalhos importantes em estatística. No ano de 1905, foi a Londres para estudar no laboratório da University College. Desenvolveu trabalhos em: limite de Poisson; distribuição amostral da média, desvio-padrão e coeficiente de correlação. Mais tarde, publicou três trabalhos importantes sobre suas realizações durante o ano em que esteve no laboratório.

Muitas pessoas estão familiarizadas com o nome *Student*, mas não com o de Gosset. De fato, William Gosset assinava com o pseudônimo "Student", o que explica por que seu nome pode ser menos conhecido do que seus importantes resultados em estatística. Ele inventou o **teste-*t*** para manipular pequenas amostras para o controle de qualidade na fabricação de cerveja. Gosset descobriu a forma da distribuição ***t*** por uma combinação de trabalho matemático e empírico com números aleatórios, uma aplicação inicial do método de Monte Carlo.

A partir de 1922, ele lentamente constrói um pequeno departamento de estatística na cervejaria, dirigindo-o até 1934.

No final de 1935, Gosset deixou a Irlanda para assumir a nova cervejaria Guinness, em Londres. Apesar do trabalho duro envolvido neste empreendimento, ele continuou publicando artigos de estatística. Morreu em 1937.

3.3 Exercícios Propostos

3.3.1 De acordo com a norma ABNT NBR 5891:2014 – Regra de Arredondamento na Numeração Decimal, arredonde corretamente para uma casa decimal.

a) 34,450 m
b) 23,852 m
c) 8,351 m
d) 19,7489 m
e) 43,4501 m
f) 43,852 m
g) 52,3511 m
h) 66,7205 m

3.3.2 Verifique o número de algarismos significativos existentes nas seguintes medições:

a) 1,320 m =

b) 0,050 kg =

c) 0,0001 km =

d) 9642 m^2 =

3.3.3 De acordo com a norma ABNT NBR 5891:2014 – Regra de Arredondamento na Numeração Decimal, arredonde as medições para três algarismos significativos:

a) 478,9 m =

b) 642,5 kg =

c) 123,4 L =

d) 56,150 cm =

3.3.4 Efetue as operações a seguir e apresente o resultado com o número de algarismos significativos correto:

a) 52,69 m + 36,8 m =

b) 68,487 m × 0,12 m =

c) $\sqrt{47{,}8\ m^2} - 1{,}36\ m =$

3.3.5 Arredonde para um algarismo significativo:

a) 3682 =

b) 0,00245 =

c) 0,00058763 =

d) 0,000030456 =

3.3.6 Efetue as operações a seguir e apresente o resultado com o número de algarismos significativos correto:

a) 37,76 + 3,907 + 226,4 =

b) 319,15 – 32,614 =

c) 104,630 + 27,08362 + 0,61 =

d) 125 – 0,23 + 4,109 =

e) 2,02 × 2,5 =

f) 600,0 / 5,2302 =

g) 0,0032 × 273 =

h) $(5{,}5)^3$ =

i) 0,556 × (40 – 32,5) =

j) 45 × 3,00 =

k) Qual é a média dos valores de tempo (s) da Tabela 3.11?

Tabela 3.11 Dados do Exercício 3.3.6

0,1707	0,1713	0,1720	0,1704	0,1715

l) $3{,}00 \times 10^5 - 1{,}5 \times 10^2$ =

3.3.7 Considerando os 60 valores de voltagem da tabela a seguir, pertencentes a uma distribuição uniforme, faça seu histograma, determinando sua média e seu desvio-padrão.

Tabela 3.12 Dados do Exercício 3.3.7

Voltagem (V)					
2,01	2,15	2,40	2,56	2,75	2,91
2,01	2,17	2,42	2,59	2,76	2,91
2,01	2,19	2,44	2,63	2,77	2,93
2,05	2,20	2,44	2,63	2,80	2,93
2,09	2,25	2,44	2,64	2,80	2,93
2,10	2,26	2,45	2,65	2,80	2,94
2,10	2,26	2,52	2,70	2,81	2,95
2,11	2,27	2,53	2,71	2,84	2,96
2,13	2,33	2,55	2,74	2,84	2,98
2,14	2,34	2,55	2,74	2,86	2,99

3.3.8 A Tabela 3.13 representa as medições de temperatura, em grau Celsius, de um laboratório ao longo de uma manhã. Faça o histograma desses valores considerando uma distribuição normal. Determine também sua média e seu desvio-padrão.

Tabela 3.13 Dados do Exercício 3.3.8

Temperatura (°C)					
23,6	23,8	24,0	24,0	24,1	24,2
23,6	23,8	24,0	24,0	24,1	24,2
23,7	23,8	24,0	24,0	24,1	24,2
23,7	23,8	24,0	24,0	24,2	24,2
23,7	23,8	24,0	24,1	24,2	24,3
23,7	23,9	24,0	24,1	24,2	24,3
23,7	23,9	24,0	24,1	24,2	24,3
23,7	23,9	24,0	24,1	24,2	24,3
23,8	23,9	24,0	24,1	24,2	24,5
23,8	24,0	24,0	24,1	24,2	24,6

3.3.9 Um manual do fabricante de bloco-padrão, destinado a calibração de paquímetros e micrômetros, fornece o valor do coeficiente de expansão térmica linear (α) dos blocos como $11{,}5 \times 10^{-6}$ °C^{-1}. Informa também que a variação máxima do coeficiente de expansão linear é de $\pm 0{,}2 \times 10^{-6}$ °C^{-1}. Baseado nessas informações e considerando que o coeficiente de expansão térmica linear (α) está distribuído com igual probabilidade, determine o desvio-padrão da distribuição de probabilidade do coeficiente de expansão térmica linear (α).

3.3.10 A Tabela 3.14 apresenta 60 valores de voltagem obtidos de uma tomada elétrica do laboratório de metrologia. Com base nesses valores, faça o que se pede.

a) Um histograma desses valores. Adote sete classes para melhor construí-lo.

b) Determine seu desvio-padrão amostral.

c) Determine o intervalo onde temos 95,45 % de probabilidade de encontrarmos uma medição entre as 60 medições.

d) Verifique quantos valores estão dentro do intervalo determinado no item (c) e verifique se esses valores correspondem a 95,45 % dos valores medidos.

e) Determine o intervalo com 95,45 % de probabilidade onde podemos encontrar a média das 60 medições.

Tabela 3.14 Dados do Exercício 3.3.10

Valores de voltagem (V)					
128,42	128,62	128,69	128,75	128,80	128,84
128,49	128,63	128,69	128,76	128,80	128,87
128,49	128,63	128,71	128,76	128,80	128,88
128,56	128,65	128,72	128,77	128,81	128,89
128,57	128,65	128,72	128,77	128,82	128,90
128,58	128,66	128,73	128,77	128,83	128,91
128,59	128,66	128,74	128,78	128,83	128,93
128,59	128,66	128,74	128,79	128,83	128,94
128,60	128,67	128,75	128,80	128,83	129,01
128,61	128,69	128,75	128,80	128,83	129,11

3.3.11 Considere as amostras a seguir retiradas de lotes de pesagem de duas balanças distintas:

Tabela 3.15 Dados do Exercício 3.3.11

Balança 1 (kg)	15,00	14,80	15,20	14,90	15,10	14,70
Balança 2 (kg)	14,60	14,70	15,40	15,30	14,90	14,90

a) Calcule a média das duas amostras.
b) Calcule o desvio-padrão amostral das duas amostras.
c) Com base nos itens anteriores, qual balança apresenta a maior dispersão de medidas?
d) Determine, para cada balança, o intervalo onde temos 95,45 % de probabilidade de encontrarmos a média das medições.

3.3.12 Considere que a monitoração do pH de uma substância, ao longo de um dia, apresente uma distribuição triangular. Com base nos 12 valores medidos ao longo desse dia, responda ao que se pede.

Tabela 3.16 Valores de pH do Exercício 3.3.12

pH			
7,24	7,20	7,23	7,25
7,24	7,21	7,26	7,24
7,24	7,24	7,24	7,24

a) Qual é a média dessa distribuição de valores?
b) Qual é o desvio-padrão da distribuição?

3.3.13 Um técnico em metrologia mediu a temperatura interna de uma estufa encontrando para a média das oito medições realizadas 48,9 °C e desvio-padrão amostral igual a 0,6 °C. Considerando os valores medidos pertencentes a uma distribuição *t*-Student. Determine a probabilidade da próxima medição estar entre:
a) (48,3 e 49,5) °C
b) (47,4 e 50,4) °C
c) (46,2 e 51,6) °C

SISTEMAS DE MEDIÇÃO

Um **sistema de medição** é definido no Vocabulário Internacional de Metrologia (VIM, 2012) como:

> Conjunto de um ou mais instrumentos de medição e frequentemente outros dispositivos, compreendendo, se necessário, reagentes e insumos, montado e adaptado para fornecer informações destinadas à obtenção dos valores medidos, dentro de intervalos especificados para grandezas de naturezas especificadas.

Neste capítulo vamos analisar alguns conceitos básicos e também as principais características metrológicas dos sistemas de medição.

4.1 Medição - formas de realização

As medições podem ser realizadas basicamente de duas formas: direta e indireta. Nesta seção vamos abordar essas duas modalidades e suas particularidades.

4.1.1 Medição direta

A medição direta ocorre quando temos apenas uma grandeza envolvida no processo e utilizamos diretamente o instrumento para obter o resultado desejado da medição.

Alguns exemplos de medições diretas:

- medição do diâmetro de uma peça com um paquímetro;
- pesagem de um objeto com uma balança;
- medição da corrente elétrica de um circuito com um amperímetro;
- indicação da pressão usando um manômetro do tipo Bourdon.

4.1.2 Medição indireta

Ocorre quando as medições são efetuadas envolvendo uma ou mais grandezas relacionadas por meio de uma equação matemática.

EXEMPLOS:

- Determinação da área (A) de um terreno retangular medindo o comprimento de cada um dos seus lados $L1$ e $L2$.
  Adotamos a expressão: $A = L1 \times L2$
- Medição da corrente elétrica (I) de um circuito simples, medindo a resistência (R) e a diferença de potencial elétrico (V).

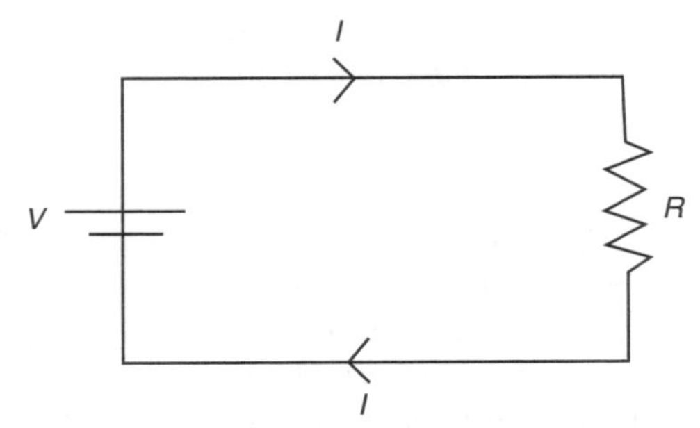

Figura 4.1 Circuito simples.

Adotamos a expressão: $I = V/R$

Comparativamente, cada forma de realização da medição possui características metrológicas diferentes, e é a escolha adequada da medição (direta ou indireta) que possibilita o resultado mais próximo do desejado.

Por exemplo: podemos medir a massa específica (ρ) de um líquido utilizando um densímetro de flutuação (método direto), ou podemos, pelo método indireto, medir a massa (m) e o volume do líquido (V) e aplicar a relação $\rho = \frac{m}{V}$.

Conheça um pouco mais...

Foto: © rasilja | iStockphoto.com.

O **densímetro** é um instrumento para medir a massa específica dos líquidos. Entre suas utilidades está a de determinar as propriedades dos líquidos pela inspeção de sua massa específica, em especial quando os líquidos são misturas de substâncias. Desta forma, conseguimos ver se a composição da mistura é a esperada ou não a partir do valor esperado para a massa específica da mistura.

Há diversas maneiras de montar este aparato, mas a mais comum contém um tubo de vidro longo fechado em ambas as extremidades, e mais largo em sua parte inferior, com gradação na parte mais estreita.

Devemos imergir todo o instrumento em um recipiente cheio do líquido do qual se deseja conhecer a massa específica até que ele flutue livremente.

O princípio do empuxo (que é a força que faz os corpos flutuarem), revelado por Arquimedes, é a base de funcionamento do densímetro.

O densímetro adquire outras denominações, dependendo de sua aplicação: por exemplo, se torna um alcoômetro quando mede o teor de álcool em uma solução de água e álcool, ou um lactômetro quando mede a densidade do leite.

Os densímetros são encontrados nos postos de combustíveis, permitindo que os consumidores confiram a qualidade do combustível. Servem, em geral, para aferir a quantidade de água no álcool hidratado (isto é, se ela está dentro das especificações). A solução de álcool hidratado tem de apresentar 5 % de água, mas é simples adulterá-la ao adicionar mais água, pois o etanol se mistura facilmente com a água.

Na medição direta, usamos somente um instrumento (densímetro), ao passo que na medição indireta necessitamos de uma balança e de uma vidraria com volume conhecido. Os dois métodos deverão apresentar resultados semelhantes, mas a incerteza final de cada um dos métodos poderá ser significativamente diferente.

Assim, a escolha do método deverá avaliar a existência de erro e a incerteza de medição do resultado final.

4.2 Características metrológicas dos sistemas de medição

Os sistemas de medição possuem diversas características metrológicas descritas no Vocabulário Internacional de Metrologia (VIM, 2012). Nesta seção, destacaremos as mais usuais.

4.2.1 Intervalo de indicação

Segundo o VIM (2012), um intervalo de indicação é um "Conjunto de valores compreendidos entre duas indicações extremas". "NOTA: Em alguns domínios, o termo adotado no Brasil é faixa de indicações."

EXEMPLOS:

a) Termômetro clínico: intervalo de indicação entre (35 e 42) °C

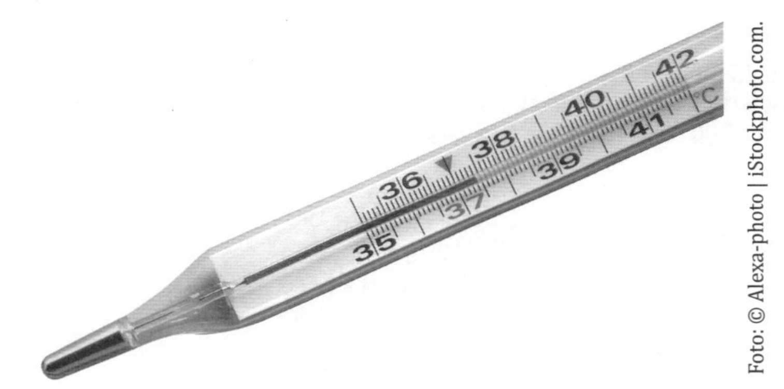

Figura 4.2 Termômetro clínico.

b) Manômetro com intervalo de indicação entre (0 e 10) bar

Figura 4.3 Manômetro.

4.2.2 Intervalo de medição

É definido pelo VIM (2012) como: "Conjunto de valores de grandezas da mesma natureza que pode ser medido por um dado instrumento de medição ou sistema de medição com incerteza de medição instrumental especificada, sob condições determinadas".

O intervalo de medição é menor, ou no máximo igual, ao intervalo de indicação, e pode ser obtido nos manuais, nas normas técnicas ou em relatórios de calibração.

O multímetro digital de 4 ½ dígitos, Figura 4.4, mede a tensão elétrica alternada com um intervalo de indicação de (0 a 750) V, porém, esse intervalo está subdividido nos seguintes intervalos de medição: (0 a 200) mV; (0 a 2) V; (0 a 20) V; (0 a 200) V; (0 a 750) V.

Foto: © Fotokot197 | iStockphoto.com.

Figura 4.4 Multímetro digital de 4 ½ dígitos. Intervalos de medição em tensão alternada.

4.2.3 Amplitude de medição

É definida pelo Vocabulário Internacional de Metrologia (VIM, 2012) da seguinte maneira:

> Valor absoluto da diferença entre os valores extremos de um intervalo nominal de indicações.
>
> NOTA: A amplitude de medição é algumas vezes denominada, em inglês, *span of a nominal interval* e, em francês, o termo *intervalle de mesure* é, por vezes, impropriamente empregado. No Brasil, o termo "intervalo de medição" é, por vezes, erradamente utilizado no lugar de amplitude de medição.

Observe que o intervalo de indicação do vacuômetro apresentado na Figura 4.5 é de (−1,00 a 0) bar, mas sua amplitude de medição é:

$$\text{Amplitude} = 0 - (-1{,}00) \text{ bar}$$

$$\text{Amplitude} = 1{,}00 \text{ bar}$$

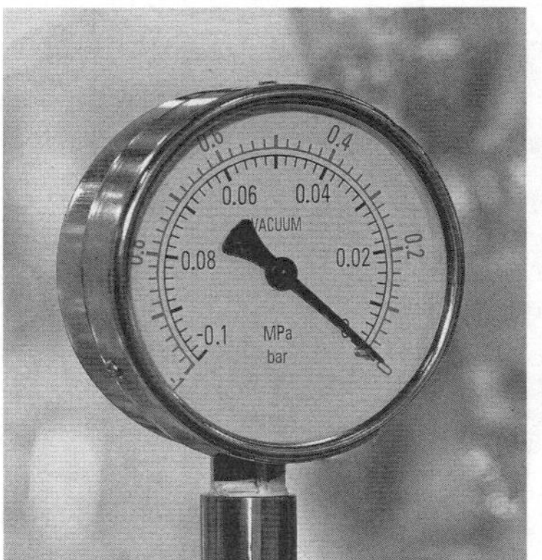

Figura 4.5 Vacuômetro e sua amplitude de medição.

4.2.4 Menor divisão

É a diferença entre os valores da escala correspondentes a duas marcas sucessivas. O valor de uma divisão é expresso na unidade marcada sobre a escala, qualquer que seja a unidade do mensurando.

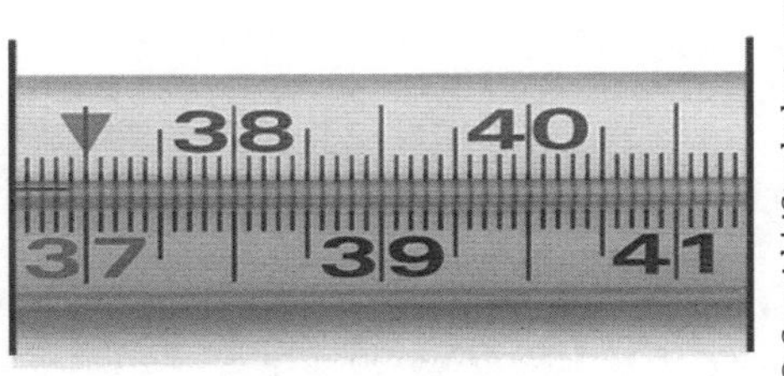

Figura 4.6 Termômetro clínico com valor de uma divisão igual a 0,1 °C.

4.2.5 Resolução de leitura

O VIM (2012) define **resolução** como: "Menor variação da grandeza medida que causa uma variação perceptível na indicação correspondente".

Nos sistemas com mostradores analógicos, a resolução de leitura deverá ser avaliada pelo operador.

A Figura 4.7 mostra um termômetro bimetálico com menor divisão de 10 °C. Para determinarmos a resolução do instrumento, devemos responder à seguinte pergunta: Qual é o menor valor de leitura que consigo fazer?

Resposta: Se o ponteiro ficar entre dois traços consecutivos e conseguirmos fazer a leitura, podemos considerar uma resolução de 5 °C. Caso contrário, devemos considerar a resolução igual ao valor da divisão, 10 °C. Nesse exemplo, podemos admitir uma resolução de 5 °C e o valor indicado de 35 °C.

Figura 4.7 Termômetro bimetálico com menor divisão de 10 °C e resolução de 5 °C.

Seria difícil definir a resolução de leitura deste termômetro bimetálico como 1 °C. Isso só seria possível se conseguíssemos, "a olho nu", dividir o valor de uma divisão em dez partes!

A resolução de um dispositivo mostrador será sempre a menor diferença entre indicações que pode ser significativamente percebida. Ou seja, o menor valor que, com segurança, pode ser lido em uma medição.

Não devemos supor que a resolução de leitura seja menor do que de fato é. Para uma escolha adequada, não podemos ignorar a sensibilidade do instrumento.

IMPORTANTE

1) A resolução será sempre a menor diferença entre indicações que pode ser significativamente percebida, e nunca será menor que a sensibilidade do instrumento.
2) A resolução em um dispositivo mostrador digital será a menor variação desse mostrador, ou seja, seu incremento digital.

EXEMPLO 4.3

A resolução de um paquímetro é calculada pela relação entre o valor de uma divisão na escala fixa e o número de divisões do nônio, ou *vernier*.

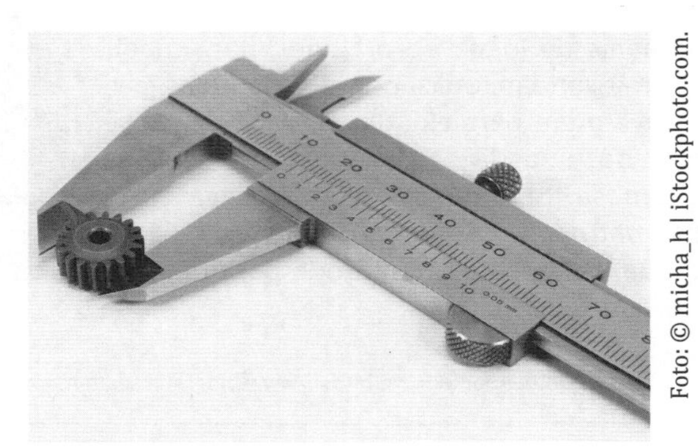

Foto: © micha_h | iStockphoto.com.

Figura 4.8 Paquímetro analógico de resolução de 0,05 mm.

Um paquímetro com 1 mm de divisão na escala fixa e nônio com 20 divisões possui resolução de 0,05 mm. Mesmo utilizando uma lupa e ampliando a visualização da escala, continuamos com a resolução de 0,05 mm.

Um pouco mais de história...

João Pedro Nunes (1502-1578).

De onde vem o nônio?

Foto: © Rostislavv | iStockphoto.com.

Esse dispositivo de medição foi uma das invenções deste português, nascido em Alcácer do Sal, e que transitou por inúmeras áreas, como filosofia moral, metafísica e lógica, desde sua formação em medicina, em 1525. Tornou-se cosmógrafo em 1529 pelo rei D. João III e, em 1544, começou a lecionar na Universidade de Coimbra. O nônio servia para medir frações de grau em dois instrumentos náuticos de altura, o astrolábio e o quadrante. Pierre Vernier aperfeiçoou o conceito-base desse instrumento, permitindo sua ampla difusão no século XVIII. Fonte: Adaptado de pt.wikipedia.org. Imagem em "Panorama magazine (1843); Lisboa, Portugal".

Pierre Vernier (1580-1637). Nascido em Ornans, França, este geômetra e fabricante de instrumentos científicos aprendeu matemática e ciência com seu pai, advogado e engenheiro da chancelaria do governo da Espanha. Atuou como engenheiro nas fortificações de várias cidades. Seu trabalho em cartografia resultou na criação de inúmeros instrumentos, como o paquímetro de *verniê* ou *vernier* (1631), similar ao *nônio* de João Pedro Nunes, para medir o comprimento, com exatidão, utilizando duas escalas graduadas que deslizavam em paralelo, uma das quais provê subdivisões exatas de uma divisão da outra escala. Sua publicação mais famosa foi *La Construction, l'usage, et les propriétés du quadrant nouveau de mathématiques* (1631), em que descreve sua invenção, uma tábua de senos e um método para determinar os ângulos de um triângulo com seus lados conhecidos.

Foto: Domínio público.

Fonte: Adaptado de https://www.biografias.es/famosos/pierre-vernier.html.

4.2.6 Sensibilidade de um sistema de medição

Conforme o Vocabulário Internacional de Metrologia (VIM, 2012), a **sensibilidade de um sistema de medição** é:

> Quociente entre a variação de uma indicação de um sistema de medição e a variação correspondente do valor da grandeza medida.
> NOTA 1: A sensibilidade de um sistema de medição pode depender do valor da grandeza medida.
> NOTA 2: A variação do valor da grandeza medida deve ser grande quando comparada à resolução.

EXEMPLO 4.4

a) Um termômetro de resistência de platina do tipo Pt-100 apresenta uma sensibilidade de 0,38 Ω/°C, ou seja, cada 1 °C de estímulo na temperatura provoca uma variação na resistência elétrica do Pt-100 de 0,38 ohm.

b) A sensibilidade de um eletrodo para medição de pH[1] deve ser de 59,16 mV/pH, ou seja, a variação de 1 pH na substância deve gerar 59,16 mV de variação na saída do eletrodo.

c) Um termopar do tipo *K* deve apresentar uma sensibilidade de 39,5 ΩV/°C. Já em um termopar do tipo *J*, a sensibilidade deve ser de 50,4 ΩV/°C.

[1] pH é o índice que determina se uma substância é ácida (pH < 7), neutra (pH = 7) ou alcalina (pH > 7).

4.2.7 Estabilidade de um instrumento de medição

Segundo o VIM (2012), a estabilidade de um instrumento de medição é: "Propriedade de um instrumento de medição segundo a qual este mantém as suas propriedades metrológicas constantes ao longo do tempo".

Como exemplo, apresentamos na Tabela 4.1 a análise da estabilidade da temperatura de um banho de calibração em meio líquido no ponto 60 °C. Esse banho possui uma faixa de medição entre 50 °C e 300 °C.

A estabilidade de um banho é a variação de sua temperatura, em um dado ponto, após o banho entrar em equilíbrio térmico. Como nenhum instrumento é absolutamente estável, essa investigação verificará o quanto a temperatura do banho de calibração oscila após sua temperatura se fixar em um dado valor. Neste exemplo, esse valor é de 60 °C.

Para essa análise, coletamos os valores de temperatura do banho durante uma hora, em intervalos de tempo de um minuto. Para isso, usamos um termômetro de resistência (Pt-100 a 4 fios) ligado a um multímetro de 6 ½ dígitos.

Tabela 4.1 Valores de temperatura do banho de calibração em meio líquido, no ponto 60 °C

Tempo (s)	Temperatura (°C)	Tempo (s)	Temperatura (°C)	Tempo (s)	Temperatura (°C)
0	59,65	1201	59,67	2402	59,69
60	59,68	1261	59,67	2462	***59,62***
120	59,67	1321	59,68	2522	59,67
180	59,68	1381	***59,77***	2582	59,68
240	59,72	1441	59,69	2642	59,67
300	59,64	1501	59,69	2702	59,68
360	59,68	1561	59,71	2762	59,74
420	59,67	1621	59,63	2822	59,72
480	59,68	1681	59,72	2882	59,68
540	59,67	1741	59,69	2942	59,70
600	59,69	1801	59,73	3002	59,76
661	59,63	1861	59,66	3062	59,69
721	59,67	1921	59,66	3122	59,69
781	59,68	1981	59,70	3182	59,70
841	59,67	2042	59,72	3242	59,73
901	59,67	2102	59,69	3303	59,68
961	59,71	2162	59,71	3363	59,67
1021	59,68	2222	59,71	3423	59,76
1081	59,67	2282	59,67	3483	59,76
1141	59,69	2342	59,66	3543	59,69

Observe que o maior valor de temperatura, após uma hora de análise, é de **59,77 °C**, e o menor, de **59,62** °C. Podemos concluir que a estabilidade (E) do banho de calibração, após o equilíbrio térmico no ponto 60 °C, foi de:

$$\text{Estabilidade} = (59{,}77 - 59{,}62)\ °C$$
$$E = 0{,}15\ °C$$

A Figura 4.9 contém o gráfico que demonstra a variação de temperatura do banho de calibração quando estável no ponto 60 °C.

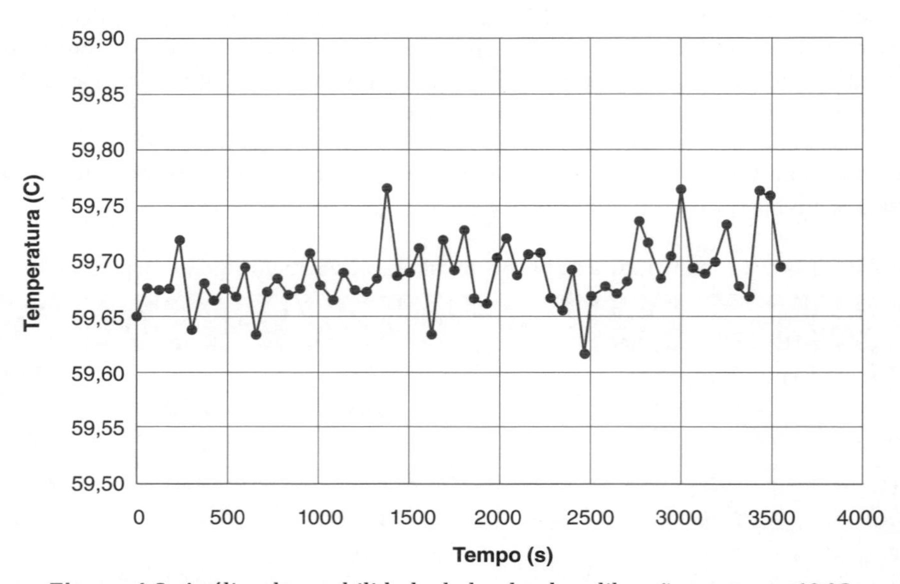

Figura 4.9 Análise da estabilidade do banho de calibração no ponto 60 °C.

4.3 Erros nos sistemas de medição

Quando calibramos um instrumento de medição, estabelecemos uma comparação entre os valores obtidos pelo instrumento em calibração e os valores fornecidos pelo padrão. Algumas características metrológicas obtidas nessa comparação são os erros e as tendências dos instrumentos. Nesta seção abordaremos essas definições e suas aplicações.

4.3.1 Erro de medição

O VIM (2012) define **erro de medição** da seguinte maneira: "Diferença entre o valor medido de uma grandeza e um valor de referência".

$$E = X - V_R \tag{4.1}$$

em que E = erro de medição, X = valor medido e V_R = valor de referência.

Normalmente o valor de referência é atribuído ao valor do padrão.

Matematicamente, o erro de medição pode ser positivo ou negativo. Um **erro positivo** denota que a medição do instrumento é **maior que** o valor de referência. Um **erro negativo** denota que a medição é **menor que** o valor de referência.

IMPORTANTE

Quando fazemos mais de uma medição, no mesmo ponto, e obtemos diferentes valores para o erro, adotamos o maior desses valores como o erro de medição.

EXERCÍCIO RESOLVIDO 4.1

Foram realizadas quatro medições de voltagem, utilizando um voltímetro. Os valores encontrados foram: 127,5 V; 127,6 V; 127,5 V e 127,4 V. Sabendo que o valor de referência é 127,68 V, determine o erro de medição do voltímetro.

SOLUÇÃO:

O erro de medição é dado pela Equação (4.1). Logo, teremos:

$$E1 = (127{,}5 - 127{,}68)\ \text{V} = -0{,}18\ \text{V}$$

$$E2 = (127{,}6 - 127{,}68)\ \text{V} = -0{,}08\ \text{V}$$

$$E3 = (127{,}5 - 127{,}68)\ \text{V} = -0{,}18\ \text{V}$$

$$E4 = (127{,}4 - 127{,}68)\ \text{V} = -0{,}28\ \text{V}$$

Como temos quatro valores de erro para o voltímetro, adotaremos o valor do maior erro de medição (em termos absolutos).

$$E = -0{,}28\ \text{V}$$

$$E = -0{,}3\ \text{V}$$

IMPORTANTE

O resultado do erro de medição será –0,3 V, uma vez que devemos arredondar o resultado final para o mesmo número de casas decimais da leitura do instrumento que estamos determinando o erro de medição.

4.3.2 Tendência instrumental e correção

- **Tendência instrumental**

A definição do VIM (2012) para tendência instrumental é a seguinte: "Diferença entre a média de repetidas **indicações** e um **valor de referência**".

Não devemos confundir tendência instrumental com erro de medição. A tendência instrumental determina o **erro de medição médio** do instrumento.

$$T = \overline{X} - V_R \quad (4.2)$$

em que T = tendência instrumental, $\overline{X}$ = média das medições e V_R = valor de referência.

EXERCÍCIO RESOLVIDO 4.2

Determinando a tendência instrumental do Exercício Resolvido 4.1, temos:

Tabela 4.2 Resultado final para a tendência instrumental do Exercício Resolvido 4.2

Medidas (V)	Média (V)	Valor de referência (V)	Tendência (V)
127,5	127,5	127,68	−0,2
127,6			
127,5			
127,4			

Observe que a tendência instrumental, ou simplesmente tendência do voltímetro do Exercício Resolvido 4.1, vale:

$$T = 217{,}5\ \text{V} - 127{,}68\ \text{V}$$

$$T = -\,0{,}18\ \text{V}$$

IMPORTANTE

O resultado da tendência será −0,2 V, uma vez que devemos arredondar o resultado final para o mesmo número de casas decimais da leitura do instrumento que estamos determinando a tendência instrumental.

- **Correção**

Segundo o VIM (2012), temos a seguinte definição para correção: "Compensação de um efeito sistemático estimado".

A correção é igual à tendência com sinal trocado, e deve ser somada ao valor das indicações para compensar o efeito sistemático.

No Exercício Resolvido 4.2, a correção seria de +0,2 V, e o valor da medição do voltímetro corrigido seria (127,5 + 0,2) V = 127,7 V.

4.3.3 Deriva instrumental

O Vocabulário Internacional de Metrologia (VIM, 2012) define deriva instrumental como:

> Variação da indicação ao longo do tempo, contínua ou incremental, devida a variações nas propriedades metrológicas de um instrumento de medição.
> NOTA: A deriva instrumental não está relacionada a uma variação na grandeza medida, nem a uma variação de qualquer grandeza de influência identificada.

É muito comum, ao longo do tempo, um instrumento de medição variar suas propriedades metrológicas, como a incerteza de medição e o erro de medição. Por esse motivo, devemos verificar a periodicidade dessas variações e realizar calibrações nos instrumentos de medição em intervalos menores que a sua deriva instrumental.

Para verificar a estabilidade de um instrumento de medição, analisamos seu certificado de calibração ao longo de duas ou mais calibrações consecutivas. Guardamos os certificados de calibração de um período para outro (geralmente de ano em ano) e comparamos as suas incertezas, tendências e erros de medição.

EXERCÍCIO RESOLVIDO 4.3

Uma balança analítica, classe I, com resolução de 0,1 mg, foi calibrada e obteve os dados da Tabela 4.3 para seu certificado de calibração.

Tabela 4.3 Dados do certificado de calibração de balança analítica

RESULTADOS DA CALIBRAÇÃO					
Indicação (g)	Padrão (g)	Objeto (g)	Tendência (mg)	Incerteza (mg)	*k*
20	20,000011	20,0000	0,0	0,2	2,01
40	40,000028	40,0000	0,0	0,3	2,00
70	70,000021	70,0003	0,3	0,3	2,02
100	100,000010	100,0001	0,1	0,3	2,01
120	120,000021	120,0001	0,1	0,4	2,01
150	150,000020	150,0001	0,1	0,4	2,00
220	220,000041	220,0003	0,3	0,5	2,00

Um ano depois, foi calibrada novamente, obtendo no certificado os dados da Tabela 4.4.

Tabela 4.4 Dados do certificado de calibração da balança analítica após um ano da última calibração

Indicação (g)	Padrão (g)	Objeto (g)	Tendência (mg)	Incerteza (mg)	*k*
20	20,000005	20,0000	0,0	0,2	2,00
40	40,000022	40,0000	0,0	0,4	2,01
70	70,000051	70,0003	0,2	0,4	2,01
100	100,000006	100,0001	0,1	0,4	2,00
120	120,000018	120,0001	0,1	0,5	2,02
150	150,000014	150,0001	0,1	0,5	2,02
220	220,000011	220,0003	0,3	0,5	2,02

Determine a deriva instrumental da incerteza da balança de um ano para o outro.

SOLUÇÃO:

Para determinar a deriva instrumental da incerteza de medição da balança de um ano para o outro, devemos subtrair os valores da incerteza de medição entre dois anos consecutivos. Veja a Tabela 4.5.

Tabela 4.5 Deriva instrumental da incerteza da balança

Indicação (g)	Incerteza (mg) (ano 1)	Incerteza (mg) (ano 2)	Deriva instrumental da incerteza (mg)
20	0,2	0,2	0,0
40	0,3	0,4	0,1
70	0,3	0,4	0,1
100	0,3	0,4	0,1
120	0,4	0,5	0,1
150	0,4	0,5	0,1
220	0,5	0,5	0,0

4.3.4 Erro fiducial

Algumas vezes, não será conveniente trabalhar diretamente com o erro de medição (também conhecido como erro absoluto), pois um erro de medição de 0,2 m, por exemplo, pode ser muito pequeno ou muito grande se comparado ao comprimento medido.

EXEMPLO 4.5

Determinar o erro percentual de 0,2 m em relação a diferentes valores de medição.

- Em relação a 20 m corresponde a 1 % de erro de medição.
- Em relação a 2 m corresponde a 10 % de erro de medição.
- Em relação a 0,2 m corresponde a 100 % de erro de medição.

O erro fiducial é determinado como um percentual de um valor de referência, ou valor fiducial. Os valores fiduciais são apresentados, na maioria das vezes, em relação à **amplitude da indicação de medição** (como nos casos de manômetros e voltímetros). Não é raro encontrar instrumentos cujo erro fiducial é calculado considerando o valor da leitura como o valor de referência.

$$E_{\textbf{fiducial}} = \frac{E}{V_R} \tag{4.3}$$

em que E = erro de medição e V_R = valor de referência (em muitos casos, esse valor é a amplitude de medição).

Figura 4.10 Manômetro padrão com erro fiducial de 0,5 % (classe A2).

4.3.5 Erro máximo admissível

A definição do VIM (2012) é a seguinte: "Valor extremo do erro de medição, com respeito a um valor de referência conhecido, aceito por especificações ou regulamentos para uma dada medição, instrumento de medição ou sistema de medição".

EXEMPLO 4.6

A norma ABNT NBR 14105-1:2013 Medidores Analógicos de Pressão com Sensor de Elemento Elástico define os seguintes erros máximos admissíveis para manômetros analógicos em relação a sua amplitude de medição, como:

- Classe A4, erro máximo de 0,1 %.
- Classe A3, erro máximo de 0,25 %.
- Classe A2, erro máximo de 0,5 %.
- Classe A1, erro máximo de 1,0 %.

4.3.6 Histerese

A histerese é a maior diferença, em módulo, dos valores de carga (medição efetuada quando da aplicação de um sinal crescente em valor) e descarga (medição efetuada quando da aplicação de um sinal decrescente em valor) de um instrumento de medição.

$$H = | C - D | \tag{4.4}$$

em que C é a carga e D, a descarga.

A histerese é um fenômeno bastante típico nos instrumentos mecânicos, tendo como fonte de erro, principalmente, folgas e deformações associadas ao atrito. Exemplos de instrumentos que podem apresentar erros de histerese são balanças, dinamômetros e manômetros analógicos.

EXERCÍCIO RESOLVIDO 4.4

Na calibração de um manômetro, determinamos sua histerese fazendo carga (pressão crescente) e descarga (pressão decrescente). Na Tabela 4.6, temos o resultado de dois ciclos[2] de calibração. Determine a histerese do manômetro em cada ponto.

Tabela 4.6 Manômetro em carga e descarga

Valor lido no manômetro (bar)	Carga lida no manômetro padrão (bar)	Descarga lida no manômetro padrão (bar)
10	9,9	10,0
20	19,9	20,1
30	30,0	30,0
40	40,2	40,1
50	50,3	50,1

[2] Um ciclo é a realização de uma carga e uma descarga na calibração de manômetros.

SOLUÇÃO:

A partir dos dados da Tabela 4.6, podemos determinar a histerese em cada ponto subtraindo os valores de carga e descarga, conforme a tabela que se segue.

Tabela 4.7 Valores de histerese em cada ponto

Valor lido no manômetro (bar)	Carga lida no manômetro padrão (bar)	Descarga lida no manômetro padrão (bar)	Histerese (bar)
10	9,9	10,0	0,1
20	19,9	20,1	0,2
30	30,0	30,0	0,0
40	40,2	40,1	0,1
50	50,3	50,1	0,2

4.3.7 Exatidão e precisão de medição

Essas talvez sejam as características metrológicas que apresentam mais enganos na sua aplicação. É muito comum as pessoas trocarem a definição de exatidão com a de precisão. Virou senso comum chamar uma medição de precisa ao se referir a uma medição exata.

Nesta seção, vamos definir esses termos e verificar sua correta aplicação.

- **Exatidão de medição**

O Vocabulário Internacional de Metrologia (VIM, 2012) apresenta a seguinte definição para **exatidão de medição**: "Grau de concordância entre um valor medido e um valor verdadeiro de um mensurando". Devemos, neste momento, incluir a definição do VIM para **valor verdadeiro**: "Valor de uma grandeza compatível com a definição da grandeza".

O valor verdadeiro é aquele que seria obtido por uma medição perfeita (o que não existe), sendo, por natureza, indeterminado.

Uma vez que o valor verdadeiro é indeterminado, usa-se ou o **valor convencional**, definido como:

> Valor atribuído a uma grandeza específica por um acordo, para um dado propósito.
> EXEMPLO 1: Valor convencional da aceleração da gravidade, $g = 9{,}80665\ \text{m/s}^2$.
> EXEMPLO 2: Valor convencional de um dado padrão de massa, $m = 100{,}00347\ \text{g}$.
> NOTA 1: O termo 'valor verdadeiro convencional' é algumas vezes utilizado para este conceito, porém seu uso é desaconselhado.
> NOTA 2: Um valor convencional de uma grandeza é algumas vezes uma estimativa de um valor verdadeiro.
> NOTA 3: Geralmente considera-se que um valor convencional de uma grandeza está associado a uma incerteza de medição convenientemente pequena, que pode ser nula.

Ou o **valor de referência**: "Valor de uma grandeza utilizado como base para comparação com valores de grandezas do mesmo tipo" (VIM, 2012).

Desta forma, considerando o valor de um padrão de medição como o "valor convencional", a exatidão do instrumento está relacionada com sua capacidade de apresentar os resultados das medições o mais próximo possível do valor desse padrão.

A exatidão de medição não é uma grandeza, assim, não lhe é atribuído um valor numérico. Uma medição é dita mais exata quando caracterizada por um erro de medição menor.

- **Precisão de medição**

A definição de **precisão de medição** do VIM (2012) é apresentada a seguir:

> Grau de concordância entre indicações ou valores medidos, obtidos por medições repetidas, no mesmo objeto ou em objetos similares, sob condições especificadas.
> NOTA 1: A precisão de medição é geralmente expressa numericamente por características como o desvio-padrão, a variância ou o coeficiente de variação, sob condições especificadas de medição.
> NOTA 2: As 'condições especificadas' podem ser, por exemplo, condições de repetibilidade, condições de precisão intermediária ou condições de reprodutibilidade.
> NOTA 3: A precisão de medição é utilizada para definir a repetibilidade de medição, a precisão intermediária de medição e a reprodutibilidade de medição.
> NOTA 4: O termo 'precisão de medição' é algumas vezes utilizado, erroneamente, para designar a exatidão de medição.

4.3.8 Precisão de medição × exatidão de medição

O exemplo a seguir é um "clássico da metrologia", mas consideramos a maneira mais simples e rápida de transmitir visualmente os conceitos de precisão e exatidão.

Considere quatro pessoas (A, B, C e D) que atiram dez vezes a uma mesma distância do alvo. Os resultados dos tiros são mostrados na Figura 4.11.

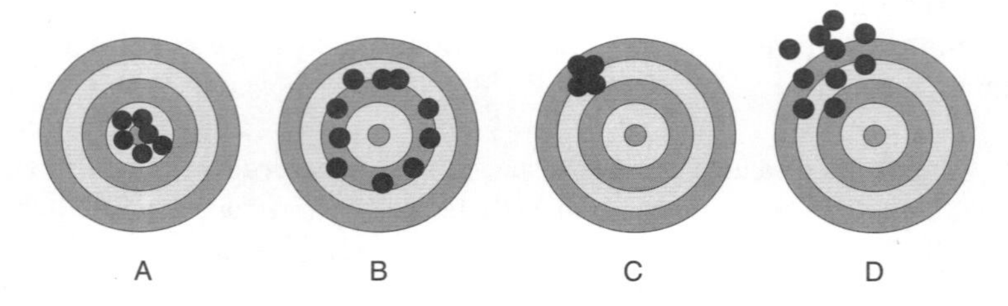

Figura 4.11 Precisão × exatidão.

O atirador A conseguiu acertar quase todos os tiros no centro do alvo, o que demonstra uma boa exatidão (distância da média dos tiros em relação ao centro do alvo) e boa precisão (baixa dispersão dos tiros).

O atirador B apresentou um espalhamento muito grande em torno do centro do alvo, porém, os tiros estão aproximadamente equidistantes do centro. O espalhamento dos tiros decorre diretamente da baixa precisão dos tiros quando analisados de modo individual, mas quando observamos a posição média das marcas dos tiros, que coincide aproximadamente com a posição do centro do alvo, isso reflete uma boa exatidão.

O atirador C apresenta os tiros concentrados, com baixa dispersão, porém afastados do centro do alvo. Isso indica baixa exatidão e elevada precisão.

O atirador D, além de apresentar um espalhamento muito grande, não conseguiu que o "centro" dos tiros ficasse próximo do centro do alvo. Este atirador apresenta baixas precisão e exatidão. A Tabela 4.8 apresenta um resumo desta análise:

Tabela 4.8 Precisão × exatidão

Atirador	Exatidão	Precisão
A	Elevada	Elevada
B	Elevada	Baixa
C	Baixa	Elevada
D	Baixa	Baixa

O atirador A é o ideal. Comparando-se os atiradores B, C e D, podemos considerar que o atirador C é o melhor entre eles, pois, apesar de nenhum dos tiros do atirador C ter acertado o centro do alvo, o seu espalhamento é muito pequeno (precisão elevada). Se a mira do atirador C for corrigida, conseguiremos uma condição próxima à do A, o que jamais poderemos obter com os atiradores B e D.

IMPORTANTE

A **exatidão** não é tão crítica quanto a **precisão**, uma vez que é possível determiná-la por meio de uma calibração e efetuar a sua correção.

A precisão também é determinada por meio de uma calibração, mas não pode ser corrigida. Pode-se provar que sua influência sobre o valor médio se reduz na proporção de $1/\sqrt{n}$, em que n é o número de repetições da medição considerado no cálculo da média.

4.3.9 Classe de exatidão

A definição de **classe de exatidão** do VIM (2012) é a seguinte:

> Classe de instrumentos de medição ou de sistemas de medição que atendem a requisitos metrológicos estabelecidos para manter os erros de medição ou as incertezas de medição instrumentais dentro de limites especificados, sob condições de funcionamento especificadas.
> NOTA 1: Uma classe de exatidão é usualmente caracterizada por um número ou por um símbolo adotado por convenção.
> NOTA 2: O conceito de classe de exatidão aplica-se a medidas materializadas.

a) Segundo a ABNT NBR NM 215:2000, um bloco-padrão de Classe 1 de exatidão pode apresentar, no máximo, uma variação no seu comprimento L (em mm) de $\pm (0{,}05 + 0{,}5 \times 10^{-6} L)$ (m/ano).

B) Segundo as recomendações da Organização Internacional de Metrologia Legal (OIML), as massas-padrão usadas na calibração de balanças são classificadas nas classes de exatidão E1, E2, F1, F2, M1 e M2. Uma massa de **100 mg**, por exemplo, apresenta, por classe de exatidão, os seguintes erros máximos admissíveis:

Tabela 4.9 Valores de erro máximo admissível para massa de 100 mg

Classes de exatidão	Erro máximo admissível
Classe E1	± 0,005 mg
Classe E2	± 0,015 mg
Classe F1	± 0,05 mg
Classe F2	± 0,15 mg
Classe M1	± 0,5 mg
Classe M2	± 1,5 mg

4.4 Repetibilidade e reprodutibilidade

O resultado da medição está intrinsecamente ligado a essas definições. Só podemos comparar resultados que atendam as condições de repetibilidade ou reprodutibilidade.

4.4.1 Condição de repetibilidade de medição

Segundo o Vocabulário Internacional de Metrologia (VIM, 2012), a **condição de repetibilidade de medição** é definida da seguinte forma:

> Condição de **medição** num conjunto de condições, as quais incluem o mesmo **procedimento de medição**, os mesmos operadores, o mesmo **sistema de medição**, as mesmas **condições de operação** e o **mesmo local**, assim como medições repetidas no **mesmo objeto** ou em objetos similares durante um curto período de tempo.

4.4.2 Repetibilidade de medição

O VIM (2012) apresenta a definição a seguir para **repetibilidade de medição**: "Precisão de medição sob um conjunto de condições de repetibilidade".

4.4.3 Condição de reprodutibilidade de medição

Novamente, de acordo com o VIM (2012), a definição de **condição de reprodutibilidade de medição** é:

> Condição de **medição** num conjunto de condições, as quais incluem **diferentes locais, diferentes operadores, diferentes sistemas de medição** e medições repetidas no mesmo objeto ou em objetos similares.
>
> NOTA 1: Os diferentes sistemas de medição podem utilizar **procedimentos de medição** diferentes.
>
> NOTA 2: Na medida do possível, é conveniente que sejam especificadas as condições que mudaram e aquelas que não.

Nas exportações é muito comum ocorrerem medições em condições de reprodutibilidade, já que não é possível que o produto seja acompanhado pelo mesmo operador, no mesmo local, seguindo o mesmo sistema de medição.

4.4.4 Reprodutibilidade de medição

A definição de **reprodutibilidade de medição**, segundo o VIM (2012), é a seguinte: "Precisão de medição conforme um conjunto de condições de reprodutibilidade".

No caso de exportações, a reprodutibilidade de medição verificará a variabilidade das medições entre lugares ou países. Essa variabilidade deve estar dentro de critérios previamente estabelecidos em contrato.

4.5 Exercícios Propostos

4.5.1 De acordo com o manômetro da figura a seguir (bar como unidade de medida), responda:

Figura 4.12 Manômetro do Exercício 4.5.1.

a) Qual é a sua menor divisão?
b) Qual resolução de leitura você adotaria?
c) Como você escreveria o resultado da leitura do manômetro se o ponteiro estivesse em cima do número 3?

4.5.2 De acordo com o termômetro bimetálico da Figura 4.13, responda:
a) Qual é a menor divisão do instrumento?
b) Qual resolução de leitura você adotaria?
c) Como você escreveria o resultado da leitura do termômetro indicado na figura?

Foto: © majorosl | iStockphoto.com.

Figura 4.13 Termômetro bimetálico do Exercício 4.5.2.

4.5.3 Qual é a amplitude do intervalo de medição de um manômetro que mede desde −1 bar até 10 bar?

4.5.4 O que é resolução de leitura?
a) Menor divisão de um instrumento.
b) Menor diferença entre as indicações de um dispositivo mostrador que pode ser significativamente percebida.
c) Maior diferença entre as indicações de um dispositivo mostrador que pode ser significativamente percebida.
d) Menor diferença entre as indicações de um dispositivo mostrador que não pode ser significativamente percebida.

4.5.5 O que é repetibilidade?
a) Aptidão de um instrumento de medição para fornecer indicações muito próximas, em repetidas aplicações de um mesmo mensurando, sob condições diferentes medição.
b) Aptidão de um instrumento de medição para fornecer indicações muito próximas, em repetidas aplicações de um mesmo mensurando, sob as mesmas condições de medição.

c) Aptidão de um instrumento de medição para fornecer indicações muito dispersas, em repetidas aplicações de um mesmo mensurando, sob as mesmas condições de medição.

d) Aptidão de um instrumento de medição em fornecer incertezas muito próximas, em repetidas aplicações de um mesmo mensurando, sob diferentes condições de medição.

4.5.6 Um manômetro, com intervalo de medição (0,0 a 200,0) bar, apresenta as seguintes características:

- Resolução: 0,4 bar
- Erro máximo: 0,8 bar
- Erro de histerese: 1,2 bar

a) Determine, em termos fiduciais, os parâmetros erro máximo e erro de histerese, em função da amplitude de medição do manômetro.

b) Determine, em termos fiduciais, os parâmetros erro máximo e erro de histerese, em função da indicação quando o valor medido for 65,0 bar.

4.5.7 Um resistor foi medido com um multímetro padrão e o valor obtido foi de (15,977 ± 0,008) Ω. Este resistor foi utilizado na calibração de outro multímetro, e foram obtidas as seguintes indicações (todas em Ω).

Tabela 4.10 Dados do Exercício 4.5.7

Medições	1	2	3	4	5	6	7	8	9	10
Resistência elétrica (Ω)	15,97	15,96	15,96	15,95	15,95	15,97	15,98	15,97	15,98	15,98

Determine:

a) O valor médio das indicações.

b) A tendência do instrumento.

c) Seu erro de medição.

d) Seu erro relativo.

4.5.8 Na calibração de um termômetro de líquido em vidro (TLV) de mercúrio, foram encontrados para o valor do padrão (VR) 20,0 °C e para o TLV os valores 20 °C; 21 °C; 20 °C; 21 °C. Determine:

a) A tendência do TLV.

b) O erro de medição do TLV.

c) O erro relativo do TLV.

4.5.9 Um manômetro, com tendência de 1 psi,[3] fez uma medição de pressão, encontrando 45 psi. Qual é o seu valor de pressão corrigido?

[3] psi é uma unidade de pressão do sistema inglês e significa *pound square inch* (libras por polegada quadrada). 1 psi equivale a 6,89476 kPa.

4.5.10 A Figura 4.14 representa dez flexas disparadas por um atirador. Qual das alternativas melhor qualifica este atirador:

a) Baixa exatidão e baixa precisão.
b) Baixa exatidão e elevada precisão.
c) Elevada exatidão e baixa precisão.
d) Elevada exatidão e elevada precisão.

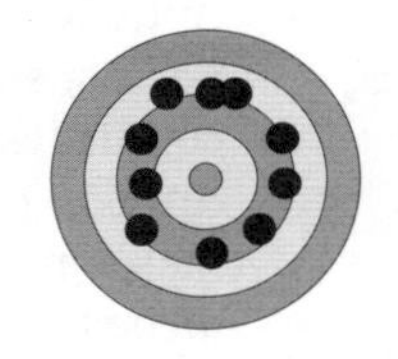

Figura 4.14 Exercício 4.5.10.

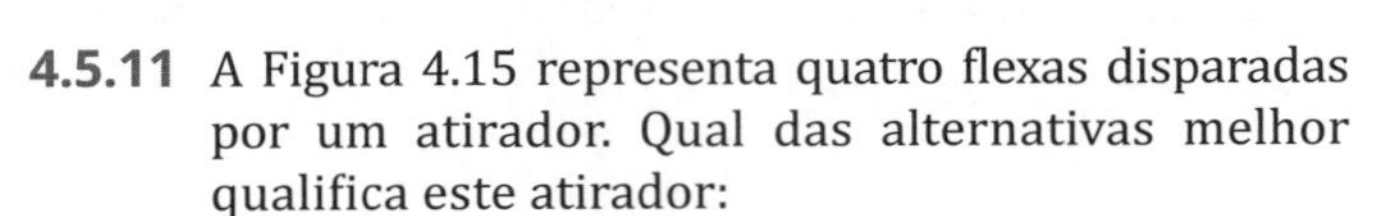

4.5.11 A Figura 4.15 representa quatro flexas disparadas por um atirador. Qual das alternativas melhor qualifica este atirador:

a) Baixa exatidão e baixa precisão.
b) Baixa exatidão e elevada precisão.
c) Elevada exatidão e baixa precisão.
d) Elevada exatidão e elevada precisão.

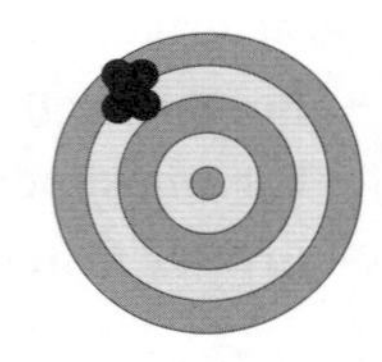

Figura 4.15 Exercício 4.5.11.

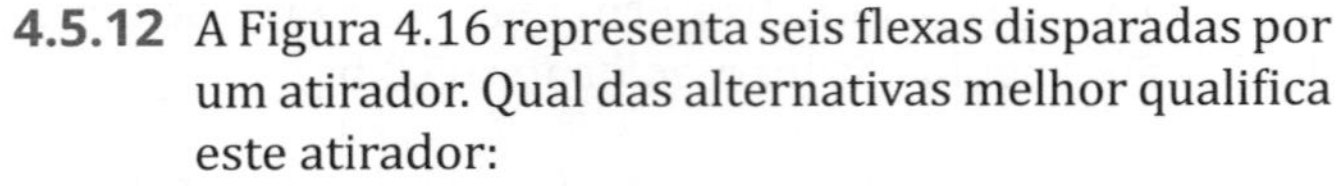

4.5.12 A Figura 4.16 representa seis flexas disparadas por um atirador. Qual das alternativas melhor qualifica este atirador:

a) Baixa exatidão e baixa precisão.
b) Baixa exatidão e elevada precisão.
c) Elevada exatidão e baixa precisão.
d) Elevada exatidão e elevada precisão.

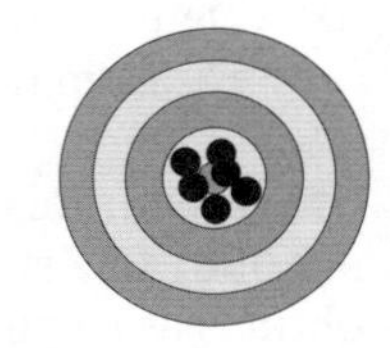

Figura 4.16 Exercício 4.5.12.

4.5.13 O que é erro de medição?

a) Valor da indicação de um instrumento mais o valor de referência da grandeza de entrada.
b) Valor de referência da grandeza de entrada menos o valor da indicação de um instrumento.
c) Incerteza da indicação de um instrumento menos o valor de referência da grandeza de entrada.
d) Valor da indicação de um instrumento menos o valor de referência da grandeza de entrada.

4.5.14 Observe o termômetro da Figura 4.17 e apresente as informações solicitadas para ambas as escalas (°C e °F).

a) Sua menor divisão.
b) Sua resolução.
c) Sua faixa de medição.
d) Valor de indicação.

Foto: © Oleg Doroshin | 123rf.com.

Figura 4.17 Exercício 4.5.14.

4.5.15 Observe o instrumento da Figura 4.18 e apresente as informações solicitadas.

a) Sua menor divisão.
b) Sua resolução.
c) Sua faixa de medição.
d) O valor da indicação.

Figura 4.18 Exercício 4.5.15.

4.5.16 Um resistor elétrico padrão, cujo valor é (10,000 ± 0,005) Ω, foi medido com dois multímetros, sob as mesmas condições de repetibilidade. Os resultados encontram-se na Tabela 4.11.

Tabela 4.11 Exercício 4.5.16

Multímetro 1 (Ω)	10,02	10,03	10,04
Multímetro 2 (Ω)	10,02	10,04	10,06

Com base nos resultados da Tabela 4.11 responda:

a) Qual o multímetro mais preciso? Justifique sua resposta.
b) Qual o multímetro mais exato? Justifique sua resposta.

4.5.17 Uma balança digital, de resolução 0,001 g, foi calibrada usando-se como padrão um jogo de massa padrão classe E2. O resultado parcial da calibração encontra-se na Tabela 4.12. Com base nessas informações, responda o que se pede.

Tabela 4.12 Exercício 4.5.17

Ponto	Valor nominal (g)	Padrão (g)	Objeto (g)	Tendência (g)
1	1	1,000004	1,003	0,003
2	2	2,000007	2,004	0,004
3	5	5,000009	5,002	0,002
4	10	10,000005	9,999	−0,001
5	20	20,000017	20,000	0,000
6	50	50,000010	49,998	−0,002

a) Em qual ponto a balança é mais exata? Justifique.
b) Em qual ponto a balança é mais inexata? Justifique.
c) Ao medirmos três vezes o valor de uma massa **M** nessa balança, encontramos o seguinte: 5,003 g; 5,004 g; 5,005 g. Determine o valor médio corrigido da massa **M**.

4.5.18 Considere a calibração do termômetro bimetálico do Exercício 4.5.2. Para realizar a sua calibração no ponto 50 °C, utilizou-se um termômetro padrão, cuja correção de certificado é −0,3 °C para o ponto 50 °C. Foram feitas três medições do padrão, obtendo-se média igual a 50,2 °C e, para o termômetro bimetálico, obteve-se média igual a 50 °C. Com base nessas informações, determine:
a) O valor da temperatura padrão no ponto 50 °C.
b) A tendência do termômetro bimetálico no ponto 50 °C.
c) A correção a ser aplicada ao termômetro bimetálico no ponto 50 °C.

Capítulo 5

ESTIMATIVA DA INCERTEZA DE MEDIÇÕES DIRETAS

Neste capítulo iremos abordar as incertezas de medição oriundas das medições diretas.

Medições diretas são todas as medições resultantes da leitura direta de um instrumento de medição que mede a mesma grandeza do mensurando.

Em uma medição direta, obtemos o resultado da medição comparando o valor lido pelo instrumento de medição com a grandeza desejada. O mensurando é medido diretamente, sem a utilização de equações matemáticas.

Medições diretas

- medição de temperatura com um termômetro de líquido em vidro;
- medição de comprimento com uma trena;
- medição de massa com uma balança;
- medição de pressão com um manômetro;
- medição de um bloco-padrão com paquímetro (Figura 5.1).

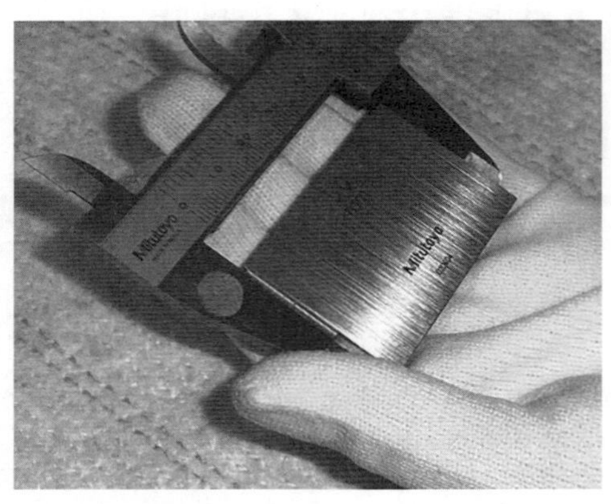

Figura 5.1 Medição direta de comprimento de bloco-padrão com paquímetro.

5.1 Conceito de incerteza de medição

O resultado de uma medição sempre apresentará uma dúvida associada à medição, dúvida essa que consideramos a incerteza de medição. O que se procura em uma medição com confiabilidade metrológica é estimar os resultados da medição e de sua incerteza associada da forma mais fidedigna possível.

A incerteza de medição sempre existirá e nunca será eliminada, uma vez que, conforme já apresentamos anteriormente, o valor verdadeiro de uma grandeza também é estimado. É possível, porém, definir os limites dentro do qual se encontra o valor de uma medição com determinada probabilidade associada.

A **incerteza de medição** é definida pelo Vocabulário Internacional de Metrologia (VIM, 2012) como:

> Parâmetro não negativo que caracteriza a dispersão dos valores atribuídos a um mensurando, com base nas informações utilizadas.
>
> NOTA 1: A incerteza de medição inclui componentes provenientes de efeitos sistemáticos, tais como componentes associadas a **correções** e a valores atribuídos a **padrões**, assim como a **incerteza definicional**. Algumas vezes, não são corrigidos efeitos sistemáticos estimados, mas, em vez disso, são incorporadas componentes de incerteza de medição associadas.

NOTA 2: O parâmetro pode ser, por exemplo, um desvio-padrão denominado **incerteza padrão** (ou um de seus múltiplos), ou a metade da amplitude de um intervalo tendo uma **probabilidade de abrangência** determinada.
NOTA 3: A incerteza de medição geralmente engloba muitas componentes. Algumas delas podem ser estimadas por uma **avaliação do Tipo A da incerteza de medição**, a partir da distribuição estatística dos valores provenientes de séries de **medições**, e podem ser caracterizadas por desvios-padrão. As outras componentes, as quais podem ser estimadas por uma **avaliação do Tipo B da incerteza de medição**, podem também ser caracterizadas por desvios-padrão estimados a partir de funções de densidade de probabilidade baseadas na experiência ou em outras informações.
NOTA 4: Geralmente para um dado conjunto de informações, subentende-se que a incerteza de medição está associada a um determinado valor atribuído ao mensurando. Uma modificação deste valor resulta numa modificação da incerteza associada.

O resultado de uma medição é uma estimativa do valor do mensurando e, desta forma, a apresentação do resultado só é completa quando acompanhada por uma quantidade que declara sua incerteza.

Como exemplo, temos a leitura da temperatura ambiente em um laboratório. Suponha seu valor como $T_{\text{Laboratório}} = 21{,}0\ °\text{C}$.

O termômetro que efetuou esta medição possuía uma incerteza de medição de 0,5 °C. Logo, o resultado da medição será:

$$T_{\text{Laboratório}} = (21{,}0 \pm 0{,}5)\ °\text{C}.$$

Notamos que a temperatura ambiente no laboratório está compreendida entre 20,5 °C e 21,5 °C. Isso significa dizer que o valor verdadeiro da temperatura ambiente no laboratório está compreendido dentro desse intervalo de medição com uma probabilidade determinada, ou seja, existe uma probabilidade de realizarmos uma nova medição desta temperatura e encontrarmos o valor compreendido neste intervalo de medição.

IMPORTANTE

Como a incerteza de medição é um valor probabilístico e, desse modo, estimada, nunca teremos absoluta certeza do resultado de uma medição.

Usualmente, na metrologia, adotamos um nível de confiança de **95,45 % de probabilidade** (lembre-se de que, na distribuição Normal, 95,45 % de probabilidade representa dois desvios-padrão). Logo, quando falamos que a temperatura ambiente do laboratório vale (21,0 ± 0,5) °C, estamos dizendo que o valor verdadeiro da temperatura ambiente no laboratório tem 95,45 % de probabilidade de estar compreendido nesse intervalo.

A incerteza do resultado de uma medição normalmente é influenciada por vários componentes, que podem ser agrupados em duas categorias, de acordo com as características do método usado para estimar seus valores numéricos: (1) incertezas do tipo A e (2) incertezas do tipo B, que serão detalhadas a seguir.

5.2 Tipos de incertezas de medição

Em uma medição, estamos sujeitos a várias fontes de incertezas. Sendo assim, devemos estimar essas incertezas e minimizar suas influências para que o resultado da medição esteja compreendido em um intervalo cada vez menor.

5.2.1 Avaliação do tipo A da incerteza de medição

Segundo o Vocabulário Internacional de Metrologia (VIM, 2012), consiste na "avaliação de uma componente da **incerteza de medição** por uma análise estatística dos **valores medidos**, obtidos sob condições definidas de **medição**".

As incertezas do tipo A podem, portanto, ser caracterizadas por **desvios-padrão experimentais**. Na metrologia, podemos afirmar que a melhor estimativa de uma grandeza que varia aleatoriamente é a média aritmética $\overline{x}$ das $\boldsymbol{n}$ medições efetuadas. A variância estimada (s^2), ou o desvio-padrão estimado (s), caracteriza a variabilidade dos valores medidos x_i, isto é, a dispersão em torno do valor médio.

A melhor estimativa da variância da média é a variância experimental da média $s^2(\overline{x})$, cuja expressão é obtida a partir da equação:

$$s^2(\bar{x}) = \frac{s^2}{n} \tag{5.1}$$

O desvio-padrão experimental da média $s(\overline{x})$ serve para qualificar quanto o valor médio $\overline{x}$ representa a grandeza a ser medida x_i. Esta estimativa é tanto melhor quanto maior for o número de repetições efetuadas na medição.

IMPORTANTE

A equação $s(\bar{x}) = \frac{s}{\sqrt{n}}$ determina a incerteza de medição do tipo A ou incerteza de medição da repetibilidade.

Por diversas razões, principalmente as de ordem econômica, o número de repetições de uma medição é reduzido, em geral variando entre três e dez.

5.2.2 Avaliação do tipo B da incerteza de medição

Segundo a definição do Vocabulário Internacional de Metrologia (VIM, 2012):

> Avaliação de uma componente da **incerteza de medição** determinada por meios diferentes daquele adotado para uma **avaliação do tipo A da incerteza de medição**.
> **EXEMPLOS:** Avaliação baseada na informação:
> – associada a **valores** publicados por autoridade competente;
> – associada ao valor de um **material de referência certificado**;
> – obtida a partir de um certificado de **calibração**;
> – relativa à deriva;

– obtida a partir da **classe de exatidão** de um **instrumento de medição** verificado;
– obtida a partir de limites deduzidos da experiência pessoal.

As incertezas do tipo B podem ser caracterizadas por desvios-padrão estimados por distribuições de probabilidades assumidas, ou ser baseadas na experiência ou em outras observações. Informações acessórias e externas ao processo de medição – obtidas de resultados de medições similares anteriores, da experiência ou do conhecimento do comportamento do instrumento de medição, de dados do fabricante, de dados fornecidos por certificados de calibração, de referências de manuais de instrução – permitem determinar as incertezas deste tipo.

Exemplos de incerteza do tipo B

- gradiente de temperatura durante a medição;
- afastamento da temperatura ambiente em relação à temperatura de referência estipulada;
- resolução de leitura do indicador;
- estabilidade da rede elétrica;
- erro de paralaxe;
- incerteza do padrão;
- deriva do padrão;
- erros geométricos;
- deformações mecânicas;
- erro de histerese.

Na avaliação da incerteza do tipo B é necessário considerar e incluir, quando pertinente, pelo menos as originadas das seguintes fontes:

a) A incerteza associada ao padrão de referência e qualquer instabilidade em seu valor ou indicação (padrão sujeito à deriva instrumental ou com instabilidade temporal).
b) A instabilidade associada ao equipamento de medida ou à calibração, por exemplo, envelhecimento de conectores, e qualquer instabilidade em seu valor ou indicação (equipamento sujeito à deriva instrumental).
c) A incerteza associada ao equipamento (mensurando) a ser medido ou calibrado, por exemplo, o valor de sua resolução ou qualquer instabilidade durante a calibração etc.
d) A incerteza associada ao procedimento de calibração (ou de medição).
e) A incerteza associada ao efeito das condições ambientais em um ou mais dos itens anteriores.

Observações:

1) Sempre que possível, os erros de medição ou tendência instrumental devem ser corrigidos.

2) Sempre deve ser feita uma análise criteriosa ao adicionar as incertezas do tipo B para que não haja repetição, isto é, para que uma dada fonte de incerteza não seja considerada mais de uma vez.

O documento Guia para a Expressão de Incerteza de Medição (ISO GUM, 2008) [7] com relação às incertezas do tipo B declara que:

> O uso adequado do conjunto de informações disponíveis para uma avaliação do Tipo B da incerteza padronizada pede o discernimento baseado na experiência e no conhecimento geral, sendo esta uma habilidade que pode ser aprendida com a prática. Deve-se reconhecer que uma avaliação Tipo B da incerteza padronizada pode ser tão confiável quanto à avaliação Tipo A, especialmente numa situação de medição onde uma avaliação Tipo A é baseada em um número comparativamente pequeno de observações estatisticamente independentes.

Conheça um pouco mais...

Avaliação de dados de medição

Guia para a Expressão de Incerteza de Medição (ISO GUM 2008)

Este Guia estabelece regras gerais para avaliar e expressar incerteza em medição, as quais foram planejadas para serem aplicadas em um largo espectro de medições. A base deste Guia é a Recomendação 1 (CI-1981) do Comitê Internacional de Pesos e Medidas (CIPM) e a recomendação INC-1 (1980) do Grupo de Trabalho sobre a Declaração de Incertezas. O Grupo de Trabalho foi convocado pelo Bureau Internacional de Pesos e Medidas (BIPM) em resposta a uma solicitação do CIPM. A Recomendação do CIPM é a única relacionada com a expressão de incerteza em medição adotada por uma organização intergovernamental.

Este Guia foi preparado por um grupo de trabalho formado por especialistas nomeados pelo BIPM, pela Comissão Eletrotécnica Internacional (IEC), pela Organização Internacional de Normalização (ISO) e pela Organização Internacional de Metrologia Legal (OIML).

Esta versão em português substitui o documento "Guia para a Expressão da Incerteza de Medição, 3. ed. brasileira rev., Rio de Janeiro, 2003", que é uma tradução da primeira edição de 1993 do original *Guide to the Expression of Uncertainty in Measurement*, do BIPM. O Grupo de Trabalho para tradução do ISO GUM 2008 foi composto pelos pesquisadores do Inmetro.

Você pode adquirir a versão do ISO GUM 2008 em português no *site* do Inmetro: <http://www.inmetro.gov.br/inovacao/publicacoes/gumfinal.pdf>.

5.3 Avaliações de incertezas do tipo B mais frequentes

Como vimos, a estimativa da incerteza do tipo A é obtida pelo cálculo do desvio-padrão da média das medições. Já a estimativa das incertezas do tipo B tem diversas origens. A seguir, apresentamos as principais fontes de incertezas do tipo B e como calculá-las.

5.3.1 Estimativa da incerteza da resolução de leitura

É importante avaliar a contribuição da resolução de leitura na estimativa da incerteza de medição, pois é muito comum encontrarmos uma baixa dispersão dos valores obtidos em um processo de medição, o que caracteriza que a incerteza do tipo A pode ser "zero". Neste caso, dependendo do valor da resolução e do tipo de distribuição de probabilidade adotados, essa incerteza poderá ser uma das maiores, ou a maior contribuição na incerteza final.

Em um processo de medição, podemos nos deparar com duas situações:

SITUAÇÃO 1:
Medição onde "buscamos" o valor da grandeza desejada, ou seja, não sabemos *a priori* qual é o valor a ser encontrado.

Leitura obtida em uma balança digital

Suponha que o valor da massa de um objeto seja 25,9 g, e que a balança digital utilizada para essa medição tenha uma resolução de 0,1 g. Isso significa que o menor valor lido pela balança é de 0,1 g. Considerando o algoritmo existente na balança digital, responsável pela digitalização dos valores indicados, o "valor verdadeiro" da massa estará compreendido entre o intervalo [25,85 a 25,949...] g. Valores como 25,95 g, ou maiores, deverão ser arredondados pelo instrumento para 26,0 g, da mesma forma que valores como 25,84 g, ou menores, para 25,8 g.

Logo, toda vez que a balança indicar 25,9 g, teremos uma dúvida no "verdadeiro valor" da massa em questão, ocasionada pela sua limitação de resolução. Considerando que a probabilidade de o "valor verdadeiro" estar compreendido entre [25,85 e 25,949...] g é a mesma dentro deste intervalo, é razoável adotar uma distribuição estatística que reflita este comportamento, ou seja, a distribuição retangular ou uniforme. No gráfico a seguir, temos:

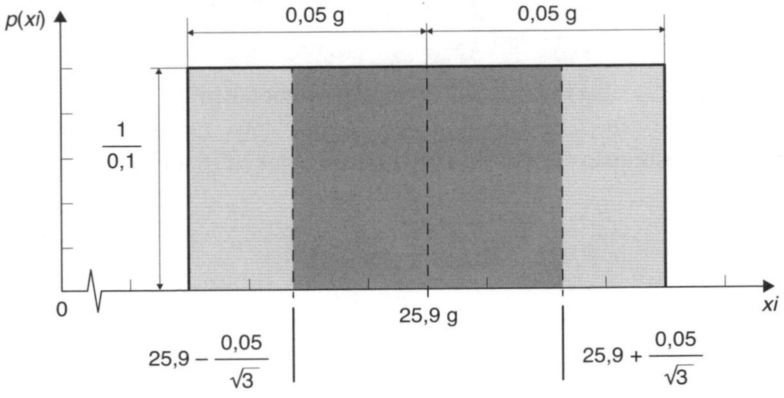

Gráfico 5.1 Incerteza da resolução da balança (distribuição uniforme).

Observe que a incerteza da resolução de leitura será o desvio-padrão da distribuição retangular, ou seja:

$$u_{\text{res}} = \frac{R}{\sqrt{12}} \tag{5.2}$$

em que R é a resolução adotada.

$$u_{\text{res}} = \frac{0{,}1 \text{ g}}{\sqrt{12}} = 0{,}029 \text{ g}$$

Leitura obtida em um termômetro bimetálico

A Figura 5.2 apresenta o mostrador de um termômetro bimetálico com escala de (0 a 120) °C, com menor divisão de 1 °C. Observando a Figura 5.2, percebemos a dificuldade de, "a olho nu", dividirmos a menor divisão ao meio. Deste modo, adotaremos uma resolução de leitura igual à menor divisão do termômetro bimetálico (1 °C). O valor lido será, então, de 68 °C, que pode estar compreendido no intervalo (67,5 a 68,499...) °C com a mesma probabilidade (distribuição uniforme).

Figura 5.2 Termômetro bimetálico.

A incerteza da resolução será obtida calculando o desvio-padrão da distribuição retangular com $R = 1$ °C.

$$u_{\text{res}} = \frac{1}{\sqrt{12}} = 0{,}29 \text{ °C}$$

SITUAÇÃO 2:

Medição onde "fixamos" o valor desejado.

Quando fixamos o valor desejado, sabemos, *a priori*, o valor mais provável do mensurando, assim, faz sentido atribuir uma probabilidade maior a este valor. Neste caso, podemos considerar que a **distribuição triangular** é a que melhor representa a distribuição de probabilidade da resolução de leitura.

EXEMPLO 5.3

Calibração de manômetro

Suponha que, na calibração de um manômetro com intervalo de medição (0 a 40) bar e resolução 1 bar, ao utilizarmos uma bomba comparadora, fixamos os pontos de calibração no manômetro objeto em 10 bar, 20 bar, 30 bar, 40 bar e 50 bar.

Figura 5.3 Calibração de manômetro com bomba comparadora.

Esses valores foram fixados prioritariamente, de forma a apresentar uma probabilidade de ocorrência maior do que qualquer outra.

Para o ponto 30 bar, por exemplo, o "valor verdadeiro" da pressão estará compreendido no intervalo [29,5 a 30,49...] bar. Valores como 30,6 bar, ou maiores, serão arredondados para 31 bar, da mesma forma que valores como 29,4 bar, ou menores, para 29 bar.

Considerando que a probabilidade do "valor verdadeiro" é maior no ponto 30 bar do que em qualquer outro ponto, porque fixamos neste valor, é razoável adotar uma distribuição estatística que reflita este comportamento, ou seja, a distribuição triangular. No gráfico a seguir, temos:

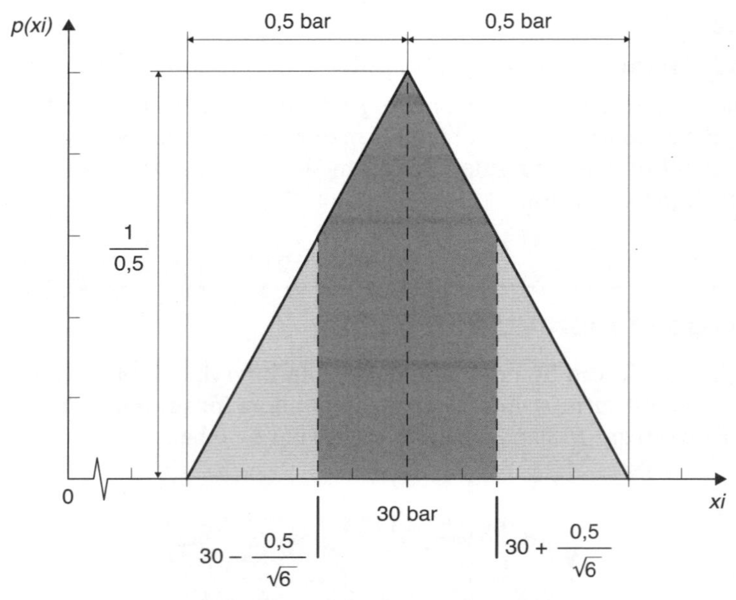

Gráfico 5.2 Incerteza da resolução do manômetro (distribuição triangular).

A incerteza da resolução de leitura será o desvio-padrão da distribuição triangular com $R = 1$ bar.

$$u_{\text{res}} = \frac{1}{\sqrt{24}} = 0{,}20 \text{ bar} \tag{5.3}$$

O instrumento digital, em face das limitações do algoritmo de digitalização, adotará uma probabilidade uniforme no arredondamento da leitura, independentemente de fixarmos ou não o valor desejado.

Para o instrumento analógico, a probabilidade da medição poderá ser triangular ou uniforme, dependendo se fixarmos ou não o valor da leitura.

5.3.2 Resolução de leitura adotada pelo laboratório de calibração

Vamos analisar a seguinte situação: **o uso de um instrumento calibrado na realização de uma medição.**

Alguns questionamentos

1) Tendo em vista que o laboratório que calibrou o nosso instrumento incorporou a incerteza da resolução de leitura na estimativa da incerteza final, devemos, em nossas medições, considerar a resolução de leitura desse padrão calibrado como uma das componentes, já que ela está "presente" na incerteza declarada no certificado?

2) Ao considerarmos a resolução, não estamos repetindo a mesma fonte de incerteza duas vezes?
3) No caso de um padrão digital, o valor da resolução adotado pelo laboratório de calibração é sabido, uma vez que será igual ao incremento digital.
4) No caso de um padrão analógico, surge uma dúvida: o valor da resolução de leitura adotado pelo laboratório foi o mesmo que vamos adotar?
5) É possível colocar uma lupa sobre a escala de leitura de instrumentos analógicos, reduzindo, assim, sua incerteza de medição, uma vez que estamos reduzindo sua resolução de leitura, desde que isso não a torne menor que a sensibilidade do instrumento? Este não é um procedimento incomum em laboratórios, mas o usuário final do instrumento deveria ser informado.

Resposta aos questionamentos

Se o usuário puder repetir, na leitura com o instrumento que veio de calibração, a resolução adotada pelo laboratório durante a calibração, a contribuição da resolução do padrão não deverá ser considerada na incerteza final da medição. Caso contrário, deve-se considerar esta parcela na estimativa final.

Por esse motivo, é fundamental que os laboratórios de calibração informem, no certificado de calibração do instrumento, a resolução adotada na calibração. Assim, saberemos o valor da resolução adotada e poderemos repeti-la no ato da medição com esse instrumento.

O uso da lupa na leitura de instrumentos analógicos é permitido e salutar; mas, não devemos determinar a resolução de um instrumento de medição com o auxílio da lupa. Ela irá tornar a resolução menor do que a "olho nu" e o usuário normalmente faz a leitura a "olho nu".

5.3.3 Estimativa da incerteza da histerese

No Capítulo 4 vimos que a histerese é a maior diferença entre os valores de carga e descarga de um instrumento de medição. Os instrumentos que mais apresentam erros de histerese são: balanças, relógio comparador e manômetros, entre outros.

Para efetuarmos a estimativa da incerteza da histerese, calculamos a histerese (H) do instrumento no ponto e adotamos uma distribuição de probabilidade uniforme ou retangular.

$$u_{\text{histerese}} = \frac{H}{\sqrt{12}} \tag{5.4}$$

EXERCÍCIO RESOLVIDO 5.1

Um manômetro do tipo bourdon, cuja faixa de medição é de (0 a 20) kgf/cm^2, foi calibrado por comparação com um manômetro padrão. Os valores encontrados estão na Tabela 5.1 a seguir.

Tabela 5.1 Resultado da calibração de manômetro

Objeto (kgf/cm^2)	Padrão (kgf/cm^2)			
	Carga 1	Descarga 1	Carga 2	Descarga 2
5	5,0	5,2	5,0	5,2
12	12,2	11,9	11,6	11,8
20	20,1	20,2	20,4	20,0

Calcule:

a) A histerese em cada ponto.

b) A incerteza da histerese em cada ponto.

c) A histerese e a incerteza da histerese do manômetro.

SOLUÇÃO:

a) Sabendo que a histerese é a maior diferença entre carga e descarga, podemos determinar a histerese em cada ponto da seguinte maneira:

Tabela 5.2 Histerese em cada ponto

Objeto (kgf/cm^2)	Padrão (kgf/cm^2)		
	H_1	H_2	H
5	$\|5,0 - 5,2\| = 0,2$	$\|5,0 - 5,2\| = 0,2$	0,2
12	$\|12,2 - 11,9\| = 0,3$	$\|11,6 - 11,8\| = 0,2$	0,3
20	$\|20,1 - 20,2\| = 0,1$	$\|20,4 - 20,0\| = 0,4$	0,4

b) Adotando uma distribuição uniforme para a incerteza da histerese, temos:

Tabela 5.3 Incerteza da histerese em cada ponto

Objeto (kgf/cm^2)	Padrão (kgf/cm^2)	
	H	Incerteza da histerese
5	0,2	$\frac{0,2}{\sqrt{12}} = 0,058$
12	0,3	$\frac{0,3}{\sqrt{12}} = 0,087$
20	0,4	$\frac{0,4}{\sqrt{12}} = 0,12$

c) A histerese do manômetro será a maior histerese de todas as faixas:

$$H = 0,4 \text{ kgf/cm}^2$$

$$u_{\text{histerese}} = 0,12 \text{ kgf/cm}^2$$

Conheça um pouco mais...

Na calibração de manômetros, fixamos o ponteiro do manômetro objeto na pressão desejada e verificamos a variação de sua pressão por meio do manômetro padrão. Deste modo, quando fixamos a pressão em 5 kgf/cm², por exemplo, percebemos a variação do manômetro objeto no padrão. É por esse motivo que, no ponto 5 kgf/cm², temos o padrão marcando (5,0; 5,2; 5,0 e 5,2) kgf/cm². Essa variação não é ocasionada pelo padrão, e sim pelo manômetro objeto em calibração.

5.3.4 Estimativa da incerteza do instrumento-padrão

Uma fonte de incerteza do tipo B sempre existente na calibração de instrumentos de medição é a incerteza oriunda do instrumento-padrão. No Capítulo 2, quando definimos calibração, destacamos o fato de que calibrar é confrontar os valores medidos pelo instrumento-padrão com o instrumento em calibração (objeto). Logo, a incerteza do instrumento-objeto herda a incerteza do instrumento-padrão.

Para determinar a estimativa da incerteza do instrumento-padrão, basta verificar este valor no certificado de calibração do instrumento-padrão.

5.4 Estimativa da incerteza-padrão

Segundo a definição do Vocabulário Internacional de Metrologia (VIM, 2012), temos: "Incerteza de medição expressa na forma de um desvio-padrão".

Devemos expressar todas as componentes de incerteza (u_i), dos tipos A e B, correspondentes a um desvio-padrão. Para isso, precisamos avaliar qual é a distribuição de probabilidade aplicada à incerteza que está sendo avaliada: distribuição normal, distribuição retangular ou uniforme, distribuição triangular etc.

5.5 Estimativa da incerteza-padrão combinada

De acordo com o VIM (2012), temos a seguinte definição: "**Incerteza-padrão** obtida ao se utilizarem **incertezas-padrão** individuais associadas às **grandezas de entrada num modelo de medição**".

A incerteza-padrão combinada (u_C) pode, resumidamente, ser determinada pela equação:

$$u_C = \sqrt{u_A^2 + u_B^2} \tag{5.5}$$

em que u_A é a incerteza do tipo A e u_B são as incertezas do tipo B.

5.6 Estimativa do grau de liberdade efetivo

A definição do **Guia para a Expressão de Incerteza de Medição** (ISO GUM, 2008) [7] diz o seguinte para o grau de liberdade efetivo: "Em geral, o número de termos de uma soma menos o número de restrições aos termos da soma".

Quando são realizadas mais de 30 medições de um mesmo mensurando, sabemos, por meio da estatística, que esses resultados se aproximam muito de uma distribuição normal. Se um número menor de medições for utilizado, devemos aproximar esta distribuição a uma distribuição normal aplicando o fator de correção da distribuição *t*-Student. No entanto, a fim de estabelecer esse fator de correção, é necessário determinar o número de graus de liberdade efetivos da distribuição.

Quando várias fontes de incertezas são consideradas para estimar a incerteza-padrão combinada (u_c), o número de graus de liberdade efetivos resultante da incerteza combinada tem que ser estimado a partir de informações de cada fonte de incerteza. Logo, recomenda-se a utilização da equação de Welch-Satterthwaite para estimar o número de graus de liberdade efetivos:

$$\frac{u_c^4}{\nu_{ef}} = \frac{u_1^4}{\nu_1} + \frac{u_2^4}{\nu_2} + ... + \frac{u_i^4}{\nu_i} \quad (5.6)$$

em que u_c é a incerteza-padrão combinada; u_1, u_2, ... , u_i são as incertezas-padrão de cada uma das *i* fontes de incerteza (incertezas do tipo A e B); ν_1, ν_2, ν_3..., ν_i são os números de graus de liberdade de cada uma das *i* fontes de incerteza; e ν_{ef} é o número de graus de liberdade efetivos associados à incerteza-padrão combinada.

A Equação (5.6) pode ser rearrumada e apresentada como:

$$\nu_{ef} = \frac{{u_c}^4}{\sum_{n=1}^{i} \frac{{u_i}^4}{\nu_i}} \quad (5.7)$$

IMPORTANTE

O grau de liberdade associado à incerteza da repetibilidade (tipo A) é igual a *n* − 1, com *n* sendo o número de medições.

Na avaliação do grau de liberdade da incerteza-padrão do tipo B a partir de uma distribuição de probabilidade *a priori*, por exemplo uma distribuição uniforme ou triangular, fica implicitamente suposto que o valor da incerteza, resultante de tal avaliação, é conhecido exatamente. Isto implica que o grau de liberdade associado a essa incerteza será infinito. [7]

5.7 Estimativa do fator de abrangência

É definida pelo VIM (2012) como: "Número maior do que um pelo qual uma **incerteza-padrão combinada** *é multiplicada para se obter uma* **incerteza de medição expandida**".

O fator de abrangência ***k*** deve sempre ser declarado de forma que a incerteza-padrão da grandeza medida possa ser recuperada para uso no cálculo da incerteza-padrão combinada de outros resultados de medição que, eventualmente, dependam desta grandeza.

Este fator ***k*** será obtido a partir da determinação do número de graus de liberdade efetivos (ν_{ef}) e utilizando a distribuição *t*-Student, na qual o valor do ***t*** será o fator de abrangência ***k***.

O valor do ν_{ef} obtido pelas Equações 5.6 ou 5.7 geralmente não é um número inteiro. A partir do grau de liberdade efetivo (ν_{ef}), o fator de abrangência *k* pode ser obtido no Excel, usando a função INV.T.BC, ou na tabela *t*-Student.

Quando usamos o valor calculado do grau de liberdade efetivo (ν_{ef}) na tabela *t*-Student, devemos sempre aproximá-lo para o inteiro imediatamente inferior. Por exemplo, se o valor calculado for ν_{ef} = 10,46, devemos entrar na tabela com ν_{ef} = 10 e obter k = 2,28. Este será o valor utilizado para o fator de abrangência *k*.

IMPORTANTE

Ao utilizar o valor calculado do grau de liberdade efetivo (ν_{ef}) na tabela *t*-Student, aproxime-o para o inteiro imediatamente inferior. Isso garantirá um fator de abrangência maior e, deste modo, uma incerteza expandida maior. [7]

5.8 Estimativa da incerteza de medição expandida

Segundo o VIM (2012), a estimativa da incerteza de medição expandida é definida assim:

> Produto de uma **incerteza-padrão combinada** por um fator maior do que o número um.
> NOTA 1: O fator depende do tipo de distribuição de probabilidade da **grandeza de saída** e da **probabilidade de abrangência** escolhida.
> NOTA 2: O termo "fator" nesta definição se refere ao **fator de abrangência**.
> NOTA 3: A incerteza de medição expandida é chamada de "incerteza global" no parágrafo 5 da Recomendação INC-1 (1980) (ver o GUM) e simplesmente "incerteza" nos documentos IEC.

A incerteza expandida ***U*** é, então, obtida multiplicando-se a incerteza-padrão combinada $\boldsymbol{u_c}$ pelo fator de abrangência ***k***, isto é:

$$U = k \cdot u \tag{5.8}$$

A multiplicação da incerteza-padrão combinada por uma constante não fornece informações adicionais. Ela é apenas uma forma de representar a incerteza final associada a uma probabilidade de abrangência.

Nas calibrações e medições industriais, é comum adotar a probabilidade de abrangência de 95,45 %, o que corresponderia, em uma distribuição normal, a um fator de abrangência igual a dois.

IMPORTANTE

Devemos sempre combinar incertezas padronizadas, ou seja, com um desvio-padrão. Logo, quando herdarmos a incerteza de medição de um certificado de calibração, devemos dividi-la pelo fator de abrangência *k*, uma vez que as incertezas declaradas em um certificado de calibração estão expandidas a 95,45 %.

5.9 Apresentação do resultado da medição

Segundo o Documento de Referência EA-4/02 Expressão da Incerteza de Medição na Calibração, traduzido na norma Inmetro NIT-DICLA-021:2013, o item 6.3 afirma que:

> O valor numérico da incerteza expandida deve ser apresentado com no máximo dois algarismos significativos. O valor numérico do resultado da medição, em sua forma final, deve ser arredondado para o último algarismo significativo do valor da incerteza expandida, atribuída ao resultado da medição. Para o processo de arredondamento, as regras usuais de arredondamento de números devem ser utilizadas aplicando-se as orientações estabelecidas na seção 7 do ISO GUM. [7]

Conheça um pouco mais...

EA – EUROPEAN ACCREDITATION

A **Cooperação Europeia para a Acreditação**, designada **EA**, é uma associação que congrega organismos nacionais de acreditação oficialmente reconhecidos por seus respectivos governos nacionais na Europa, responsáveis por avaliar e verificar organizações internacionais que prestam serviços de avaliação da conformidade, como certificação, verificação, inspeção, testes e calibração.

Poder confiar nos produtos e serviços adquiridos é o desejo de consumidores, empresas, entidades reguladoras e de outras organizações em todo o mundo, daí o aumento nas normas e especificações nacionais e internacionais de produtos, processos e serviços. A aplicação adequada dessas normas assegura a eficiência da comunicação comercial e do uso de recursos, bem como facilita a vida das pessoas, tornando-a mais saudável e segura. As organizações que prestam serviços de avaliação da conformidade precisam ter competência e integridade técnica para isso. Logo, os clientes podem confiar na competência, independência e imparcialidade do serviço de avaliação de conformidade prestado por um fornecedor credenciado por um dos membros da rede EA. Para mais informações, acesse o *site* da European Accreditation (em inglês): <http://www.european-accreditation.org/home>.

5.10 Fontes de incerteza de medição

A seguir, apresentaremos algumas fontes de incertezas de medição frequentes em diversas áreas da metrologia.

5.10.1 Metrologia dimensional

- ***Incerteza de medição do padrão***: a incerteza do padrão deve ser levada em conta no cálculo da incerteza de medição. Esta informação consta no certificado de calibração do padrão.

- ***Efeito da temperatura***: a diferença de temperatura entre o mensurando, o padrão e a temperatura do laboratório de calibração devem ser consideradas. Por norma, a temperatura ambiente do laboratório de calibração deve ser de 20,0 °C. Este efeito é mais significativo para grandes comprimentos e nos casos em que o mensurando é de material diferente do padrão. Embora seja possível corrigir estes erros, sempre restarão incertezas residuais da incerteza dos coeficientes de dilatação e da incerteza na calibração do termômetro.
- ***Deformação elástica no ponto de contato***: é crítica nas medições mais exatas e nos casos em que envolvem materiais diferentes. Sua magnitude é função da força de medição e da natureza do contato entre apalpador e mensurando. Embora seja possível corrigir os resultados desses erros, a incerteza desta correção deve ser considerada em razão da incerteza da força aplicada e das propriedades físicas dos componentes em contato.
- ***Erro de cosseno***: desalinhamento entre mensurando ou padrão e o eixo de medição. Erros residuais persistirão muitas vezes pelo pressuposto de que as superfícies de referência são isentas de erros geométricos.
- ***Erros de forma (geométricos)***: erros de planeza ou de esfericidade do apalpador, erro de paralelismo ou de perpendicularidade da superfície de apoio, erro de cilindricidade do mensurando ou do padrão.
- ***Dúvida na leitura***: incerteza na resolução do instrumento.
- ***Estabilidade do padrão****, ou do mensurando, em função do tempo.*

Nesta área, em geral, são utilizados os seguintes intervalos de calibração dos instrumentos:

Tabela 5.4 Periodicidade sugerida nas calibrações dimensionais

Instrumento	Periodicidade de calibração sugerida – meses
Trena	6
Paquímetro	12
Micrômetro	12
Relógio comparador	12
Bloco padrão	12

5.10.2 Metrologia térmica

- ***Incerteza do instrumento padrão***: a incerteza do padrão deve ser levada em conta no cálculo da incerteza de medição. Esta informação consta no certificado de calibração do padrão.
- ***Equipamentos/instrumentos elétricos usados como apoio***: incerteza de resistores padrão, multímetros, fontes de alimentação, banhos térmicos etc.
- ***Dúvida na leitura***: incerteza na resolução do instrumento.
- ***Imersão parcial em termômetros de vidro:*** a parte da coluna do termômetro de imersão que fica fora do meio a ser medido proporciona uma diferença na indicação da temperatura.

- ***Efeito do autoaquecimento dos termômetros de resistência***: o sensor é aquecido pela corrente que nele circula.
- ***Incertezas elétricas parasitas***: incertezas de origem elétrica resultantes da eletricidade estática nos bornes de contato. Seu valor é $\frac{2\ \mu V}{\sqrt{3}}$ estimado em quando calibramos termopares.
- ***Derivas de padrões*** *e de instrumentos elétricos.*

Nesta área, em geral, são utilizados os seguintes intervalos de calibração dos instrumentos:

Tabela 5.5 Periodicidade sugerida nas calibrações térmicas

Instrumento	Periodicidade de calibração sugerida – meses
Termômetro de líquido em vidro	6 a 12
Termômetro de resistência (Pt-100)	12
Termopares	12
Termômetro bimetálico	12

5.10.3 Metrologia de massa

- ***Incerteza dos padrões de referência de massa:*** a incerteza do padrão deve ser levada em conta no cálculo da incerteza de medição. Esta informação consta no certificado de calibração do padrão.
- ***Deriva das massas em função do tempo***: mudança da incerteza de medição das massas-padrão em função do tempo, em função do acabamento das superfícies e da qualidade de fabricação, do tipo de material, do manuseio, da corrosão atmosférica etc. Na falta dessa informação, substituímos pelo erro máximo admissível encontrado na Portaria Inmetro nº 233, de 22 de dezembro de 1994.
- ***Condições ambientais***: gradientes de temperatura, umidade, eletricidade estática.
- ***Dúvida na leitura***: incerteza na resolução do instrumento.
- ***Empuxo do ar***: a massa específica do ar pode ser determinada a partir da medição da pressão atmosférica, da temperatura e da umidade relativa do ar. Mesmo corrigindo a massa específica, as incertezas das medições da pressão, temperatura e umidade estarão presentes.
- ***Processo de medição***: a qualidade da balança influi no resultado da medição e, por isso, devemos conhecer suas características:
  - repetibilidade das medições;
  - linearidade;
  - excentricidade da carga, principalmente quando mais de uma massa é colocada no prato;
  - influência de campos magnéticos;
  - efeitos da temperatura;
  - comprimento dos braços de alavanca.

Nesta área, em geral, é utilizado um intervalo de calibração dos instrumentos do seguinte modo:

Tabela 5.6 Periodicidade sugerida nas calibrações de massa

Instrumento	Periodicidade de calibração sugerida – meses
Massa-padrão	24
Balanças de precisão	12 a 36
Balanças analíticas	12

5.10.4 Metrologia elétrica

- ***Incerteza dos padrões de referência elétricos:*** a incerteza do padrão deve ser levada em conta no cálculo da incerteza de medição. Esta informação consta no certificado de calibração do padrão.
- ***Condições ambientais diferentes das recomendadas.***
- ***Estabilidade do sistema de medição***: em função do tempo e das condições de uso.
- ***Dúvida na leitura***: incerteza na resolução do instrumento.
- ***Impedância de cabos, terminais e instrumentos***: *incertezas elétricas parasitas* resultantes da eletricidade estática nos bornes de contato.
- ***Layout dos instrumentos e padrões durante a calibração***: fugas de corrente, campos eletromagnéticos, aterramento.

Nesta área, em geral, é utilizado um intervalo de calibração dos instrumentos do seguinte modo:

Tabela 5.7 Periodicidade sugerida nas calibrações elétricas

Instrumento	Periodicidade de calibração sugerida – meses
Multímetro digital	12
Osciloscópio	12 a 36
Década resistiva	24 a 48

EXERCÍCIO RESOLVIDO 

Três ou mais medições com um instrumento calibrado

Com um multímetro digital, realizamos cinco medições de tensão elétrica em um circuito. Os resultados encontrados foram:

Medições	Resultado das medições (V)
1	1,22
2	1,22
3	1,24
4	1,22
5	1,20

Considere que a incerteza do multímetro obtida no certificado de calibração é de 0,02 V, para uma probabilidade de abrangência de 95,45 % e $k = 2,23$, com tendência instrumental de +0,02 V.

Determine:

a) A incerteza do tipo A da medição

A incerteza do tipo A é calculada por meio desvio-padrão da média das cinco medições.

$$s = 0,014142 \text{ V}$$

$$u_A = \frac{s}{\sqrt{n}} = \frac{0,014142}{\sqrt{5}}$$

$$u_A = 0,0063245 \text{ V}$$

Obs.: como o resultado da incerteza é parcial, não convém arredondá-lo. Deixaremos para fazer os arredondamentos no momento de declararmos a incerteza expandida.

b) A incerteza do tipo B do multímetro

Devemos dividir a incerteza do multímetro declarada no seu certificado de calibração pelo fator de abrangência k. Desta forma, sua incerteza de medição, após a divisão por k, será uma incerteza padronizada, com um desvio-padrão.

$$u_B = \frac{U_{\text{multímetro}}}{k}$$

$$u_B = \frac{0,02}{2,23} = 0,008969 \text{ V}$$

c) A incerteza combinada da medição

$$u_C = \sqrt{u_A^2 + u_B^2}$$

$$u_C = \sqrt{0,0063245^2 + 0,008969^2}$$

$$u_C = 0,010975 \text{ V}$$

d) A incerteza expandida para uma probabilidade de abrangência de 95,45 %

A incerteza expandida é determinada multiplicando-se a incerteza combinada pelo fator de abrangência k. Para determinarmos k, é necessário calcular o grau de liberdade efetivo da combinação dessas incertezas (tipo A e tipo B) e, em seguida, consultar a tabela t-Student.

O grau de liberdade da incerteza do tipo A é:

$$\nu_A = n - 1$$
$$\nu_A = 5 - 1$$
$$\nu_A = 4$$

O grau de liberdade do multímetro é igual a 12 (da tabela *t*-Student para $k = 2{,}23$).
Logo:

$$\frac{u_C^4}{\nu_{ef}} = \frac{u_1^4}{\nu_1} + \frac{u_2^4}{\nu_2} + ... + \frac{u_i^4}{\nu_i}$$

$$\frac{0{,}010975^4}{\nu_{ef}} = \frac{0{,}0063245^4}{4} + \frac{0{,}008969^4}{12}$$
$$\nu_{ef} = 15{,}44$$

Consultando a tabela *t*-Student para $\nu_{ef} = 15$, temos $k = 2{,}18$.
Deste modo,

$$U = k \cdot u_C$$
$$U = 2{,}18 \cdot 0{,}010975$$
$$U = 0{,}02393 \text{ V}$$

e) O resultado da incerteza expandida metrologicamente correto

Além de não podermos declarar a incerteza com mais de dois algarismos significativos, nesse caso particular a incerteza de medição do multímetro não pode ir além da segunda casa decimal (um algarismo significativo), uma vez que o multímetro só consegue ler até a segunda casa decimal. Assim:

$$U_{\text{multímetro}} = 0{,}02 \text{ V}$$

Para $k = 2{,}18$, com probabilidade de abrangência de 95,45 %.

f) O valor da tensão corrigida

Média = 1,22 V
Tendência instrumental do multímetro de + 0,02 V
Média corrigida = 1,22 – 0,02 = 1,20 V
Obs.: A correção tem o sinal contrário da tendência ou do erro de medição.

g) Resultado da medição

$$RM = (1{,}20 \pm 0{,}02) \text{ V}$$

EXERCÍCIO RESOLVIDO 5.3

Uma única medição com instrumento calibrado

Sempre que possível devemos realizar, no mínimo, **três** medições. Isso nos permite avaliar a incerteza do tipo A, ou seja, a repetibilidade do mensurando. Caso o mensurando seja estável com baixíssima ou nenhuma variação em relação à resolução do instrumento, podemos proceder conforme o exercício a seguir.

Um termômetro de líquido em vidro (TLV), com incerteza de medição 0,1 °C (para $k = 2$ e 95,45 %) e tendência instrumental de −0,2 °C, é empregado para fazer a medição de temperatura de óleo combustível. O valor encontrado foi de 28,4 °C. Determine o resultado da medição.

$$\text{Medição corrigida} = 28{,}4 + 0{,}2 = 28{,}6\ °\text{C}$$

$$\text{RM} = (28{,}6 \pm 0{,}1)\ °\text{C}$$

Observe que não foi possível calcular a incerteza da repetibilidade da medição. Desta forma, a incerteza final foi apenas a herdada pelo instrumento de medição declarada em seu certificado de calibração.

5.11 Exercícios Propostos

5.11.1 Um velocímetro de automóvel possui faixa de medição de (0 a 100) km/h. A incerteza em qualquer ponto é 2 km/h.

a) Qual é a incerteza a 100 km/h?
b) Qual é a incerteza percentual em relação a 100 km/h?
c) Qual é a incerteza percentual em relação a 50 km/h?
d) Qual é a incerteza percentual em relação a 5 km/h?
e) Em que ponto a incerteza percentual é menor?

5.11.2 Marcelo mede a altura de seu irmão e encontra 176,35 cm, com uma incerteza de 0,21 cm.

a) Arredonde e escreva a altura do irmão de Marcelo com um algarismo significativo para sua incerteza.
b) Dê a mesma resposta em metros.

5.11.3 Marta usa um cronômetro para medir o período de um pêndulo. Os resultados são:

Medições	Período (s)
1	0,63
2	0,64
3	0,65
4	0,63
5	0,65

a) Qual é o valor médio do período?
b) Qual é o desvio-padrão da média?
c) Qual é a melhor estimativa da incerteza do tipo A da medição?
d) Expresse seu resultado, considerando apenas a incerteza do tipo A como única fonte de incerteza de medição.

5.11.4 Os resultados de cinco medições do tempo de queda de um corpo, realizadas por um cronômetro digital, foram:

Medições	Tempo de queda (s)
1	0,45
2	0,42
3	0,41
4	0,48
5	0,44

Considerando que a incerteza do cronômetro é de 0,02 s para $k = 2$ e 95,45 % de confiabilidade metrológica, calcule:
a) O número de observações n.
b) A média das observações.
c) O desvio-padrão da média.
d) A incerteza expandida da medição da queda do corpo.
e) A incerteza expandida desprezando a incerteza do cronômetro.

5.11.5 Para determinar o diâmetro de um eixo, um mecânico utilizou um paquímetro com incerteza de 0,05 mm ($k = 2$ e 95,45 %) e resolução 0,05 mm. Foram realizadas quatro medições e os valores encontrados para o diâmetro foram:

Medições	Diâmetro (mm)
1	256,90
2	257,05
3	256,95
4	257,00

Qual é o valor do diâmetro e sua incerteza de medição?

5.11.6 A medição do comprimento de uma peça com "valor verdadeiro" de 10,1538 mm foi realizada com um micrômetro de resolução 0,001 mm e incerteza de medição igual a 0,002 mm e $k = 2,23$ para 95,45 %. Determine:

a) A tendência do micrômetro.
b) A incerteza do tipo A para o conjunto de medições.
c) A incerteza combinada da peça e seu grau de liberdade.
d) A incerteza expandida da medição do comprimento da peça.

Medições	Comprimento (mm)
1	10,158
2	10,157
3	10,159
4	10,155
5	10,153
6	10,156
7	10,154
8	10,156
9	10,155
10	10,157

5.11.7 Usando uma balança digital de resolução 0,1 g, mediu-se quatro vezes a massa de um metal, encontrando os seguintes valores:

Medições	Massa do metal (g)
1	23,5
2	23,5
3	23,6
4	23,8

Considerando que a incerteza de medição da balança é o dobro de sua resolução (para $k = 2,00$ e 95,45 %), responda:

a) Qual é a incerteza do tipo A dessa medição?
b) Qual é a tendência, sabendo que o "valor verdadeiro" da massa do metal é de 23,60 g?
c) Qual é a incerteza expandida dessa medição?

5.11.8 Um estudante de metrologia declarou a incerteza de medição da massa específica da água, conforme o resultado a seguir.

$$\rho = (1,003 \pm 0,0235) \text{ g/mL}$$

Qual é o erro encontrado na declaração dessa medição?

5.11.9 Considere um termômetro bimetálico, de resolução 0,5 °C, utilizado na medição de temperatura de um óleo mineral, contido em um tanque. Foram feitas cinco medições, obtendo-se os seguintes valores.

Medições	Temperatura (°C)
1	80,5
2	80,5
3	81,0
4	81,0
5	80,0

Sabendo que o termômetro bimetálico utilizado nesse controle possui uma incerteza de 0,6 °C (k = 2,87; 95,45 %), calcule o que se pede a seguir:

a) A média das medições.
b) Sua incerteza da repetibilidade.
c) A incerteza padronizada do termômetro bimetálico.
d) A incerteza combinada dessa medição.
e) O grau de liberdade efetivo da medição.
f) O fator de abrangência da medição para 95,45 % de confiabilidade metrológica.
g) A incerteza expandida da medição para 95,45 % de confiabilidade metrológica.
h) Qual é a fonte de incerteza que exerce maior influência no processo?

5.11.10 Considere a medição de uma massa, apresentada na tabela abaixo, usando uma balança analítica, realizada em um laboratório no ponto referente a 100 g. A tendência da balança no ponto 100 g está declarada no certificado de calibração da balança e vale −0,0050 g. A incerteza declarada no certificado de calibração é de 0,0008 g (k = 2,00; 95,45 %).

Medições	Massa (g)
1	100,0034
2	100,0038
3	100,0032

Com base nessas informações, determine o que se pede a seguir:

a) A média corrigida das medições.
b) Sua incerteza da repetibilidade.
c) Sua incerteza expandida para 95,45 % de confiabilidade metrológica.

5.11.11 Considere a medição de massa **M** em uma balança. A correção de medição da balança neste ponto é de −1,5 mg, com uma incerteza de 0,3 mg (k = 2,11; 95,45 %). Foram feitas três medições da massa **M**, obtendo os valores da tabela a seguir. Com base nessas informações, determine o que se pede.

Medições	Massa (g)
1	12,0004
2	12,0006
3	12,0006

a) A média da medição.
b) Sua incerteza da repetibilidade.
c) A tendência da balança.
d) A incerteza expandida para 95,45 % de confiabilidade metrológica da balança com seu respectivo fator de abrangência e os graus de liberdade efetivos.

5.11.12 Considera-se falsa a seguinte alternativa relativa à incerteza de medição:
a) É um parâmetro não negativo que caracteriza a dispersão dos valores atribuídos ao mensurando.
b) A incerteza-padrão combinada é obtida ao utilizar incertezas individuais na forma de um desvio-padrão associadas às grandezas de entrada.
c) A incerteza de medição expandida é o produto da incerteza-padrão combinada por uma probabilidade de abrangência.
d) A probabilidade de abrangência refere-se à chance de que um conjunto de valores verdadeiros de um mensurando esteja contido em um intervalo de abrangência especificado.

Capítulo 6

ESTIMATIVA DA INCERTEZA DE MEDIÇÕES INDIRETAS

Determinar o resultado de uma medição de uma grandeza realizada de forma direta é um requisito fundamental para as mais variadas finalidades nos campos científico e tecnológico. Entretanto, é comum estabelecer o valor de uma grandeza de forma **indireta**, isto é, a partir das operações matemáticas que combinem resultados previamente definidos de duas ou mais grandezas. Como exemplos citamos o volume de um paralelepípedo calculado a partir do produto dos seus lados, a velocidade de um projétil determinada pela razão entre a distância percorrida e o tempo de voo ou a potência elétrica (produto da tensão e corrente) dissipada por um resistor.

Neste capítulo vamos apresentar as equações e teorias que possibilitam estimar a incerteza de uma medição indireta.

6.1 Lei da propagação de incertezas

Considere uma grandeza W descrita pela função $W = f(a, b, c\,...)$, em que a, b, c ... são variáveis estatisticamente independentes;[1] se os valores mais prováveis para essas grandezas são $\bar{a}, \bar{b}, \bar{c},...$, o valor mais provável para W será $W = f(\bar{a}, \bar{b}, \bar{c},...)$. Expandindo a função W em série de Taylor, teremos:

$$W_i \approx W(\bar{a},\bar{b},\bar{c}...)+\frac{\partial W}{\partial a}(a_i-\bar{a})+\frac{\partial W}{\partial b}(b_i-\bar{b})+\frac{\partial W}{\partial c}(c_i-\bar{c})+...+\frac{1}{2}\frac{\partial^2 W}{\partial a^2}(a_i-\bar{a})^2+$$
$$+\frac{1}{2}\frac{\partial^2 W}{\partial b^2}(b_i-\bar{b})^2+\frac{1}{2}\frac{\partial^2 W}{\partial c^2}(c_i-\bar{c})^2+... \tag{6.1}$$

Faremos uma aproximação desprezando os termos quadráticos quando $(a_i - \bar{a})$, $(b_i - \bar{b})$, $(c_i - \bar{c})$, forem da ordem de grandeza do desvio-padrão $\sigma_a, \sigma_b, \sigma_c$...

Isto é, para $\sigma_a = (a_i - \bar{a})$, teremos $\frac{1}{2}\frac{\partial^2 W}{\partial a^2}(a_i-\bar{a})^2 \approx 0$.

Essa condição se aplica para todas as outras variáveis; logo, temos:

$$W_i - W(\bar{a}, \bar{b}, \bar{c}\,...) = \Delta W_i = \left[\frac{\partial W}{\partial a}\cdot\sigma_a+\frac{\partial W}{\partial b}\cdot\sigma_b+\frac{\partial W}{\partial c}\cdot\sigma_c+...\right] \tag{6.2}$$

na qual o termo $\frac{\partial W}{\partial a}$ representa a derivação parcial de W em relação à variável a, calculada em $a_i = \bar{a}$, em que foram mantidas constantes todas as outras variáveis. A variância de W pode ser obtida por meio de:

$$s_W^2 = \frac{1}{N-1}\sum_{i=1}^{N}\Delta W_i^2 = \frac{1}{N-1}\sum_{i=1}^{N}\left[\frac{\partial W}{\partial a}\cdot\Delta a_i+\frac{\partial W}{\partial b}\cdot\Delta b_i+\frac{\partial W}{\partial c}\cdot\Delta c_i+....\right]^2=$$

$$s_W^2 = \frac{1}{N-1}\sum_{i=1}^{N}\left[\left(\frac{\partial W}{\partial a}\cdot\Delta a_i\right)^2+\left(\frac{\partial W}{\partial b}\cdot\Delta b_i\right)^2+\left(\frac{\partial W}{\partial c}\cdot\Delta c_i\right)^2+...\right]+$$
$$\frac{1}{N-1}\sum_{i=1}^{N}\left[2\left(\frac{\partial W}{\partial a}\cdot\Delta a_i\cdot\frac{\partial W}{\partial b}\cdot\Delta b_i\right)+2\left(\frac{\partial W}{\partial a}\cdot\Delta a_i\cdot\frac{\partial W}{\partial c}\cdot\Delta c_i\right)+2\left(\frac{\partial W}{\partial b}\cdot\Delta b_i\cdot\frac{\partial W}{\partial c}\cdot\Delta c_i\right)+...\right]$$

Se as variáveis a, b, c, ... forem variáveis independentes entre si, não existirá correlação entre seus desvios $\Delta a_i, \Delta b_i, \Delta c_i$,... e, consequentemente, as grandezas do tipo

[1] As variáveis são consideradas estatisticamente independentes quando a variação de uma não influencia a variação da outra, ou seja, todas se comportam de forma desvinculada. Estatisticamente, estas variáveis apresentam coeficiente de correlação zero.

$$\frac{\partial W}{\partial a} \cdot \Delta a_i \cdot \frac{\partial W}{\partial b} \cdot \Delta b_i$$

têm a mesma probabilidade de serem tanto positivas como negativas. Deste modo, para um número N grande de medidas, o segundo termo do somatório se anula, resultando:

$$s_W^2 = \frac{1}{N-1} \sum_{i=1}^{N} \left[\left(\frac{\partial W}{\partial a} \right)^2 (\Delta a_i)^2 + \left(\frac{\partial W}{\partial b} \right)^2 (\Delta b_i)^2 + \left(\frac{\partial W}{\partial c} \right)^2 (\Delta c_i)^2 + \ldots \right]$$

Podemos reescrever como:

$$s_W^2 = \left(\frac{\partial W}{\partial a} \right)^2 \cdot \frac{1}{N-1} \sum_{i=1}^{N} (\Delta a_i)^2 + \left(\frac{\partial W}{\partial b} \right)^2 \cdot \frac{1}{N-1} \sum_{i=1}^{N} (\Delta b_i)^2 + \left(\frac{\partial W}{\partial c} \right)^2 \cdot \frac{1}{N-1} \sum_{i=1}^{N} (\Delta c_i)^2$$

ou seja,

$$s_W^2 = \left(\frac{\partial W}{\partial a} \right)^2 \cdot \sigma_a^2 + \left(\frac{\partial W}{\partial b} \right)^2 \cdot \sigma_b^2 + \left(\frac{\partial W}{\partial c} \right)^2 \cdot \sigma_c^2 + \ldots$$

Considerando as incertezas das variáveis a, b, c, ... com os seus desvios-padrão, podemos reescrever a equação anterior:

$$u_W^2 = \left(\frac{\partial W}{\partial a} \right)^2 \cdot u_a^2 + \left(\frac{\partial W}{\partial b} \right)^2 \cdot u_b^2 + \left(\frac{\partial W}{\partial c} \right)^2 \cdot u_c^2 + \ldots \tag{6.3}$$

A Equação (6.3) é a equação de propagação de incertezas de uma função qualquer W (a, b, c, ...), na qual as variáveis a, b, c, ... são independentes entre si.

Um pouco mais de história...

Brook Taylor (1685-1731, Inglaterra) vinha de uma família relativamente abastada: o pai, John Taylor, apesar de disciplinador, tinha interesse pela pintura e pela música, e acabou ensinando ao filho. Assim, Brook conseguiu, mais tarde, aplicar seus conhecimentos matemáticos nessas duas áreas.

Foto: Domínio público

Nascido em uma família de posses, era possível contar com professores particulares, assim, Brook foi educado em casa (tendo adquirido uma boa base em clássicos e matemática) antes de entrar em Cambridge, em 1703. Ali, Taylor aprimorou seus conhecimentos matemáticos, graduando-se em 1709. Porém, um ano antes (1708), ele já havia escrito seu primeiro trabalho relevante em matemática, embora sua publicação ocorresse somente em 1714.

Em 1712, Taylor foi eleito para a Royal Society e nomeado para uma comissão criada para decidir quem era o inventor do cálculo: Newton ou Leibniz.

Várias tragédias pessoais marcaram sua trajetória, como o seu casamento com Brydges de Wallington, em 1721, o qual sofreu oposição por parte de John Taylor em função das diferenças de classe social. Assim, a relação pai e filho foi rompida até 1723, quando a esposa de Brook morreu no parto, juntamente com o filho. Depois dessa perda, Brooke voltou a viver com o pai. Em 1725, casou-se novamente, desta vez com a aprovação do pai. A escolhida foi Sabetta Sawbridge de Olantigh. Em 1729, com o falecimento do pai, Brooke herda a propriedade. Porém, as tragédias pessoais continuam a atormentá-lo, quando sua segunda esposa falece no parto. A criança, chamada Elizabeth, conseguiu sobreviver. Taylor viveu poucos anos (faleceu aos 46 anos), mas seus feitos matemáticos são surpreendentes e provavelmente não foram aprofundados em razão de fatores pessoais (decepções, saúde frágil). De fato, deu origem a um novo ramo na matemática, hoje denominado "cálculo das diferenças finitas", à integração por partes e à série conhecida como **expansão de Taylor**.

6.2 Quando as variáveis são estatisticamente dependentes

Grandezas estatisticamente dependentes se comportam de forma vinculada, isto é, a variação de uma influencia a variação de outra. Estatisticamente, estas variáveis apresentam coeficiente de correlação diferente de zero.

No caso de grandezas estatisticamente dependentes, a incerteza de medição deverá considerar o coeficiente de correlação (r) entre as variáveis. O coeficiente de correlação pode variar entre [−1, +1], sendo zero quando as variáveis forem independentes, e sua expressão é dada por:

$$r = \frac{s_{ab}}{s_a s_b} \tag{6.4}$$

$$r(a,b) = \frac{\sum_{i=1}^{n}(a_i - \bar{a})(b_i - \bar{b})}{\sqrt{\sum(a_i - \bar{a})^2} \cdot \sqrt{\sum(b_i - \bar{b})^2}} \tag{6.5}$$

em que s_a e s_b são os desvios-padrão amostrais das variáveis a e b, respectivamente, e s_{ab} é o desvio-padrão da correlação entre as variáveis dada pela Equação (6.4).

Caso as variáveis sejam dependentes entre si, a equação de propagação de incerteza fica assim:

$$\begin{aligned} u_W^2 = {} & \left(\frac{\partial W}{\partial a}\right)^2 u_a^2 + \left(\frac{\partial W}{\partial b}\right)^2 u_b^2 \left(\frac{\partial W}{\partial c}\right)^2 u_c^2 + \cdots + 2\left(\frac{\partial W}{\partial a}\right)\left(\frac{\partial W}{\partial b}\right)\mathrm{cov}(a,b) \\ & + 2\left(\frac{\partial W}{\partial a}\right)\left(\frac{\partial W}{\partial c}\right)\mathrm{cov}(a,c) + \cdots \end{aligned} \tag{6.6}$$

na qual cov(a, b); cov(a, c); cov(b, c) são as respectivas covariâncias entre as variáveis (a, b, c...) dadas pela seguinte equação:

$$\text{cov}(a,b)=\frac{1}{n-1}\sum_{1}^{n}(a_i-\bar{a})(b_i-\bar{b}) \tag{6.7}$$

6.3 Método das incertezas relativas[2]

Caso não queiramos calcular a derivada parcial de uma função ou esse conhecimento ainda não foi abordado pelo leitor, segue, na Tabela 6.1, uma relação de propagação de incertezas em que se utilizam as incertezas relativas em algumas funções matemáticas.

A incerteza de medição relativa é determinada pela relação entre a incerteza de medição de uma variável x pelo valor dessa variável.

$$u_{\text{relativa de } x}=\frac{u_x}{x} \tag{6.8}$$

Tabela 6.1 Tabela de incertezas relativas de algumas funções

Caso 1	$F=x+y+z$	$u_F=\sqrt{u^2_x+u^2_y+u^2_z}$
Caso 2	$F=x-y-z$	$u_F=\sqrt{u^2_x+u^2_y+u^2_z}$
Caso 3	$F=x\cdot y$	$u_F=F\cdot\sqrt{\left(\frac{u_x}{x}\right)^2+\left(\frac{u_y}{y}\right)^2}$
Caso 4	$F=\frac{x}{y}$	$u_F=F\cdot\sqrt{\left(\frac{u_x}{x}\right)^2+\left(\frac{u_y}{y}\right)^2}$
Caso 5	$F=x^m$	$u_F=F\left(m\frac{u_x}{x}\right)$
Caso 6	$F=x^p+y^q$	$u_F=F\sqrt{\left(p\frac{u_x}{x}\right)^2+\left(q\frac{u_y}{y}\right)^2}$
Caso 7	$F=\log x$	$u_F=0{,}43429\cdot\left(\frac{u_x}{x}\right)$

(*Continua*)

[2] Este método é empregado quando não conhecemos as técnicas de derivação. Pode ser aplicado para estudos do cálculo de incertezas de medição no ensino médio/técnico.

Tabela 6.1 Tabela de incertezas relativas de algumas funções (*continuação*)

Caso 8	$F = \ln x$	$u_F = \left(\frac{u_x}{x}\right)$
Caso 9	$F = e^x$	$u_F = F \cdot u$
Caso 10	$F = 10^x$	$u_F = F \cdot (2{,}306 \cdot u_x)$

Obs.: u_F é a incerteza combinada da função F.

EXERCÍCIO RESOLVIDO 6.1

Deduza a fórmula da incerteza relativa para o caso 1: $F = x + y + z$.

SOLUÇÃO:

- Derivada parcial da função F em relação à variável x, temos: $\frac{\partial F}{\partial x} = 1$
- Derivada parcial da função F em relação à variável y, temos: $\frac{\partial F}{\partial y} = 1$
- Derivada parcial da função F em relação à variável z, temos: $\frac{\partial F}{\partial z} = 1$

Substituindo na Equação (6.3):

$$u_F^2 = \left(\frac{\partial F}{\partial x}\right)^2 u^2{}_x + \left(\frac{\partial F}{\partial y}\right)^2 u^2{}_y + \left(\frac{\partial F}{\partial z}\right)^2 u^2{}_z + \ldots + \left(\frac{\partial F}{\partial n}\right)^2 u^2{}_n$$

temos $u_F^2 = (1)^2 u^2{}_x + (1)^2 u^2{}_y + (1)^2 u^2{}_z$

$$u_F^2 = u^2{}_x + u^2{}_y + u^2{}_z \Rightarrow u_F = \sqrt{u^2{}_x + u^2{}_y + u^2{}_z}$$

EXERCÍCIO RESOLVIDO 6.2

Deduza a fórmula da incerteza relativa para o caso 2: $F = x - y - z$.

SOLUÇÃO:

- Derivada parcial da função F em relação à variável x, temos: $\frac{\partial F}{\partial x} = 1$
- Derivada parcial da função F em relação à variável y, temos: $\frac{\partial F}{\partial y} = -1$
- Derivada parcial da função F em relação à variável z, temos: $\frac{\partial F}{\partial z} = -1$

Substituindo em:

$$u_F^2 = \left(\frac{\partial F}{\partial x}\right)^2 u_x^2 + \left(\frac{\partial F}{\partial y}\right)^2 u_y^2 + \left(\frac{\partial F}{\partial z}\right)^2 u_z^2 + \ldots + \left(\frac{\partial F}{\partial n}\right)^2 u_n^2$$

temos $u_F^2 = (1)^2 u_x^2 + (1)^2 u_y^2 + (1)^2 u_z^2$

$$u_F^2 = u_x^2 + u_y^2 + u_z^2 \Rightarrow u_F = \sqrt{u_x^2 + u_y^2 + u_z^2}$$

EXERCÍCIO RESOLVIDO 6.3

Deduza a fórmula da incerteza relativa para o caso 3: $F = x \cdot y$.

SOLUÇÃO:

- Derivada parcial da função F em relação à variável x, temos: $\frac{\partial F}{\partial x} = y$
- Derivada parcial da função F em relação à variável y, temos: $\frac{\partial F}{\partial y} = x$

Substituindo em: $u_F^2 = \left(\frac{\partial F}{\partial x}\right)^2 u_x^2 + \left(\frac{\partial F}{\partial y}\right)^2 u_y^2$

$$u_F^2 = (y)^2 u_x^2 + (x)^2 u_y^2$$

$$u_F^2 = y^2 u_x^2 + x^2 u_y^2$$

Elevando ao quadrado ambos os membros da equação:

$$F = x \cdot y$$

$$(F)^2 = (x \cdot y)^2 = F^2 = x^2 \cdot y^2$$

Dividindo cada membro da equação por $F^2 = x^2 \cdot y^2$

$$\frac{u_F^2}{x^2 \cdot y^2} = \left(\frac{y^2}{x^2 \cdot y^2}\right) u_x^2 + \left(\frac{x^2}{x^2 \cdot y^2}\right) u_y^2$$

Como $F^2 = x^2 \cdot y^2$, substituímos no primeiro membro, e temos:

$$\frac{u_F^2}{F^2} = \left(\frac{1}{x^2}\right) u_x^2 + \left(\frac{1}{y^2}\right) u_y^2$$

Simplificando, temos:

$$\left(\frac{u_F}{F}\right)^2 = \left(\frac{u_x}{x}\right)^2 + \left(\frac{u_y}{y}\right)^2$$

$$\frac{u_F}{F} = \sqrt{\left(\frac{u_x}{x}\right)^2 + \left(\frac{u_y}{y}\right)^2}$$

$$u_F = F \cdot \left(\sqrt{\left(\frac{u_x}{x}\right)^2 + \left(\frac{u_y}{y}\right)^2}\right)$$

EXERCÍCIO RESOLVIDO 6.4

Deduza a fórmula da incerteza relativa para o caso 4: $F = \frac{x}{y}$

SOLUÇÃO:

- Derivada parcial da função F em relação à variável x, temos: $\frac{\partial F}{\partial x} = \frac{1}{y}$
- Derivada parcial da função F em relação à variável y, temos: $\frac{\partial F}{\partial y} = -\frac{x}{y^2}$

Substituindo em:

$$u_F^2 = \left(\frac{\partial F}{\partial x}\right)^2 u^2{}_x + \left(\frac{\partial F}{\partial y}\right)^2 u^2{}_y + \left(\frac{\partial F}{\partial z}\right)^2 u^2{}_z + \ldots + \left(\frac{\partial F}{\partial n}\right)^2 u^2{}_n$$

temos:

$$u_F^2 = \left(\frac{1}{y}\right)^2 u^2{}_x + \left(-\frac{x}{y^2}\right)^2 u^2{}_y$$

$$u_F^2 = \left(\frac{1}{y^2}\right) u^2{}_x + \left(\frac{x^2}{y^4}\right) u^2{}_y$$

Elevando ao quadrado ambos os membros da expressão $F = \frac{x}{y}$

$$F^2 = \frac{x^2}{y^2}$$

Dividindo ambos os membros por $F^2 = \dfrac{x^2}{y^2}$

$$\frac{u_F^2}{\frac{x^2}{y^2}} = \left(\frac{\frac{1}{y^2}}{\frac{x^2}{y^2}}\right) u^2{}_x + \left(\frac{\frac{x^2}{y^4}}{\frac{x^2}{y^2}}\right) u^2{}_y$$

Como $F^2 = \dfrac{x^2}{y^2}$ temos,

$$\frac{u_F^2}{F^2} = \left(\frac{\frac{1}{y^2}}{\frac{x^2}{y^2}}\right) u^2{}_x + \left(\frac{\frac{x^2}{y^4}}{\frac{x^2}{y^2}}\right) u^2{}_y$$

Simplificando, temos:

$$\left(\frac{u_F}{F}\right)^2 = \left(\frac{\frac{1}{y^2}}{\frac{x^2}{y^2}}\right) u^2{}_x + \left(\frac{\frac{x^2}{y^4}}{\frac{x^2}{y^2}}\right) u^2{}_y$$

$$\left(\frac{u_F}{F}\right)^2 = \left(\frac{1}{x^2}\right) u^2{}_x + \left(\frac{1}{y^2}\right) u^2{}_y$$

$$\left(\frac{u_F}{F}\right)^2 = \left(\frac{u^2{}_x}{x^2}\right) + \left(\frac{u^2{}_y}{y^2}\right)$$

$$\left(\frac{u_F}{F}\right)^2 = \left(\frac{u_x}{x}\right)^2 + \left(\frac{u_y}{y}\right)^2$$

$$\frac{u_F}{F} = \sqrt{\left(\frac{u_x}{x}\right)^2 + \left(\frac{u_y}{y}\right)^2}$$

$$u_F = F \cdot \left(\sqrt{\left(\frac{u_x}{x}\right)^2 + \left(\frac{u_y}{y}\right)^2}\right)$$

EXERCÍCIO RESOLVIDO 6.5

Na determinação da resistência elétrica R de um resistor, foi montado um circuito no qual se mede o valor da corrente elétrica (i) que passa pelo resistor e sua respectiva tensão (V).

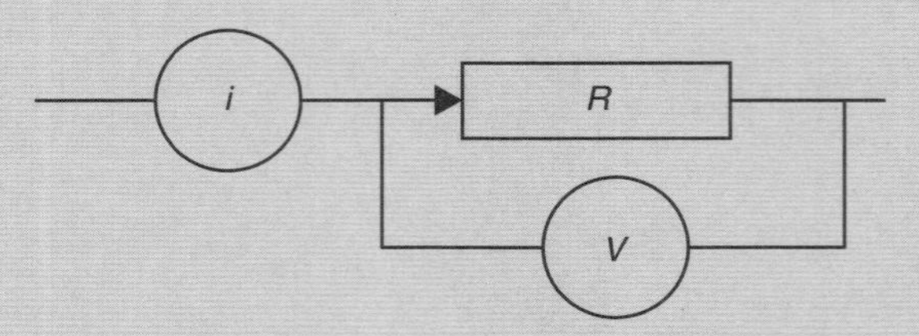

Figura 6.1 Circuito de medição do Exercício Resolvido 6.5.

Foram encontrados para $k = 2{,}00$ e 95,45 % de confiabilidade metrológica os seguintes valores para tensão (V) e corrente elétrica (i):

$$V = (15{,}0 \pm 0{,}1)\ \text{V}$$

$$i = (0{,}286 \pm 0{,}003)\ \text{A}$$

Determine:

a) O valor da resistência elétrica R, com o número correto de algarismos significativos.

b) A incerteza da resistência elétrica pelo método da derivada.

c) A incerteza da resistência elétrica pelo método das incertezas relativas.

SOLUÇÃO:

a) A resistência elétrica é calculada por:

$$R = \frac{V}{i}$$

$$R = \frac{15{,}0}{0{,}286}$$

$$R = 52{,}44755245$$

$$R = 52{,}4\,\Omega$$

b) Como se trata de grandezas estatisticamente independentes, aplicamos a Equação (6.3).

$$u_R^2 = \left(\frac{\partial R}{\partial V}\cdot u_V\right)^2 + \left(\frac{\partial R}{\partial i}\cdot u_i\right)^2$$

As derivadas parciais de R em relação a cada grandeza independente são:

$$\frac{\partial R}{\partial V} = \frac{1}{i}$$

$$\frac{\partial R}{\partial i} = \frac{-V}{i^2}$$

O que nos leva a:

$$u_R = \sqrt{\left(\frac{1}{i}u_V\right)^2 + \left(\frac{-V}{i^2}u_i\right)^2}$$

Como as incertezas padronizadas de V e i são:

$$u_V = \frac{U_V}{k} = \frac{0,1}{2} = 0,05\ \text{V}$$

$$u_i = \frac{U_i}{k} = \frac{0,003}{2} = 0,0015\ \text{A}$$

Temos:

$$u_R = \sqrt{\left(\frac{1}{0,286}0,05\right)^2 + \left(\frac{-15}{0,286^2}0,0015\right)^2}$$
$$u_R = \sqrt{0,030563841 + 0,075666022}$$
$$u_R = \sqrt{0,106229863}$$
$$u_R = 0,32592923\ \Omega$$

Como os fatores de abrangência tanto da tensão (V) como da corrente elétrica (i) são iguais a dois, teremos um grau de liberdade infinito e, consequentemente, um fator de abrangência para a resistência elétrica (R) igual a dois.[3]

Deste modo, a incerteza expandida será:

$$U_R = k \cdot u_R$$

$$U_R = 2 \times 0,32592923$$
$$U_R = 0,65185846\ \Omega$$

Como não podemos declarar incertezas com mais de dois algarismos significativos e teremos que arredondar o resultado para uma casa decimal, ficando compatível com o valor da resistência elétrica encontrada de 52,4 Ω, a incerteza de R será:

$$U_R = 0,7\ \Omega$$

[3] Na próxima seção vamos estudar como determinar o fator de abrangência quando as parcelas que compõem as incertezas possuem grau de liberdade diferente de infinito.

E o valor da resistência R será:

$$R = (52{,}4 \pm 0{,}7)\ \Omega$$

c) Calculando a incerteza pelo método das incertezas relativas.

$$\left(\frac{u_R}{R}\right)^2 = \left(\frac{u_V}{V}\right)^2 + \left(\frac{u_i}{i}\right)^2$$

$$\left(\frac{u_R}{52{,}4}\right)^2 = \left(\frac{0{,}05}{15{,}0}\right)^2 + \left(\frac{0{,}0015}{0{,}286}\right)^2$$

$$\left(\frac{u_R}{52{,}4}\right)^2 = 0{,}00001111111 + 0{,}00002750745758$$

$$\frac{u_R}{52{,}4} = \sqrt{0{,}000038618567}$$

$$u_R = 52{,}4 \times 0{,}006214383929$$

$$u_R = 0{,}325633717\ \Omega$$

Como os fatores de abrangência tanto da tensão (V) como da corrente elétrica (i) são iguais a dois, teremos um grau de liberdade infinito e, consequentemente, um fator de abrangência para a resistência elétrica (R) igual a dois.

$$U_R = 2 \times 0{,}325633717$$

$$U_R = 0{,}651267435\ \Omega$$

Como não podemos declarar incertezas com mais de dois algarismos significativos e teremos que arredondar o resultado para uma casa decimal, ficando compatível com o valor da resistência elétrica encontrada de 52,4 Ω, a incerteza de R será:

$$U_R = 0{,}7\ \Omega$$

E o valor da resistência R será:

$$R = (52{,}4 \pm 0{,}7)\ \Omega$$

6.4 Estimativa do grau de liberdade efetivo para incertezas relativas

Vimos no Capítulo 5 que, para determinar o grau de liberdade efetivo, devemos usar a equação de Welch-Satterthwaite [Eq. (5.6) ou (5.7)].

No caso das medições indiretas, devemos aplicar as incertezas relativas na Equação (5.6), uma vez que as grandezas envolvidas possuem diferentes unidades. Deste modo, a equação de Welch-Satterthwaite fica assim:

$$\frac{u_{RC}^4}{\nu_{ef}} = \frac{u_{R1}^4}{\nu_1} + \frac{u_{R2}^4}{\nu_2} + ... + \frac{u_{Ri}^4}{\nu_i} \quad (6.9)$$

sendo:

- u_{RC} é a incerteza relativa combinada da grandeza cujo grau de liberdade efetivo se deseja determinar.
- u_{R1}, u_{R2}, u_{R3}, ..., u_{Ri}, u_1, u_2, ..., u_i são as incertezas relativas padrão de cada uma das *i* fontes de incertez a (incertezas do tipo A e B).
- ν_1, ν_2, ν_3,..., ν_i são os números de graus de liberdade de cada uma das *i* fontes de incerteza;
- ν_{ef} é o número de graus de liberdade efetivos associados à incerteza-padrão combinada.

EXERCÍCIO RESOLVIDO 6.6

Uma barra cilíndrica de metal tem diâmetro d = (2,50 ± 0,01) cm para k = 2,37 e 95,45 %; comprimento L = (30,48 ± 0,01) cm para k = 2,28 e 95,45 %; e massa M = (1158,0 ± 0,1) g para k = 2,23 e 95,45 %. Considerando que o volume de um cilindro é calculado pela equação $V = \frac{\pi d^2 L}{4}$, determine:

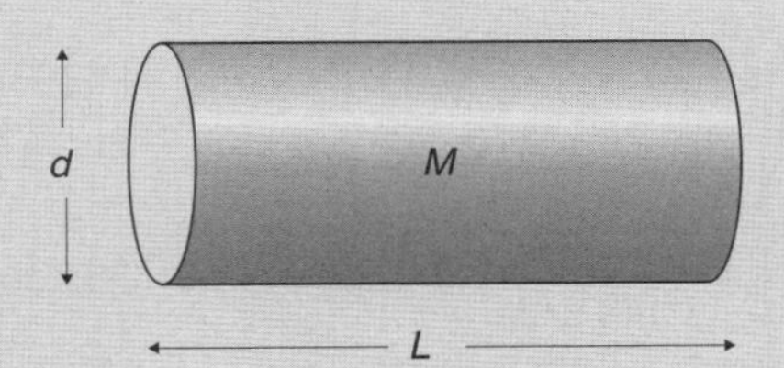

Figura 6.2 Exercício Resolvido 6.6.

a) A densidade da barra metálica.
b) A incerteza padronizada da densidade da barra cilíndrica.
c) O fator de abrangência para 95,45 % de confiabilidade metrológica.
d) A incerteza expandida da densidade da barra metálica para 95,45 % de confiabilidade metrológica.

SOLUÇÃO:

a) A densidade da barra de metal é dada pela expressão:

$$\rho = \frac{M}{V}$$

$$\rho = \frac{M}{\frac{\pi d^2 L}{4}}$$

$$\rho = \frac{4M}{\pi d^2 L}$$

$$\rho = \frac{4 \times 1158}{3{,}1416 \times 2{,}50^2 \times 30{,}48}$$

$$\rho = 7{,}739674$$

$$\rho = 7{,}74\ \text{g/cm}^3$$

b) Para calcular a incerteza padronizada da densidade da barra cilíndrica, devemos aplicar a Equação (6.3), uma vez que as variáveis são independentes.

$$u_\rho^2 = \left(\frac{\partial \rho}{\partial M}\right)^2 \cdot u_M^2 + \left(\frac{\partial \rho}{\partial d}\right)^2 \cdot u_d^2 + \left(\frac{\partial \rho}{\partial L}\right)^2 \cdot u_L^2$$

As derivadas parciais em relação às variáveis M, d e L.

$$\frac{\partial \rho}{\partial M} = \frac{4}{\pi d^2 L} = \frac{4}{3{,}1416 \cdot 2{,}50^2 \cdot 30{,}48} = 0{,}0066836565\ /\text{cm}^3$$

$$\frac{\partial \rho}{\partial d} = \frac{-8M}{\pi d^3 L} = \frac{-8 \cdot 1158}{3{,}1416 \cdot 2{,}50^3 \cdot 30{,}48} = -6{,}191739402\ \text{g/cm}^4$$

$$\frac{\partial \rho}{\partial L} = \frac{-4M}{\pi d^2 L^2} = \frac{-4 \cdot 1158}{3{,}1416 \cdot 2{,}50^2 \cdot 30{,}48^2} = -0{,}25392632\ \text{g/cm}^4$$

A incerteza padronizada da densidade será:

$$u_\rho^2 = 0{,}0066836565^2 \cdot \left(\frac{0{,}1}{2{,}23}\right)^2 + (-6{,}191739402)^2 \cdot \left(\frac{0{,}01}{2{,}37}\right)^2 + (-0{,}25392632)^2 \cdot \left(\frac{0{,}01}{2{,}28}\right)^2$$

$$u_\rho^2 = 8{,}982939035 \times 10^{-8} + 6{,}825408468 \times 10^{-4} + 1{,}240354263 \times 10^{-6}$$

$$u_\rho^2 = 6{,}838710305 \times 10^{-4}$$

$$u_\rho = 0{,}0261509\ \text{g/cm}^3$$

c) Para calcular o fator de abrangência, antes devemos determinar o grau de liberdade efetivo usando a Equação (6.5) e consultar a tabela de *t*-Student.

$$\frac{u_{RC}^4}{\nu_{\text{ef}}} = \frac{u_{R1}^4}{\nu_1} + \frac{u_{R2}^4}{\nu_2} + \ldots + \frac{u_{Ri}^4}{\nu_i}$$

$$\frac{\left(\frac{u_\rho}{\rho}\right)^4}{v_{ef}} = \frac{\left(\frac{u_M}{M}\right)^4}{v_M} + \frac{\left(\frac{u_d}{d}\right)^4}{v_d} + \frac{\left(\frac{u_L}{L}\right)^4}{v_L}$$

$$\frac{\left(\frac{0{,}0261509}{7{,}74}\right)^4}{v_{ef}} = \frac{\left(\frac{0{,}1/2{,}23}{1158}\right)^4}{12} + \frac{\left(\frac{0{,}01/2{,}37}{2{,}50}\right)^4}{8} + \frac{\left(\frac{0{,}01/2{,}28}{30{,}48}\right)^4}{10}$$

$$\frac{1{,}30311494\times10^{-10}}{v_{ef}} = \frac{2{,}248776583\times10^{-18}}{12} + \frac{8{,}114216315\times10^{-12}}{8} + \frac{4{,}287466713\times10^{-16}}{10}$$

$$\frac{1{,}30311494\times10^{-10}}{v_{ef}} = 1{,}014320101\times10^{-12}$$

$$v_{ef} = 128{,}4717$$

$$v_{ef} = 128$$

Consultando a tabela *t*-Student, temos para $v_{ef} = 128$; $k = 2{,}02$.

d) A incerteza expandida será:

$$U_\rho = 0{,}0261509 \times 2{,}02$$

$$U_\rho = 0{,}052824818 \text{ g/cm}^3$$

Devemos arredondá-la para, no máximo, dois algarismos significativos, e compatibilizar com o número de casas decimais do valor da densidade.

$$U_\rho = 0{,}05 \text{ g/cm}^3$$

Como resultado final, temos:

$$\rho = (7{,}74 \pm 0{,}05) \text{ g/cm}^3$$

Para $k = 2{,}02$ e 95,45 % de confiabilidade metrológica.

6.5 Coeficiente de sensibilidade

Considerando uma função qualquer $W(a, b, c, ...)$, na qual a, b, c ... são suas variáveis, como descrito na Seção 6.1, temos a Equação (6.3) a seguir. Essa equação descreve a propagação de incertezas de uma função W.

$$u_W^2 = \left(\frac{\partial W}{\partial a}\right)^2 \cdot u_a^2 + \left(\frac{\partial W}{\partial b}\right)^2 \cdot u_b^2 + \left(\frac{\partial W}{\partial c}\right)^2 \cdot u_c^2 + ...$$

As derivadas parciais ... $\left(\frac{\partial W}{\partial a}\right)\left(\frac{\partial W}{\partial c}\right)\left(\frac{\partial W}{\partial b}\right)$ descrevem a variação da função *W* em relação a cada variável *a, b, c* ... Na metrologia, essas derivadas são denominadas ***coeficiente de sensibilidade*** **(C.S.)** e descrevem como cada estimativa de entrada *a, b, c* ... influencia o valor de saída *W*.

IMPORTANTE

Na metrologia, o coeficiente de sensibilidade (C.S.) é uma derivada parcial que descreve como cada estimativa de entrada *a, b, c* ... influencia o valor de saída *W*.

Experimentalmente, se todas as variáveis se mantiverem constantes e apenas uma, por exemplo, a variável ***a***, mudar, verifica-se como se dará a variação da variável *W*. No Exercício Resolvido 6.6, constatamos que o método da derivada parcial permite determinar o coeficiente de sensibilidade da função em relação a cada uma das variáveis. O coeficiente de sensibilidade,

$$\frac{\partial \rho}{\partial M}=\frac{4}{\pi d^2 L}$$

indica a variação da densidade do cilindro em função da variação de sua massa (*M*).

O mesmo ocorre com a expressão,

$$\frac{\partial \rho}{\partial d}=\frac{-8M}{\pi d^3 L}$$

que indica a mudança da densidade do cilindro mediante a variação de seu diâmetro (*d*).

E a expressão

$$\frac{\partial \rho}{\partial L}=\frac{-4M}{\pi d^2 L^2}$$

indica a variação da densidade do cilindro em função da variação de seu comprimento (*L*).

O conhecimento do coeficiente de sensibilidade é importante para saber quanto uma variável influencia o resultado final de uma medição indireta, minimizando sua influência e, assim, sua incerteza de medição.

No Exercício Resolvido 6.6, vimos que o maior coeficiente de sensibilidade (em módulo) das três variáveis do cilindro em questão – diâmetro (*d*), massa (*M*) e comprimento (*L*) – é o coeficiente de sensibilidade da densidade do cilindro em relação ao seu diâmetro:

$$\frac{\partial \rho}{\partial M}=\frac{4}{\pi d^2 L}=\frac{4}{3{,}1416\cdot 2{,}50^2\cdot 30{,}48}=0{,}0066836565\ /\text{cm}^3$$

$$\frac{\partial \rho}{\partial d}=\frac{-8M}{\pi d^3 L}=\frac{-8\cdot 1158}{3{,}1416\cdot 2{,}50^3\cdot 30{,}48}=-6{,}191739402\ \text{g/cm}^4$$

$$\frac{\partial \rho}{\partial L} = \frac{-4M}{\pi d^2 L^2} = \frac{-4 \cdot 1158}{3{,}1416 \cdot 2{,}50^2 \cdot 30{,}48^2} = -0{,}25392632 \text{ g/cm}^4$$

Esse fato indica que devemos ter maior preocupação com a incerteza de medição do diâmetro do cilindro (maior valor, em módulo, do C.S.), se desejarmos minimizar sua influência no resultado final da densidade do cilindro.

6.5.1 Coeficiente de sensibilidade transformando incertezas

O coeficiente de sensibilidade também é útil quando desejamos transformar uma incerteza de medição que se apresenta em uma grandeza para outra grandeza. Esse caso é muito comum quando queremos medir uma grandeza e o instrumento de medição utilizado nos fornece um sinal em outra grandeza. Podemos citar como exemplos os transdutores de pressão e de temperatura, entre outros.

Tomemos como exemplo o termômetro de resistência de platina Pt-100, muito utilizado tanto na indústria como nos laboratórios de termometria, por possuir baixa incerteza e boa exatidão. Ele mede a temperatura por meio da variação de sua resistência de platina, que, a zero grau Celsius, possui valor próximo de 100 ohms.

A relação resistência × temperatura para valores positivos de temperatura é dada pela equação:

$$R(t) = R(0)\left(1 + At + Bt^2\right) \quad (6.10)$$

em que $R(t)$ é o valor da resistência na temperatura desejada t e $R(0)$ é o valor da resistência da platina a 0 °C.

A e B são os coeficientes do Pt-100, com valores típicos para um termômetro de resistência de platina industrial como:

$A = 3{,}9083 \times 10^{-3}$/°C $\qquad B = -5{,}775 \times 10^{-7}$/°C^2

Vamos considerar que utilizaremos um multímetro de incerteza de medição de 0,003 Ω para realizar a leitura da resistência $R(t)$.

Como iremos transformar essa incerteza de medição, que está na grandeza resistência elétrica, unidade Ω, para a grandeza temperatura, unidade °C?

Para solucionar esse problema, vamos determinar o coeficiente de sensibilidade do Pt-100, a fim de obter a relação existente entre a grandeza resistência elétrica e a grandeza temperatura.

Vejamos:

O coeficiente de sensibilidade do Pt-100 é fornecido derivando a equação $R(t) = R(0)(1 + At + Bt^2)$ em função de t, logo:

$$C.S. = \frac{\partial R(t)}{\partial t} = R(0)\left(A + 2Bt\right)$$

Para cada valor de temperatura, teremos um valor do C.S. Veja a Tabela 6.2 a seguir.

Tabela 6.2 Coeficiente de sensibilidade do Pt-100 em função de sua temperatura

Temperatura (°C)	(Ω/°C)
0	0,390830
10	0,389675
20	0,388520
30	0,387365
40	0,386210
50	0,385055
60	0,383900
70	0,382745
80	0,381590
90	0,380435
100	0,379280

Para a confecção dessa tabela, utilizamos os valores das constantes A e B tabelados e $R(0)$ igual a 100 Ω.

Conheça um pouco mais...

Termômetro de resistência de platina

Esse termômetro funciona com base na variação da resistência ôhmica em função da temperatura. Comumente, o elemento sensor é feito de platina com alto grau de pureza e encapsulado em bulbos de cerâmica ou vidro (Figura 6.3).

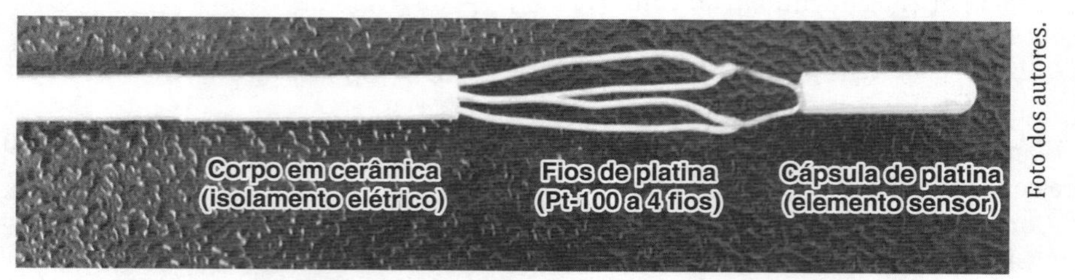

Figura 6.3 Termômetro de resistência de platina a quatro fios.

Existem inúmeros tipos de termômetros de resistência, desde o termômetro padrão até os termômetros industriais, mais robustos, que podem ter incertezas na casa do décimo do grau. Os tipos de termorresistência de platina mais comuns são os que apresentam uma resistência de 25 ohms, 100 ohms, 500 ohms ou 1000 ohms no ponto de gelo (0 °C).

Conforme o tipo de instrumento e a exatidão desejada na medição, é utilizada uma conexão do bulbo de resistência com dois, três ou quatro fios. Os termômetros a quatro fios são os mais exatos e chamados **semipadrão**. O Pt-25 é considerado **padrão**, sendo o mais exato e com incerteza da ordem de 0,001 Ω.

Suas principais características construtivas são:
- O elemento sensor é feito com platina com pureza melhor do que 99,999 %.
- Grande estabilidade do termômetro e exatidão das medições, com valores de incertezas da ordem de (0,0006 a 0,01) °C.

6.6 Exercícios Propostos

6.6.1 A massa específica de uma esfera é dada pela expressão:

$$\rho = \frac{M}{V} = \frac{6M}{\pi D^3}$$

Considerando a massa da esfera M = (1000 ± 1) g e o diâmetro D = (8,000 ± 0,002) cm, ambas as medições com k = 2,00 e 95,45 %, determine a massa específica e sua incerteza de medição, usando:

a) O cálculo da incerteza pelo método das derivadas parciais.

b) O cálculo da incerteza usando o método das incertezas relativas.

6.6.2 Considere um quadrado de lado L e área $A = L^2$. A incerteza da área A foi calculada de duas formas:

- Forma 1

$$u_A = \sqrt{\left(\frac{\partial A}{\partial L}\right)^2 u^2(L)} \infty$$

$$u_A = 2L \cdot u(L)$$

- Forma 2

$$u_A = \sqrt{2L^2 u^2(L)}$$

$$u_A = \sqrt{2}\, Lu(L)$$

Considere agora que o quadrado tenha um lado L_1, outro L_2, e que $L_1 = L_2 = L$. Assim, a área $A = L_1 \cdot L_2$

A incerteza da área A pode ser calculada por:

$$u_A = \sqrt{\left(\frac{\partial A}{\partial L_1}\right)^2 u^2(L_1) + \left(\frac{\partial A}{\partial L_2}\right)^2 u^2(L_2)}$$

$$u_A = \sqrt{L_2^2 u^2(L_1) + L_1^2 u^2(L_2)}$$

$$\text{mas se } L_1 = L_2 = L \Rightarrow u(L_1) = u(L_2) = u(L)$$

Por que o resultado da forma 1 é diferente do resultado da forma 2? Onde está o erro na resolução do problema?

6.6.3 Uma fábrica de rolamentos testa a uniformidade do diâmetro das esferas, pesando-as. A incerteza percentual da massa é de 1,00 %. Se todas as esferas têm a mesma massa específica (ρ) com incerteza relativa igual a 1,20 %, qual é a incerteza no diâmetro de uma esfera de 1,000 cm?

6.6.4 A espessura de um livro de 200 páginas é (3,0 ± 0,1) cm. Determine:

a) A incerteza absoluta da espessura do livro.
b) A incerteza relativa da espessura do livro.
c) A incerteza percentual da espessura do livro.
d) A espessura de uma única folha do livro.
e) A incerteza percentual do item (d).

6.6.5 Um bloco retangular de madeira tem comprimento L = (10,0 ± 0,1) cm, largura W = (5,0 ± 0,1) cm, altura H = (2,0 ± 0,1) cm e massa M = (50,0 ± 0,1) g. Todas as incertezas são declaradas com k = 2,00 e 95,45 % de confiabilidade metrológica. Determine:

a) A massa específica do bloco retangular de madeira.
b) A incerteza da massa específica bloco retangular de madeira com todas as fontes de incerteza levadas em consideração.
c) A incerteza da massa específica bloco retangular de madeira negligenciando todas as fontes de incerteza, menos a de maior incerteza relativa.
d) Compare os resultados dos itens (b) e (c) e declare suas conclusões.

6.6.6 O volume de uma esfera é determinado pela expressão:

$$V = \frac{\pi d^3}{6}$$

Considerando seu diâmetro como d = (1,00 ± 0,01) cm, com k = 2,00 e 95,45 % de confiabilidade metrológica, determine:

a) O seu volume.
b) A incerteza percentual de d.
c) A incerteza do volume pelo método da derivada.
d) A incerteza do volume pelo método das incertezas relativas.

6.6.7 A frequência de um circuito é determinada pela expressão:

$$f = \frac{1}{2\pi\sqrt{LC}}$$

em que L é a sua indutância e C sua capacitância. Se a incerteza percentual de L é conhecida a 5 % e a incerteza percentual de C a 20 %, determine o valor da incerteza percentual da frequência f.

6.6.8 A queda livre de um corpo obedece à equação:

$$y = \frac{gt^2}{2}$$

em que g é a aceleração da gravidade local e y a altura da queda.

Se $y = (1{,}000 \pm 0{,}001)$ m para $k = 2{,}43$ e 95,45 % de confiabilidade metrológica e $t = (0{,}45 \pm 0{,}01)$ s para $k = 2{,}23$ e 95,45 % de confiabilidade metrológica, calcule:

a) A incerteza relativa em y.

b) A incerteza relativa em t.

c) O valor de g.

d) A incerteza de medição da gravidade g para 95,45 % de confiabilidade metrológica.

e) Você poderia negligenciar alguma fonte de incerteza ou uma análise de incerteza completa foi necessária?

6.6.9 Sabendo-se que a potência elétrica dissipada por um resistor pode ser calculada pelas seguintes expressões.

a) $P = V \cdot I$

b) $P = R \cdot I^2$

c) $P = \dfrac{V^2}{R}$

Avalie qual é a melhor maneira de medir a potência P sobre o resistor R, ou seja, aquela que apresenta a menor incerteza de medição.

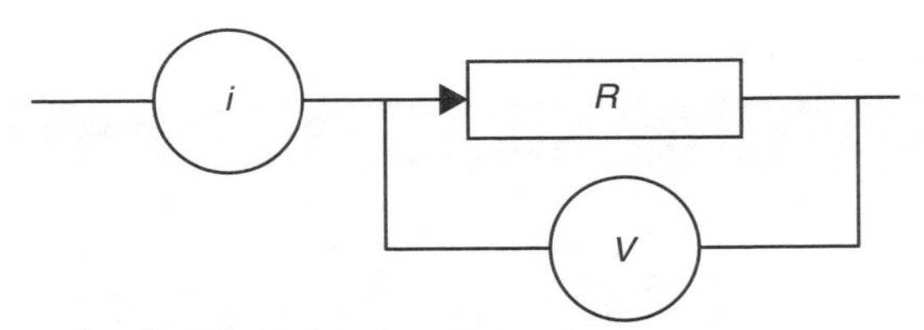

Figura 6.4 Circuito simples do Exercício 6.6.9.

Dados:
$R = (10{,}0 \pm 0{,}1)\ \Omega$, $k = 2{,}43$ e 95,45 % de confiabilidade metrológica.
$I = (10{,}0 \pm 0{,}1)$ A, $k = 2{,}23$ e 95,45 % de confiabilidade metrológica.
$V = (100 \pm 1)$ V, $k = 2{,}21$ e 95,45% de confiabilidade metrológica.

6.6.10 Um químico realizou a medição da massa (M_4) de um produto utilizando a seguinte balança de pratos:

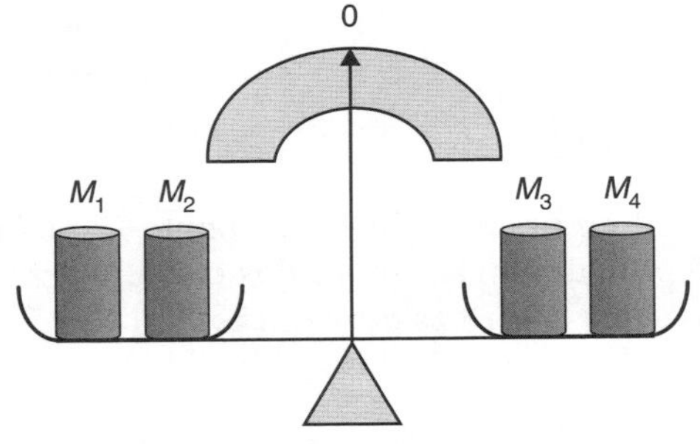

Figura 6.5 Balança do Exercício 6.6.10.

$$M_1 = (128{,}0 \pm 0{,}2)\ \text{g}$$
$$M_2 = (56{,}4 \pm 0{,}4)\ \text{g}$$
$$M_3 = (39{,}7 \pm 0{,}7)\ \text{g}$$

Considerando a balança em equilíbrio e as incertezas declaradas para $k = 2{,}00$ e 95,45 % de confiabilidade metrológica, calcule o valor da massa M_4 e sua incerteza de medição.

6.6.11 Para calcular o consumo (km/L) de um automóvel em uma viagem, encheu-se o tanque do automóvel e zerou-se o odômetro. Em determinado trecho do percurso, o automóvel foi reabastecido com (38,0 ± 0,2) L de gasolina, enchendo seu tanque completamente. Chegando ao destino final, o automóvel foi novamente reabastecido com (42,8 ± 0,1) L, completando novamente seu tanque. A distância total percorrida indicada pelo odômetro foi de (834,5 ± 2,5) km. Qual foi o consumo de combustível por km/L e a sua incerteza de medição? Adote $k = 2{,}00$ e 95,45 % de confiabilidade metrológica para as incertezas declaradas.

6.6.12 Possuímos um conjunto de blocos-padrão com as seguintes características:

Tabela 6.3 Dados do Exercício 6.6.12

Quantidade de peças	Composição das peças
112	1 bloco: 1,0005 mm 9 blocos: (1,001 a 1,009) mm (passo de 0,001 mm) 49 blocos: (1,01 a 1,49) mm (passo de 0,01 mm) 49 blocos: (0,5 a 24,5) mm (passo de 0,5 mm) 4 blocos: (25 a 100) mm (passo de 25 mm)

Vamos considerar a incerteza para os blocos conforme a tabela a seguir. Todas com $k = 2{,}00$ e 95,45 % de confiabilidade metrológica:

Tabela 6.4 Incertezas do bloco-padrão do Exercício 6.6.12

Tamanho do bloco (mm)	Incerteza (μm)
≤ 10	0,20
> 10 e ≤ 25	0,30
> 25 e ≤ 50	0,40
> 50 e ≤ 75	0,50
> 75 e ≤ 100	0,60

Precisamos calibrar um micrômetro no ponto 72,467 mm.

a) Quais blocos devem ser utilizados como padrão nesta calibração de modo a obter a menor incerteza de medição?

b) Qual é o valor desta incerteza?

6.6.13 O valor de um resistor padrão com valor nominal de 100 Ω foi medido, verificando a voltagem (V) e a corrente elétrica (i) que passava por ele. Nessa medição foram usados um voltímetro e um amperímetro calibrados. Os resultados da sequência de medições da voltagem e corrente são descritos a seguir, assim como o modelo matemático que define o mensurando e as informações relativas aos equipamentos utilizados na medição do resistor.

Tabela 6.5 Valores das medições do Exercício 6.6.13

Medição	Voltagem (V)	Corrente elétrica (A)
1	199,9	1,99
2	200,2	2,02
3	200,1	1,98
4	199,9	1,99
5	199,9	1,99
6	200,0	2,00
7	200,0	2,00
8	199,9	1,99
9	200,0	1,99

Modelo matemático que define o mensurando (R)

$$\overline{R} = \frac{\overline{V}}{\overline{i}}$$

em que $\overline{V}$ é a voltagem média e $\overline{i}$ é a corrente elétrica média.

Características metrológicas do voltímetro e do amperímetro utilizado na medição.

Tabela 6.6 Dados do certificado de calibração do Exercício 6.6.13

Voltímetro		Amperímetro	
Tendência (V)	+0,1	Tendência (A)	−0,04
Incerteza (V) (k = 2,00 e 95,45 %)	0,2	Incerteza (A) (k = 2,00 e 95,45 %)	0,02

Com base nessas informações, responda o que se pede:

a) O valor do resistor.
b) A tendência do resistor.
c) A correção do valor do resistor.
d) O erro relativo do resistor.
e) O coeficiente de sensibilidade do resistor em relação a V e i.
f) A incerteza de medição combinada do resistor.
g) O grau de liberdade efetivo da medição do resistor.
h) O fator de abrangência.
i) A sua incerteza expandida.

Capítulo 7

APRESENTAÇÃO DO CAPÍTULO

CALIBRAÇÃO INDUSTRIAL

O resultado de uma calibração é a relação entre as leituras de um instrumento de medição, ou sistema de medição, e os valores indicados pelo padrão. É possível que este instrumento de medição, também chamado **objeto da calibração**, uma vez calibrado, possa ser usado como padrão para calibrar outros instrumentos de medição.

Os laboratórios que realizam calibração podem pertencer ou não à Rede Brasileira de Calibração (RBC). Os laboratórios pertencentes à Rede são acreditados e auditados pelo Inmetro; os laboratórios que não integram a RBC também podem efetuar calibrações, desde que usem padrões rastreáveis pela RBC. Para tanto, é necessário que seus padrões sejam calibrados por laboratórios pertencentes à Rede Brasileira de Calibração.

Neste capítulo, vamos recordar alguns conceitos e abordar outros, tais como calibração, padrão de medição, rastreabilidade, tolerância, verificação e os principais aspectos que envolvem esse tema, bem como realizar exercícios de calibração de alguns instrumentos de medição.

7.1 Conceito de calibração

De acordo com o Vocabulário Internacional de Metrologia (VIM, 2012) [1], calibração difere de ajuste e de verificação. Veja a definição:

> Operação que estabelece, sob condições especificadas, numa primeira etapa, uma relação entre os **valores** e as **incertezas de medição** fornecida por **padrões** e as **indicações** correspondentes com as incertezas associadas; numa segunda etapa, utiliza esta informação para estabelecer uma relação visando a obtenção de um **resultado de medição** a partir de uma indicação. [1]
> NOTA 1: Uma calibração pode ser expressa por meio de uma declaração, uma função de calibração, um **diagrama de calibração**, uma **curva de calibração** ou uma tabela de calibração. Em alguns casos, pode consistir de uma **correção** aditiva ou multiplicativa da indicação com uma incerteza de medição associada.
> NOTA 2: Convém não confundir a calibração com o **ajuste de um sistema de medição**, frequentemente denominado de maneira imprópria "autocalibração", nem com a **verificação** da calibração.
> NOTA 3: Frequentemente, apenas a primeira etapa na definição acima é entendida como calibração.

Observe que, segundo o VIM (2012), calibrar é o ato de confrontar o comportamento metrológico de um instrumento de medição com um padrão de referência, que pode ser um instrumento de medição padrão, um sistema de medição padrão, uma medida materializada ou um material de referência certificado (MRC).

O senso comum considera calibrar como consertar um equipamento. Por este motivo, muitos profissionais entendem, erroneamente, que não seja necessário calibrar um equipamento novo, recém-comprado, por pensar que ele está em perfeito estado de uso. O equipamento pode estar em perfeito estado, mas não sabemos suas características metrológicas, tais como seu erro de medição, sua incerteza de medição, sua tendência instrumental, sua histerese, entre outras.

Não devemos usar o termo aferição quando nos referirmos à calibração. Com a padronização da metrologia e suas normas, o termo aferição – sem equivalente no resto do mundo – passou a ser desconsiderado. Na verdade, o termo aferição está em desuso, não mais constando no Vocabulário Internacional de Metrologia, e, portanto, não deve ser empregado. Quando se falava em aferição, o usuário se referia à verificação, termo que consta no VIM e que iremos abordar a seguir.

IMPORTANTE

O termo aferição – que não possui equivalente no resto do mundo – passou a ser desconsiderado com a padronização da metrologia e suas normas, e não se encontra no Vocabulário Internacional de Metrologia.

7.2 Calibração × verificação

A verificação é definida pelo VIM (2012) como: "Fornecimento de evidência objetiva de que um dado item satisfaz requisitos especificados".

Os requisitos especificados podem ser:

- as especificações de um fabricante;
- a histerese de um instrumento de medição;
- a linearidade de instrumento de medição;
- o erro de medição de um instrumento em comparação à sua especificação ou norma.

Erro máximo admissível para termômetro de resistência

O erro máximo admissível para um termômetro de resistência Classes A e B, segundo a norma DIN-IEC 751/85, vale:

$$\text{Classe B: } (0{,}30 + 0{,}005t)\ °\text{C}$$

$$\text{Classe A: } (0{,}15 + 0{,}002t)\ °\text{C}$$

em que t é o valor da temperatura de medição.

Erro máximo admissível para medida materializada

O erro máximo admissível para uma medida materializada, por exemplo, uma massa padrão, em função de sua classe, conforme a Portaria Inmetro nº 233, de 22 de dezembro de 1994, é apresentado na Tabela 7.1.

Tabela 7.1 Erro máximo admissível para massas-padrão em mg

Valor nominal	Classe E_1	Classe E_2	Classe F_1	Classe F_2	Classe M_1	Classe M_2	Classe M_3
50 kg	25	75	250	750	2500	7500	25000
20 kg	10	30	100	300	1000	3000	10000
10 kg	5	15	50	150	500	1500	5000
5 kg	25	75	25	75	250	750	2500
2 kg	1,0	3,0	10	30	100	300	1000
1 kg	0,5	1,5	5	15	50	150	500
500 g	0,25	0,75	2,5	7,5	25	75	250

(Continua)

Tabela 7.1 Erro máximo admissível para massas-padrão em mg (*continuação*)

Valor nominal	Classe E_1	Classe E_2	Classe F_1	Classe F_2	Classe M_1	Classe M_2	Classe M_3
200 g	0,10	0,30	1,0	3,0	10	30	100
100 g	0,05	0,15	0,5	1,5	5	15	50
50 g	0,030	0,10	0,30	1,0	3,0	10	30
20 g	0,025	0,080	0,25	0,8	2,5	8	25
10 g	0,020	0,060	0,20	0,6	2	6	20
5 g	0,015	0,050	0,15	0,5	1,5	5	15
2 g	0,012	0,040	0,12	0,4	1,2	4	12
1 g	0,010	0,030	0,10	0,3	1,0	3	10
500 mg	0,008	0,025	0,08	0,25	0,8	2,5	-
200 mg	0,006	0,020	0,06	0,20	0,6	2,0	-
100 mg	0,005	0,015	0,05	0,15	0,5	1,5	-
50 mg	0,004	0,012	0,04	0,12	0,4	-	-
20 mg	0,003	0,010	0,03	0,10	0,3	-	-
10 mg	0,002	0,008	0,025	0,08	0,25	-	-
5 mg	0,002	0,006	0,020	0,06	0,20	-	-
2 mg	0,002	0,006	0,020	0,06	0,20	-	-
1 mg	0,002	0,006	0,020	0,06	0,20	-	-

ATENÇÃO!

Não confunda verificação com calibração. Na calibração, obrigatoriamente, devemos determinar a incerteza de medição do objeto em calibração. Na verificação, isso não é necessário. Uma calibração pode abranger uma verificação, mas o contrário não é verdadeiro. Nesse sentido, uma calibração torna-se um procedimento mais complexo do que uma verificação.

7.3 Padrão de medição

Segundo o VIM (2012), **padrão de medição** é definido como:

> Realização da definição de uma dada grandeza, com um valor determinado e uma incerteza de medição associada, utilizada como referência.
>
> EXEMPLO 1: Padrão de medição de massa de 1 kg com uma incerteza-padrão associada de 3 μg.
>
> EXEMPLO 2: Resistor-padrão de 100 Ω com uma incerteza-padrão associada de 1 μΩ.
>
> EXEMPLO 3: Padrão de medição de frequência de césio com uma incerteza-padrão relativa associada de 2×10^{-15}.

EXEMPLO 4: Solução-tampão de referência com um pH de 7,072 e uma incerteza-padrão associada de 0,006.

EXEMPLO 5: Conjunto de soluções de referência de cortisol no soro humano, para o qual cada solução tem um valor certificado com uma incerteza de medição.

EXEMPLO 6: Material de referência que fornece valores com incertezas de medição associadas para a concentração em massa de dez proteínas diferentes.

Um padrão de medição apresenta-se como um sistema de medição, uma medida materializada ou um material de referência certificado (MRC). Independentemente da forma como se apresentam, os padrões de medição possuem uma incerteza de medição frequentemente pequena, onerando pouco, ou quase nada, a incerteza final após um processo de calibração. Sua incerteza de medição deve ser combinada com as demais incertezas de medição envolvidas no processo de calibração.

Um padrão de medição serve de referência para a calibração de outros padrões hierarquicamente inferiores, do ponto de vista de sua exatidão e incerteza de medição.

A Figura 7.1 apresenta os diversos tipos de padrão de medição, no sentido decrescente da sua hierarquia metrológica.

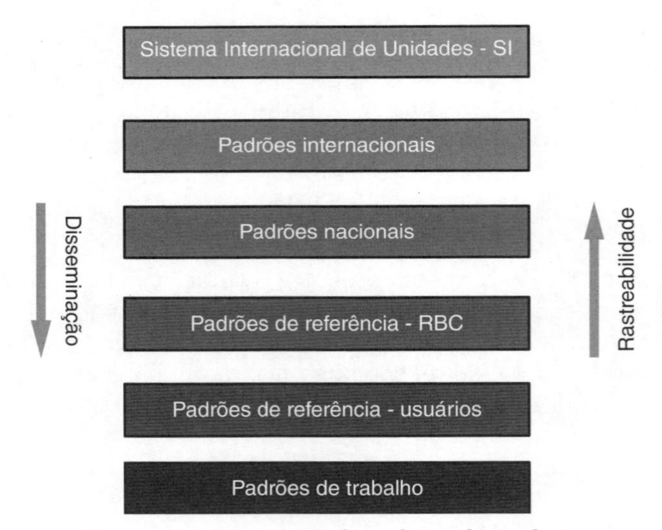

Figura 7.1 Hierarquia de padrões de medição.

7.3.1 Padrão de medição internacional

O VIM (2012) define **padrão de medição internacional** como: "Padrão de medição reconhecido pelos signatários de um acordo internacional, tendo como propósito a sua utilização mundial".

Portanto, representam as unidades de medição das várias grandezas, com a maior precisão e exatidão possíveis, obtidas pelo uso de técnicas avançadas de produção e medição e que não estão disponíveis para o usuário comum.

Conheça um pouco mais...

O kilograma padrão

O rei Luís XVI da França convocou um grupo de sábios para elaborar um novo sistema de medição, estabelecendo as bases para o "sistema métrico decimal", que evoluiu para o SI moderno. A ideia original da comissão do rei (que incluía notáveis, como Lavoisier) era criar uma unidade de massa que seria conhecida como "grave". Por definição, ela seria a massa de um litro de água no ponto de gelo (isto é, essencialmente, 1 kg). A definição deveria ser incorporada em um protótipo padrão de massa.

Tendo em vista que as massas sendo medidas naquele tempo eram muito menores do que o kilo, eles decidiram que a unidade de massa seria o "grama". No entanto, uma vez que um padrão de um grama é difícil de usar, bem como de manusear (muito pequeno), a nova definição deveria ser incorporada em um protótipo de um kilograma.

A decisão do governo republicano provavelmente teve motivação política, afinal, essas mesmas pessoas condenaram Lavoisier à guilhotina. De qualquer forma, resta lamentar que uma unidade de base tenha um "prefixo" no nome.

O protótipo do kilograma é conservado no BIPM desde 1889, quando foi sancionado pela Primeira Conferência Geral de Pesos e Medidas (CGPM). Ele é de forma cilíndrica, com diâmetro e altura de cerca de 39 mm, e feito de uma liga de 90 % de platina e 10 % de irídio.

Em novembro de 2018, na Conferência Geral sobre Pesos e Medidas (CGPM), houve a maior revisão do Sistema Internacional de Unidades (SI) desde a sua criação, em 1960. Nessa Conferência foram redefinidas quatro unidades de medida básicas: kilograma, ampere, kelvin e mol.

O objetivo da mudança foi relacionar essas unidades a constantes fundamentais, e não arbitrárias, como tem sido até agora.

7.3.2 Padrão de medição nacional

O VIM (2012) define **padrão de medição nacional** como: "Padrão de medição reconhecido por uma entidade nacional para servir dentro de um Estado ou economia, como base para atribuir valores a outros padrões de medição de grandezas de mesma natureza".

Portanto, são os dispositivos mantidos pelas organizações e pelos laboratórios nacionais das diferentes partes do mundo. Eles representam as quantidades fundamentais e derivadas, e são calibrados de modo independente por meio de medições absolutas. O Inmetro é o responsável pela manutenção dos padrões nacionais no Brasil, tanto para os existentes em seus laboratórios próprios quanto para os encontrados nos laboratórios por ele designados.

7.3.3 Padrão de medição de referência

O VIM (2012) define **padrão de medição de referência** como: "Padrão de medição estabelecido para a calibração de outros padrões de grandezas da mesma natureza numa dada organização ou num dado local".

Esses padrões não devem ser empregados para o trabalho diário das medições e, preferencialmente, têm que ser mantidos em condições específicas de temperatura e umidade. São utilizados para a calibração ou verificação dos padrões de trabalho.

7.3.4 Padrão de medição de trabalho

A definição de **padrão de medição de trabalho** apresentada pelo VIM (2012) é a seguinte: "Padrão de medição que é utilizado rotineiramente para calibrar ou controlar instrumentos de medição ou sistemas de medição".

Os padrões de medição de trabalho normalmente são calibrados em relação aos padrões de medição de referência dos laboratórios de calibração, pertencentes ou não à RBC. Quando usamos um padrão de medição de trabalho para realizarmos uma verificação, ele é comumente chamado **padrão de verificação** ou **padrão de controle**.

7.4 Material de referência certificado (MRC)

A definição de **material de referência certificado**, segundo o VIM (2012), é:

> Material de referência acompanhado de uma documentação emitida por uma entidade reconhecida, a qual fornece um ou mais valores de propriedades especificadas com as incertezas e as rastreabilidades associadas, utilizando procedimentos válidos.
>
> EXEMPLO: Soro humano com valor atribuído para a concentração de colesterol e incerteza de medição associada, indicados num certificado, e que servem como padrão numa calibração ou como material de controle da veracidade de medição.

Os procedimentos relativos à produção e à certificação dos materiais de referência certificados são encontrados na ABNT NBR ISO 17034:2017 e na ABNT ISO GUIA 35:2012. Um material de referência pode ser uma substância pura ou uma mistura, na forma de gás, líquido ou sólido. Exemplos de materiais de referência são a água usada na calibração de viscosímetros, a safira empregada na calibração da capacidade calorífica em calorimetria e as soluções utilizadas nas análises químicas.

Um Material de Referência Certificado é sempre acompanhado por um certificado de análise, com um ou mais valores de uma propriedade ou característica física. Esses materiais são certificados por procedimentos que estabelecem a rastreabilidade para a obtenção exata da unidade na qual os valores da propriedade são expressos. Cada valor certificado é acompanhado por uma incerteza para um nível de confiança estabelecido.

+ NO SITE

Acesse o *site* e veja a tabela de material de referência elaborada pelo Inmetro.
<http://www.inmetro.gov.br/metcientifica/formularios/form_mrc.asp>

7.5 Seleção do padrão de medição

Para que o valor de um padrão de medição, ou sistema de medição padrão, seja aceito como um valor de referência é preciso que sua exatidão e incerteza de medição sejam menores do que as do sistema de medição a ser calibrado. Portanto, é de se imaginar que quanto menor for sua incerteza de medição, tecnicamente melhor será o padrão, mas mais caro também.

Devemos sempre buscar um equilíbrio técnico e econômico, tendo em mente que a incerteza final (U_F) será a combinação da incerteza do sistema de medição a calibrar (U_{SMC}) com a incerteza do sistema de medição padrão (U_{SMP}), ou seja:

$$U_F = \sqrt{U_{SMC}^2 + U_{SMP}^2} \tag{7.1}$$

Quanto menor for a incerteza do SMP em relação ao SMC, menor será sua influência no resultado final. Vamos avaliar a U_F para alguns valores de U_{SMP} quando comparados com a U_{SMC}. Se a incerteza do SMP fosse infinitamente inferior à incerteza do SMC, teríamos a incerteza final U_F igual à incerteza do SMC, ou seja, a influência da incerteza de medição do SMP tenderia a zero. Vejamos as seguintes simulações:

a) Considerando $U_{SMP} = U_{SMC}$, temos:

$$U_F = \sqrt{U_{SMC}^2\ (1+1)}$$
$$U_F = \sqrt{2U_{SMC}^2}$$
$$U_F = U_{SMC}\sqrt{2}$$
$$U_F = 1{,}41\,U_{SMC}$$

Observamos que a influência da incerteza do SMP é aproximadamente 41 % da incerteza final, U_F.

b) Considerando $U_{SMP} = 1/2\ U_{SMC}$, temos:

$$U_F = \sqrt{U_{SMC}^2\left(1+\frac{1}{4}\right)}$$
$$U_F = \sqrt{1{,}25\,U_{SMC}^2}$$
$$U_F = U_{SMC}\sqrt{1{,}25}$$
$$U_F = 1{,}12\,U_{SMC}$$

Observamos que a influência da incerteza do SMP é aproximadamente 12 % da incerteza final, U_F.

c) Considerando $U_{SMP} = 1/3\ U_{SMC}$, temos:

$$U_F = \sqrt{U_{SMC}^{\ 2}\left(1+\frac{1}{9}\right)}$$
$$U_F = \sqrt{1{,}11\,U_{SMC}^{\ 2}}$$
$$U_F = U_{SMC}\sqrt{1{,}11}$$
$$U_F = 1{,}054\,U_{SMC}$$

Observamos que a influência da incerteza do SMP é aproximadamente 5,4 % da incerteza final, U_F.

d) Considerando $U_{SMP} = 1/4\ U_{SMC}$, temos:

$$U_F = \sqrt{U_{SMC}^{\ 2}\left(1+\frac{1}{16}\right)}$$
$$U_F = \sqrt{1{,}0625\,U_{SMC}^{\ 2}}$$
$$U_F = U_{SMC}\sqrt{1{,}0625}$$
$$U_F = 1{,}032\,U_{SMC}$$

Observamos que a influência da incerteza do SMP é aproximadamente 3,2 % da incerteza final, U_F.

e) Considerando $U_{SMP} = 1/5\ U_{SMC}$, temos:

$$U_F = \sqrt{U_{SMC}^{\ 2}\left(1+\frac{1}{25}\right)}$$
$$U_F = \sqrt{1{,}04\,U_{SMC}^{\ 2}}$$
$$U_F = U_{SMC}\sqrt{1{,}04}$$
$$U_F = 1{,}02\,U_{SMC}$$

Observamos que a influência da incerteza do SMP é aproximadamente 2 % da incerteza final, U_F.

f) Considerando $U_{SMP} = 1/10\ U_{SMC}$, temos:

$$U_F = \sqrt{U_{SMC}^{\ 2}\left(1+\frac{1}{100}\right)}$$
$$U_F = \sqrt{1{,}01\,U_{SMC}^{\ 2}}$$
$$U_F = U_{SMC}\sqrt{1{,}01}$$
$$U_F = 1{,}005\,U_{SMC}$$

Observamos que a influência da incerteza do SMP é aproximadamente 0,5 % da incerteza final, U_F.

Se adotarmos um padrão com incerteza de medição igual ou inferior a um décimo da incerteza esperada para o SMC, o SMP onerará muito pouco a incerteza de medição final, com o SMP passando desapercebido perante o SMC. Na prática, se adotarmos o SMP como incerteza de medição de ¼ do SMC, já teremos uma ótima condição (aproximadamente 3 % de influência do SMP sobre o SMC – veja a Seção 7.5(d)).

IMPORTANTE

Na prática, se adotarmos o SMP com incerteza de medição igual ou inferior a ¼ do SMC, já teremos uma ótima condição.

7.6 Exercícios resolvidos de calibração de instrumento de medição

CALIBRAÇÃO DE UMA BALANÇA DIGITAL

CALIBRAÇÃO DE UM MANÔMETRO ANALÓGICO

Sempre que desejamos realizar a calibração de um instrumento de medição, recorremos a sua respectiva norma técnica. Por exemplo, para calibrar termômetros de líquido em vidro, adquirimos a norma técnica **ABNT NBR 15970:2011 Termômetro de líquido em vidro – Calibração**. Se desejarmos calibrar termopares, adquirimos a norma técnica **ABNT NBR 13770:2013 Termopar – Calibração por comparação com instrumento padrão**.

Assim, somos levados a acreditar que todo o processo de calibração, incluindo a escolha do padrão, a montagem do experimento e o cálculo da incerteza de medição, será encontrado na respectiva norma técnica. Ledo engano! A parte do cálculo da incerteza de medição não é fornecida nas normas técnicas de calibração, portanto, ficamos em um "beco sem saída".

IMPORTANTE

As normas técnicas de calibração NÃO contêm informações sobre o cálculo da incerteza de medição. Por isso, é você o responsável em realizá-los.

Para solucionar este problema, é necessário que o interessado faça cursos na área de cálculo de incerteza de medição e calibração no campo de interesse (temperatura, pressão, eletricidade etc.). A seguir, veja alguns exemplos de cálculo de incerteza de medição.

EXERCÍCIO RESOLVIDO 7.1

Calibração de termômetro de líquido em vidro (TLV)

Um termômetro de líquido em vidro (TLV), de resolução 0,5 °C, é calibrado contra um padrão de resolução 0,1 °C. O banho de calibração tem estabilidade[1] de ± 0,04 °C. O certificado de calibração do termômetro padrão é apresentado na Figura 7.2. Determine a incerteza do termômetro e sua tendência para os pontos de 20 °C, 40 °C e 100 °C.

Tabela 7.2 Resultado da calibração do TLV do Exercício Resolvido 7.1

Valor nominal (°C)	Padrão (°C)	Objeto (°C)
20	20,0	20,5
	20,0	20,5
	20,0	20,5
	20,0	20,5
40	40,1	40,5
	40,1	40,5
	40,1	40,5
	40,1	40,5
100	99,8	100,5
	99,8	100,5
	99,8	100,5
	99,8	100,0

SOLUÇÃO:

I - Ponto 20 °C

a) Média do padrão e do objeto

$$\bar{x}_{\text{padrão}} = 20,0\ °\text{C}$$

$$\bar{x}_{\text{padrão corrigido}} = 20,0 - 0,2 = 19,8\ °\text{C}$$

$$\bar{x}_{\text{objeto}} = 20,5\ °\text{C}$$

[1] Estabilidade é definida como a flutuação da temperatura do banho de calibração após atingir o equilíbrio térmico.

Note que a indicação do padrão foi corrigida, pois, como visto no certificado, ele possui uma tendência de 0,2 °C no ponto 20 °C.

b) Tendência do objeto

$$T = \overline{X}_{\text{objeto}} - \overline{X}_{\text{padrão}}$$
$$T = 20{,}5 - 19{,}8$$
$$T = 0{,}7\ °\text{C}$$

c) Incerteza do tipo A – repetibilidade do TLV objeto

$$u_{A-\text{objeto}} = \frac{s}{\sqrt{n}} = \frac{0}{\sqrt{4}} = 0$$

d) Incerteza padronizada oriunda do certificado do padrão

Esse dado é extraído do certificado de calibração do termômetro padrão. Como o certificado informa a incerteza de medição sempre expandida (95,45 %) e precisamos combiná-la com as demais incertezas na forma padronizada (um desvio-padrão), devemos dividi-la pelo fator de abrangência k, informado no certificado de calibração do instrumento padrão.

$$u_{\text{certificado}} = \frac{0{,}2}{2} = 0{,}1\ °\text{C}$$

e) Incerteza da estabilidade do banho

A variação da temperatura do banho, após sua estabilização, segue uma distribuição de probabilidade uniforme.

Neste caso, como a estabilidade é fornecida como ±0,04 °C, significa que o intervalo de variação da temperatura do banho já foi dividido por dois e, deste modo, ao aplicarmos a distribuição uniforme, basta dividir por $\sqrt{3}$.

$$u_{\text{estabilidade}} = \frac{0{,}04}{\sqrt{3}} = 0{,}023094\ °\text{C}$$

f) Incerteza da resolução do TLV objeto

Adotaremos uma distribuição de probabilidade uniforme ou retangular, uma vez que a probabilidade de encontrarmos um valor de leitura varia de maneira uniforme.

$$u_{\substack{\text{resolução}\\ \text{objeto}}} = \frac{0{,}5}{\sqrt{12}} = 0{,}1443376\ °\text{C}$$

g) Incerteza combinada

$$u_c = \sqrt{0^2 + 0{,}1^2 + 0{,}023094^2 + 0{,}1443376^2}$$
$$u_c = 0{,}177106396\ °\text{C}$$

h) Grau de liberdade efetivo

$$\frac{u_c^4}{\nu_{ef}} = \frac{u_{A-objeto}^4}{4-1} + \frac{u_{certificado}^4}{\infty} + \frac{u_{estabilidade}^4}{\infty} + \frac{u_{resolução}^4}{\infty}$$

$$\frac{0{,}177106396^4}{\nu_{ef}} = \frac{0}{4-1} + 0 + 0 + 0 = 0$$

$$\nu_{ef} = \frac{0{,}177106396^4}{0}$$

$$\nu_{ef} = \infty$$

i) Fator de abrangência, *k*
Pela tabela de *t*-Student (Capítulo 3), para 95,45 % e $\nu_{ef} = \infty$, temos:
k = 2,0j) Incerteza expandida para 95,45 %

$$U = k \cdot u_c =$$
$$U = 2 \times 0{,}17710636$$
$$U = 0{,}354212792 \text{ °C}$$

Devemos arredondar a incerteza expandida para uma casa decimal, uma vez que o TLV objeto tem resolução 0,5 °C. Deste modo, o resultado final será:

$$U = 0{,}4 \text{ °C}$$

Para os demais pontos de calibração a metodologia de cálculo é a mesma. Vamos apresentar, então, somente as tabelas com os resultados finais.

II - Ponto 40 °C

Tabela 7.3 Resultados da calibração no ponto 40 °C do Exercício Resolvido 7.1

Características metrológicas	(°C)
Média do objeto	40,5
Média do padrão corrigido	40,1
Tendência	0,4
Incerteza do tipo A – repetibilidade do TLV objeto	0,0
Incerteza padronizada oriunda do certificado do padrão	0,148514851
Incerteza da estabilidade do banho	0,023094
Incerteza da resolução do TLV objeto	0,1443376
Incerteza combinada	0,208382668
Grau de liberdade efetivo	120
Fator de abrangência, *k*	2,0211
Incerteza expandida para 95,45 %	0,4

III - Ponto 100 °C

Tabela 7.4 Resultados da calibração no ponto 100 °C do Exercício Resolvido 7.1

Características metrológicas	(°C)
Média do objeto	100,5[a]
Média do padrão corrigido	99,6
Tendência	0,9
Incerteza do tipo A – repetibilidade do TLV objeto	0,0625
Incerteza padronizada oriunda do certificado do padrão	0,3
Incerteza da estabilidade do banho	0,023094
Incerteza da resolução do TLV objeto	0,1443376
Incerteza combinada	0,339518667
Grau de liberdade efetivo	2.612
Fator de abrangência, *k*	2,00
Incerteza expandida para 95,45 %	0,7

[a] Como o TLV objeto só lê de 0,5 °C em 0,5 °C, devemos arredondar o resultado para 100,5 °C.

Tabela 7.5 Resultado final da calibração do TLV do Exercício Resolvido 7.1

Padrão (°C)	Objeto (°C)	Tendência (°C)	Incerteza (°C)	Fator de abrangência (*k*)
19,8	20,5	+ 0,7	0,4	2,00
40,1	40,5	+ 0,4	0,4	2,02
99,6	100,5	+ 0,9	0,7	2,00

M&I Calibração	**Metrologia & Incerteza de Medição** Rua da Propagação da Incerteza de Medição, 10012 - Histerese - CF CEP: 25630-450 email: mi@gmail.com Tel 99 9001-17025

CERTIFICADO DE CALIBRAÇÃO Nº B2011-002

INFORMAÇÕES RELATIVAS AO CLIENTE

Empresa: MFG indústria
Endereço: Rua da Tendência 68. Centro - Paquetá
CEP: 1235687
Tel.: (099) 53524689

INFORMAÇÕES RELATIVAS AO OBJETO CALIBRADO

Fabricante: Aquece — Classe: NA
Descrição: Termômetro de Líquido em Vidro — Resolução (°C): 0,1
Modelo: Imersão parcial — Faixa de Medição (°C): 0 a 100
Nº Série: 29404403

METODOLOGIA UTILIZADA

Calibração executada por meio da comparação direta, conforme descrito no procedimento POP 20 (Procedimento Operacional Padrão para TLV).

RASTREABILIDADE

Descrição	TAG	Modelo	Fabricante	Nº Cert.:	Nº de Série
Termômetro de resistência padrão	Pt-107	Pt-100 a 4 fios	Ohms	107/02	1285

RESULTADOS DA CALIBRAÇÃO

Indicação (°C)	Padrão (°C)	Objeto (°C)	Tendência (°C)	Incerteza (°C)	k	Graus de liberdade efetivo
0	0,00	0,1	0,1	0,2	2,37	8
10	10,00	10,0	0,0	0,2	2,05	47
20	20,00	20,2	0,2	0,2	2,00	infinito
30	30,00	30,0	0,0	0,3	2,05	47
40	40,00	40,0	0,0	0,3	2,02	102
50	50,00	50,1	0,1	0,3	2,11	23
60	60,00	60,1	0,1	0,4	2,06	40
70	70,00	70,2	0,2	0,5	2,07	35
80	80,00	80,0	0,0	0,5	2,06	40
90	90,00	90,1	0,1	0,5	2,02	102
100	100,00	100,2	0,2	0,6	2,00	infinito

Dados Ambientais: Temp.: 20,6 °C ± 0,5 °C Umidade: 56 % ± 5 % Pressão: 1018 hPa ± 1 hPa
Local de Instalação: (X) Estável ( ) Instável (X) Climatizado

Estes resultados referem-se exclusivamente ao objeto descrito nesse documento sob as condições especificadas, não sendo extensivo a quaisquer outros, mesmo que similares. Não é permitida a reprodução parcial deste documento. A incerteza expandida (U) relatada corresponde a um nível de confiança de 95,45 %.

Data da calibração: 22/01/2018
Data da emissão: 29/01/2018

Aroldo Costa
Técnico Metrologista

Signatário Autorizado: Gauss
Gerente Técnico

Figura 7.2 Certificado de calibração do termômetro padrão do Exercício Resolvido 7.1.

EXERCÍCIO RESOLVIDO 7.2

Calibração de manômetro Bourdon

Um manômetro Bourdon (objeto) com faixa de medição entre (0 e 40) kgf/cm^2 foi calibrado contra um manômetro padrão Classe A2, erro fiducial 0,5 %. Considere a resolução do manômetro em calibração igual a 0,5 kgf/cm^2. A resolução do manômetro padrão vale 0,05 kgf/cm^2.

Tabela 7.6 Resultado da calibração do manômetro do Exercício Resolvido 7.2

Objeto (kgf/cm²)	Padrão (kgf/cm²)			
	Carga 1	Descarga 1	Carga 2	Descarga 2
5,0	5,50	5,50	5,50	5,25
15,0	16,25	15,75	15,50	15,50
25,0	26,00	25,50	25,50	26,00
35,0	36,25	36,00	35,50	36,00
40,0	41,00	41,00	41,00	41,00

Instruções de calibração: fixa-se o valor de pressão no manômetro objeto e a leitura da pressão em carga e descarga é realizada no manômetro padrão (veja certificado do padrão na Figura 7.3) para a identificação da histerese, do erro fiducial e da tendência.

SOLUÇÃO:

Antes de iniciarmos os cálculos de incerteza deste exercício, vamos corrigir os valores de medição do manômetro padrão (Tabela 7.7).

A correção implica eliminar o erro ou tendência de medição em cada ponto medido pelo instrumento padrão. Para tanto, basta consultar seu erro ou tendência no certificado de calibração do instrumento padrão (Figura 7.3).

Tabela 7.7 Valores do padrão corrigido do Exercício Resolvido 7.2

Objeto (kgf/cm²)	Padrão corrigido (kgf/cm²)			
	Carga 1	Descarga 1	Carga 2	Descarga 2
5,0	5,60	5,60	5,60	5,35
15,0	16,25	15,75	15,50	15,50
25,0	26,00	25,50	25,50	26,00
35,0	36,35	36,10	35,60	36,10
40,0	41,10	41,10	41,10	41,10

I - Ponto 5 kgf/cm²

a) Erro de medição

$$E = x - VV$$

$$E = 5{,}0 - 5{,}60$$

$$E = -0{,}6\ \frac{\text{kgf}}{\text{cm}^2}$$

Para determinarmos o erro de medição do manômetro, devemos subtrair do valor lido pelo manômetro em calibração (objeto) o valor do padrão mais distante do valor do objeto. Ou seja, o valor do padrão que gerará o maior erro de medição.

b) Incerteza do tipo A – repetibilidade do objeto

$$u_{A-\text{objeto}} = \frac{s}{\sqrt{n}} = \frac{0{,}125}{\sqrt{4}} = 0{,}0625 \frac{\text{kgf}}{\text{cm}^2}$$

Note que, uma vez que fixamos o valor no objeto, a repetibilidade do objeto será sentida pelo padrão.

c) Incerteza padronizada oriunda do certificado do padrão

$$u_{\text{certificado}} = \frac{0{,}05}{2} = 0{,}025 \frac{\text{kgf}}{\text{cm}^2}$$

d) Incerteza da histerese

$$u_{\text{histerese}} = \frac{H}{\sqrt{12}} = \frac{5{,}60 - 5{,}35}{3{,}4641} = 0{,}0722 \frac{\text{kgf}}{\text{cm}^2}$$

e) Incerteza da resolução do objeto

Adotaremos uma distribuição de probabilidade triangular, uma vez que a probabilidade de encontrarmos um valor de leitura no ponto central da distribuição é maior que nas extremidades.

$$u_{\text{resolução}} = \frac{0{,}5}{\sqrt{24}} = 0{,}10206 \frac{\text{kgf}}{\text{cm}^2}$$

f) Incerteza combinada

$$u_c = \sqrt{0{,}0625^2 + 0{,}025^2 + 0{,}0722^2 + 0{,}10206^2} = 0{,}14194 \frac{\text{kgf}}{\text{cm}^2}$$

g) Grau de liberdade efetivo

$$\frac{u_c^4}{v_{\text{ef}}} = \frac{u_A^4}{3} + \frac{u_{\text{padrão}}^4}{\infty} + \frac{u_{\text{histerese}}^4}{\infty} + \frac{u_{\text{resolução}}^4}{\infty}$$

$$\frac{0{,}14197^4}{v_{\text{ef}}} = \frac{0{,}0625^4}{3} + 0 + 0 + 0$$

$$v_{\text{ef}} = 79{,}87$$

$$v_{\text{ef}} = 79$$

h) Fator de abrangência, k

Pela tabela de t-Student (Capítulo 3), para 95,45 % e $v_{ef} = 79$

$$k = 2{,}032$$

i) Incerteza expandida

$$U = k\, u_c = 2{,}032 \times 0{,}14197 = 0{,}2885$$

$$U = 0{,}3 \frac{\text{kgf}}{\text{cm}^2}$$

II - Ponto 15 kgf/cm²

Tabela 7.8 Resultados da calibração no ponto 15 kgf/cm² do Exercício Resolvido 7.2

Características metrológicas	(kgf/cm²)
Leitura do objeto	15,0
Erro de medição	−1,2
Incerteza do tipo A – repetibilidade do objeto	0,1767767
Incerteza padronizada oriunda do certificado do padrão	0,028571428[a]
Incerteza da histerese	0,144337567
Incerteza da resolução do objeto	0,10206
Incerteza combinada	0,206617771
Grau de liberdade efetivo	5
Fator de abrangência, *k*	2,65
Incerteza expandida para 95,45 %	0,5

[a] Como o ponto está entre (12 e 24) kgf/cm² e as respectivas incertezas entre (0,05 e 0,06) kgf/cm², devemos adotar a maior incerteza de medição, neste caso 0,06 kgf/cm². O motivo dessa ação é tomar a decisão mais conservadora possível, adotando a maior incerteza no intervalo.

III - Ponto 25 kgf/cm²

Tabela 7.9 Resultados da calibração no ponto 25 kgf/cm² do Exercício Resolvido 7.2

Características metrológicas	(kgf/cm²)
Leitura do objeto	25,0
Erro de medição	−1,0
Incerteza do tipo A – repetibilidade do objeto	0,1443376
Incerteza padronizada oriunda do certificado do padrão	0,028571428
Incerteza da histerese	0,144337567
Incerteza da resolução do objeto	0,10206
Incerteza combinada	0,229998381
Grau de liberdade efetivo	19
Fator de abrangência, *k*	2,14
Incerteza expandida para 95,45 %	0,5

IV - Ponto 35 kgf/cm²

Tabela 7.10 Resultados da calibração no ponto 35 kgf/cm² do Exercício Resolvido 7.2

Características metrológicas	(kgf/cm²)
Leitura do objeto	35,0
Erro de medição	−1,4
Incerteza do tipo A – repetibilidade do objeto	0,1572882

(*Continua*)

Tabela 7.10 Resultados da calibração no ponto 35 kgf/cm^2 do Exercício Resolvido 7.2 (*continuação*)

Características metrológicas	(kgf/cm^2)
Incerteza padronizada oriunda do certificado do padrão	0,027906976
Incerteza da histerese	0,144337567
Incerteza da resolução do objeto	0,10206
Incerteza combinada	0,238260265
Grau de liberdade efetivo	15
Fator de abrangência, *k*	2,18
Incerteza expandida para 95,45 %	0,5

V - Ponto 40 kgf/cm^2

Tabela 7.11 Resultados da calibração no ponto 40 kgf/cm^2 do Exercício Resolvido 7.2

Características metrológicas	(kgf/cm^2)
Leitura do objeto	40,0
Erro de medição	−1,1
Incerteza do tipo A – repetibilidade do objeto	0,0
Incerteza padronizada oriunda do certificado do padrão	0,032558139
Incerteza da histerese	0,0
Incerteza da resolução do objeto	0,10206
Incerteza combinada	0,107127382
Grau de liberdade efetivo	2.109
Fator de abrangência, ***k***	2,00
Incerteza expandida para 95,45 %	0,2

Erro fiducial do manômetro: o erro fiducial dos manômetros define a sua classe de exatidão, segundo determinação da ABNT NBR 14105:2013. Ele é determinado em cada ponto de calibração e dividindo pela sua amplitude de medição. A Tabela 7.12 apresenta os erros fiduciais em cada ponto de calibração.

Tabela 7.12 Erro de medição do manômetro objeto do Exercício Resolvido 7.2

Ponto de calibração (kgf/cm^2)	Erro de medição (kgf/cm^2)	Erro fiducial (%)
5,0	−0,6	1,5
15,0	−1,2	3,0
25,0	−1,0	2,5
35,0	−1,3	3,2
40,0	−1,1	2,8

Tabela 7.13 Resultado do certificado de calibração do manômetro objeto

Objeto kgf/cm²	Erro kgf/cm²	Incerteza kgf/cm²	Fator de abrangência k
5,0	−0,6	0,3	2,03
15,0	−1,2	0,5	2,65
25,0	−1,0	0,5	2,14
35,0	−1,4	0,5	2,18
40,0	−1,1	0,2	2,00

M&I
Calibração

Metrologia & Incerteza de Medição
Rua da Propagação da Incerteza de Medição, 10012 - Histerese - CF
CEP: 25630-450 email: mi@gmail.com
Tel 99 9001-17025

CERTIFICADO DE CALIBRAÇÃO Nº T2016-002

INFORMAÇÕES RELATIVAS AO CLIENTE

Empresa: MFG indústria
Endereço: Rua da Tendência 68. Centro - Paquetá
CEP: 1235687
Tel.: (099) 53524689

INFORMAÇÕES RELATIVAS AO OBJETO CALIBRADO

Fabricante: manost
Descrição: Manômetro analógico
Modelo: Boudon
Nº Série: 236796
Classe: A2
Resolução (kgf/cm2): 0,05
Faixa de Medição (kgf/cm2): 0 a 60

METODOLOGIA UTILIZADA

Calibração executada por meio da comparação direta, conforme descrito no procedimento POP 20 (Procedimento Operacional Padrão para manômetros).

RASTREABILIDADE

	TAG	Modelo	Fab.:	Nº Cert.:	Nº de Série
Termoigrômetro	TH 01	digital	Thermo	562-45	789
Barômetro	BAR 01	analógico	Altivas	521-36	5314
Manômetro-padrão	MN 096	digital	Folis	321/16	221

RESULTADOS DA CALIBRAÇÃO

Indicação (kgf/cm_2)	Padrão (kgf/cm_2)	Objeto (kgf/cm_2)	Erro (kgf/cm_2)	Incerteza (kgf/cm_2)	k	Graus de liberdade efetivo
0	0,000	0,00	0,00	0,05	2,00	infinito
6	6,100	6,00	-0,10	0,05	2,00	infinito
12	12,000	12,00	0,00	0,05	2,00	infinito
24	24,005	24,00	0,00	0,06	2,10	27
30	30,005	30,00	0,00	0,06	2,10	27
36	36,100	36,00	-0,10	0,06	2,15	18
42	42,100	42,00	-0,10	0,07	2,15	18
48	48,150	48,00	-0,15	0,07	2,15	18
54	54,250	54,00	-0,25	0,08	2,20	14
60	59,700	60,00	0,30	0,08	2,20	14

Dados Ambientais: Temperatura 20,6 °C ± 0,5 °C Umidade: 56 % ± 5 % Pressão: 1018 hPa ± 1 hPa

Estes resultados referem-se exclusivamente ao objeto descrito nesse documento sob as condições especificadas, não sendo extensivo a quaisquer outros, mesmo que similares. Não é permitida a reprodução parcial deste documento. A incerteza expandida (U) relatada corresponde a um nível de confiança de 95,45 %.

Data da calibração: 14/12/2017
Data da emissão: 20/12/2017

Aroldo Costa
Técnico Metrologista

Signatário Autorizado: Gauss
Gerente Técnico

Figura 7.3 Certificado de calibração do manômetro padrão do Exercício Resolvido 7.2.

EXERCÍCIO RESOLVIDO 7.3

Calibração de voltímetro digital

Condições da calibração:

- Objeto a ser calibrado: voltímetro digital
- Resolução do objeto: 0,01 mV
- Intervalo de indicação do objeto: (0 a 200) mV
- Incerteza parasita[2] = $\frac{2\mu V}{\sqrt{3}}$

Tabela 7.14 Resultados da calibração de voltímetro digital

Indicação objeto (mV)	Valores do padrão (mV)			
	Medição 1	Medição 2	Medição 3	Medição 4
40,00	40,110	40,150	40,160	40,120
80,00	80,120	80,160	80,140	80,130
120,00	120,150	120,170	120,190	120,190
160,00	160,230	160,180	160,170	160,180
200,00	200,210	200,230	200,260	200,270

Instruções de calibração: medindo simultaneamente a voltagem gerada por uma fonte, compare de forma alternada a voltagem lida pelo padrão com a voltagem lida pelo voltímetro em calibração (objeto).

Antes de iniciarmos os cálculos de incerteza deste exercício, vamos corrigir os valores de medição do manômetro padrão (Tabela 7.15).

A correção implica eliminar o erro ou tendência de medição em cada ponto medido pelo instrumento padrão. Para tanto, basta consultar seu erro ou tendência no certificado de calibração do instrumento padrão (Figura 7.4).

Tabela 7.15 Resultados da calibração de voltímetro digital

Indicação objeto (mV)	Valores do padrão corrigido (mV)			
	Medição 1	Medição 2	Medição 3	Medição 4
40,00	40,110	40,150	40,160	40,120
80,00	80,120	80,160	80,140	80,130
120,00	120,147	120,167	120,187	120,187
160,00	160,226	160,176	160,166	160,176
200,00	200,205	200,225	200,255	200,265

[2] Incerteza oriunda da eletricidade estática nas ponteiras do voltímetro.

SOLUÇÃO:

I - Ponto 40,00 mV

a) Erro de medição

$$E = x - VV$$
$$E = 40{,}00 - 40{,}160$$
$$E = -0{,}16 \text{ mV}$$

b) Incerteza do tipo A do objeto

$$u_{A-\text{objeto}} = \frac{s}{\sqrt{n}} = \frac{0{,}0238}{\sqrt{4}} = 0{,}0119 \text{ mV}$$

c) Incerteza padronizada oriunda do certificado do padrão

$$u_{\text{certificado}} = \frac{0{,}002}{2} = 0{,}001 \text{ mV}$$

d) Incerteza parasita

$$u_{\text{parasita}} = \frac{2\mu\text{V}}{\sqrt{3}}$$
$$u_{\text{parasita}} = 0{,}0011547 \text{ mV}$$

e) Incerteza da resolução do objeto

$$u_{\text{resolução}} = \frac{0{,}01}{\sqrt{12}} = 0{,}002887 \text{ mV}$$

Adotaremos uma distribuição de probabilidade uniforme ou retangular, uma vez que a probabilidade de encontrarmos um valor de leitura varia de maneira uniforme.

f) Incerteza combinada

$$u_c = \sqrt{0{,}0119^2 + 0{,}001^2 + 0{,}0011547^2 + 0{,}002887^2}$$
$$u_c = 0{,}012288 \text{ mV}$$

g) Grau de liberdade efetivo

$$\frac{u_c^4}{\nu_{\text{ef}}} = \frac{u_A^4}{3} + \frac{u_{\text{padrão}}^4}{\infty} + \frac{u_{\text{parasita}}^4}{\infty} + \frac{u_{\text{resolução}}^4}{\infty}$$
$$\frac{0{,}012288^4}{\nu_{\text{ef}}} = \frac{0{,}0119^4}{3} + 0 + 0 + 0$$
$$\nu_{\text{ef}} = 3{,}41125975$$
$$\nu_{\text{ef}} = 3$$

h) Fator de abrangência, k

Pela tabela de t-Student (Capítulo 3), para 95,45 % e $\nu_{ef} = 3$

$$k = 3{,}307$$

i) Incerteza expandida

$$U = k\,u_c = 3{,}307 \times 0{,}012288$$

$$U = 0{,}040636416\ \text{mV}$$

Vamos arredondar a incerteza para duas casas decimais (resolução do voltímetro objeto).

$$U = 0{,}04\ \text{mV}$$

II - Ponto 80,00 mV

Tabela 7.16 Resultados da calibração no ponto 80,00 mV do Exercício Resolvido 7.3

Características metrológicas	(mV)
Leitura do objeto	80,00
Erro de medição	−0,16
Incerteza do tipo A – repetibilidade do objeto	0,0085
Incerteza padronizada oriunda do certificado do padrão	0,001
Incerteza parasita	0,0011547
Incerteza da resolução do objeto	0,002887
Incerteza combinada	0,009069
Grau de liberdade efetivo	3
Fator de abrangência, k	3,31
Incerteza expandida para 95,45 %	0,03

III - Ponto 120,00 mV

Tabela 7.17 Resultados da calibração no ponto 120,00 mV do Exercício Resolvido 7.3

Características metrológicas	(mV)
Leitura do objeto	120,00
Erro de medição	−0,19
Incerteza do tipo A – repetibilidade do objeto	0,0096
Incerteza padronizada oriunda do certificado do padrão	0,001
Incerteza parasita	0,0011547
Incerteza da resolução do objeto	0,002887
Incerteza combinada	0,01005
Grau de liberdade efetivo	3
Fator de abrangência, k	3,31
Incerteza expandida para 95,45 %	0,03

IV - Ponto 160,00 mV

Tabela 7.18 Resultados da calibração no ponto 160,00 mV do Exercício Resolvido 7.3

Características metrológicas	(mV)
Leitura do objeto	160,00
Erro de medição	−0,18
Incerteza do tipo A – repetibilidade do objeto	0,0135
Incerteza padronizada oriunda do certificado do padrão	0,001
Incerteza parasita	0,0011547
Incerteza da resolução do objeto	0,002887
Incerteza combinada	0,01388
Grau de liberdade efetivo	3
Fator de abrangência, ***k***	3,31
Incerteza expandida para 95,45 %	0,05

V - Ponto 200,00 mV

Tabela 7.19 Resultados da calibração no ponto 200,00 mV do Exercício Resolvido 7.3

Características metrológicas	(mV)
Leitura do objeto	200,00
Erro de medição	−0,26
Incerteza do tipo A – repetibilidade do objeto	0,0138
Incerteza padronizada oriunda do certificado do padrão	0,001
Incerteza parasita	0,0011547
Incerteza da resolução do objeto	0,002887
Incerteza combinada	0,014104
Grau de liberdade efetivo	3
Fator de abrangência, ***k***	3,31
Incerteza expandida para 95,45 %	0,05

Erro fiducial: os voltímetros também são classificados pelo seu erro fiducial, desta forma, podemos calcular a classe de exatidão do voltímetro.

Tabela 7.20 Erro de medição do voltímetro objeto do Exercício Resolvido 7.3

Ponto de calibração (mV)	Erro de medição (mV)	Erro fiducial (%)
40,00	0,16	0,08
80,00	0,16	0,08
120,00	0,19	0,10
160,00	0,18	0,09
200,00	0,26	0,13

Tabela 7.21 Resultado do certificado de calibração do voltímetro objeto

Objeto mV	Erro mV	Incerteza mV	Fator de abrangência k
40,00	-0,16	0,04	3,31
80,00	-0,16	0,03	3,31
120,00	-0,19	0,03	3,31
160,00	-0,18	0,05	3,31
200,00	-0,26	0,05	3,31

M&I
Calibração

Metrologia & Incerteza de Medição
Rua da Propagação da Incerteza de Medição, 10012 - Histerese - CF
CEP: 25630-450 email: mi@gmail.com
Tel 99 9001-17025

CERTIFICADO DE CALIBRAÇÃO Nº T2016-004

INFORMAÇÕES RELATIVAS AO CLIENTE

Empresa: MFG indústria
Endereço: Rua da Tendência 68. Centro - Paquetá
CEP: 1235687
Tel.: (099) 53524689

INFORMAÇÕES RELATIVAS AO OBJETO CALIBRADO

Fabricante: Voltaico — Classe: NA
Descrição: Voltímetro — Resolução (mV): 0,001
Modelo: Digital — Faixa de Medição (mV): 0 a 200
Nº Série: 5590

METODOLOGIA UTILIZADA

Calibração executada por meio da comparação direta, conforme descrito no procedimento POP 20 (Procedimento Operacional Padrão para voltímetros digitais).

RASTREABILIDADE

	TAG	Modelo	Fab.:	Nº Cert.:	Nº de Série
Termoigrômetro	TH 01	digital	Thermo	562-45	789
Barômetro	BAR 01	analógico	Altivas	521-36	5314
Voltímetro Digital	VOL 45	digital	Volt 7	21/16	278

RESULTADOS DA CALIBRAÇÃO

Indicação (mV)	Padrão (mV)	Objeto (mV)	Tendência (mV)	Incerteza (mV)	k	Graus de liberdade efetivo
0	0,0000	0,000	0,000	0,002	2,00	infinito
40	40,0005	40,001	0,000	0,002	2,00	infinito
80	80,0000	80,003	0,003	0,002	2,00	infinito
120	120,0005	120,005	0,004	0,002	2,00	infinito
160	159,9995	160,005	0,005	0,002	2,00	infinito
200	199,9995	200,005	0,005	0,002	2,00	infinito

Dados Ambientais: Temperatura 20,6 °C ± 0,5 °C Umidade: 56 % ± 5 % Pressão:

Estes resultados referem-se exclusivamente ao objeto descrito nesse documento sob as condições especificadas, não sendo extensivo a quaisquer outros, mesmo que similares. Não é permitida a reprodução parcial deste documento. A incerteza expandida (U) relatada corresponde a um nível de confiança de 95,45 %.

Data da calibração: 14/12/2017
Data da emissão: 20/12/2017

Aroldo Costa
Técnico Metrologista

Signatário Autorizado: Gauss
Gerente Técnico

Figura 7.4 Certificado de calibração do voltímetro padrão do Exercício Resolvido 7.3.

7.7 Incerteza de medição no ajuste de uma função

Na maioria das vezes, um fenômeno ou processo físico, químico, mecânico etc. está representado por um conjunto de dados experimentais. Nestes casos, pode ser extremamente interessante "representar" este conjunto de dados por uma função matemática definida. Este procedimento de aproximação é conhecido por ajuste ou regressão de uma função, e uma das técnicas usadas é chamada de **método dos mínimos quadrados** (MMQ).

O ajuste de pontos experimentais pelo método dos mínimos quadrados é bastante difundido na literatura e usualmente adotamos *softwares* que fazem esses ajustes, por exemplo, o Microsoft® Excel. Por esse motivo, não é nossa intenção abordar as demonstrações das equações que permitem a determinação tanto da função ajustada como de suas incertezas.

No momento, estamos interessados em apresentar a técnica para o cálculo de incerteza de medição do ajuste de uma função pelo MMQ. Aplicamos esse método sempre que desejamos descrever o comportamento de dados experimentais – por exemplo, o resultado de um certificado de calibração – por meio de uma equação matemática.

Este método consiste em ajustar o conjunto dos dados a uma função que minimize a variância experimental do conjunto, ou seja, devemos minimizar a diferença:

$$f(x_i) - y_i$$

em que $f(x_i)$ é o valor da função ajustada para o ponto x_i e y_i é o valor experimental obtido para o ponto x_i, como mostra o Gráfico 7.1.

Como o método minimiza a diferença, mas não elimina, teremos sempre que ajustar uma função, seja ela de primeiro grau (reta), de segundo grau (parábola), ou de qualquer outra ordem, para obter uma incerteza de medição relacionada tanto com os coeficientes dessa função como os de seu valor no eixo y.

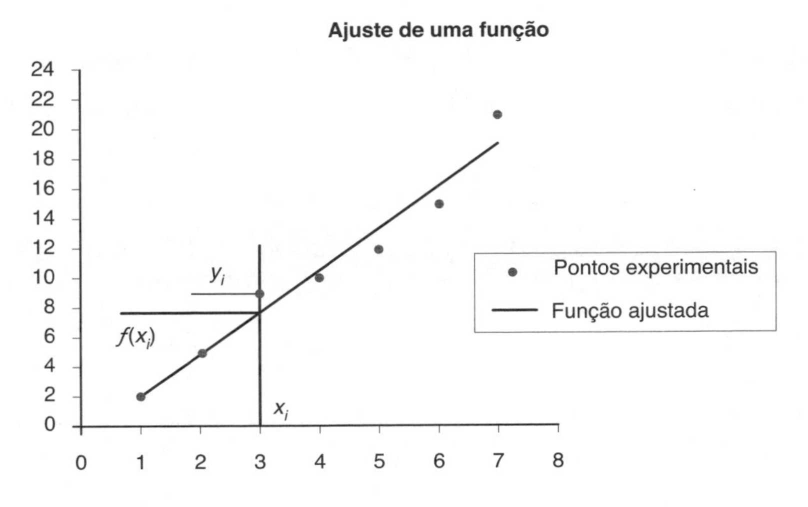

Gráfico 7.1 Gráfico ilustrativo do ajuste de pontos experimentais.

7.7.1 Incerteza de medição de *y*

Quando ajustamos uma curva experimental, por exemplo, quando fazemos uma curva de calibração relacionando no eixo *y* o valor do padrão e no eixo *x* o valor do objeto calibrado, geramos uma função $f(x_i)$ com incerteza de medição associada ao ajuste, uma vez que nenhum ajuste é perfeito.

A equação que determina a incerteza do ajuste dos valores encontrados no eixo *y* é a seguinte:

$$u_{\text{ajuste}}^2 = \frac{1}{n-p}\sum_{i=1}^{i=n}\left(f(x_i)-y_i\right)^2 \tag{7.2}$$

em que $f(x_i)$ é o valor da função de ajuste para o ponto x_i; y_i é o valor experimental obtido para o ponto x_i; p é o número de parâmetros a serem ajustados; n é o número de pontos experimentais; e $(n - p)$ é o grau de liberdade do ajuste.

7.7.2 Incerteza considerando o ajuste

Considerando os pontos experimentais (x, y) obtidos por meio de uma calibração e utilizando um instrumento padrão, a incerteza total da variável *y* será a combinação da incerteza do objeto calibrado (u_{objeto}) e da incerteza do ajuste (u_{ajuste}) por meio da equação:

$$u_y = \sqrt{u_{\text{objeto}}^2 + u_{\text{ajuste}}^2} \tag{7.3}$$

A incerteza do ajuste e a incerteza do objeto calibrado devem ser combinadas sempre na forma padronizada.

Ajuste de dados experimentais – curva de calibração

Seja uma balança digital com faixa de medição de (0 a 50,00) kg e resolução de 0,01 kg. O resultado de sua calibração encontra-se na Tabela 7.22.

Tabela 7.22 Resultado da calibração da balança do Exercício Resolvido 7.4

Padrão (kg)	Objeto (kg)	Tendência (kg)	Incerteza (kg)	*k*
0,000	0,02	0,02	0,01	2,00
5,000	4,97	-0,03	0,01	2,04
10,000	10,02	0,02	0,01	2,04
15,000	14,96	-0,04	0,01	2,08
20,000	20,02	0,02	0,01	2,09
25,000	24,98	-0,02	0,01	2,09

(*Continua*)

Tabela 7.22 Resultado da calibração da balança do Exercício Resolvido 7.4 (*continuação*)

Padrão (kg)	Objeto (kg)	Tendência (kg)	Incerteza (kg)	*k*
30,000	30,05	0,05	0,02	2,09
35,000	35,01	0,01	0,02	2,05
40,000	39,99	-0,01	0,02	2,06
45,000	45,02	0,02	0,03	2,09
50,000	49,99	-0,01	0,03	2,09

Sabemos as incertezas em cada ponto da balança. Suponha que queiramos agora obter uma equação que descreva o comportamento da balança em qualquer ponto dentro do intervalo de calibração (0 a 50) kg.

Faça a curva de calibração desta balança e determine a incerteza final considerando o ajuste realizado por uma função de 1° grau.

SOLUÇÃO:

Ajustando os pontos de calibração da balança por uma reta do tipo $y(x) = ax + b$, teremos:

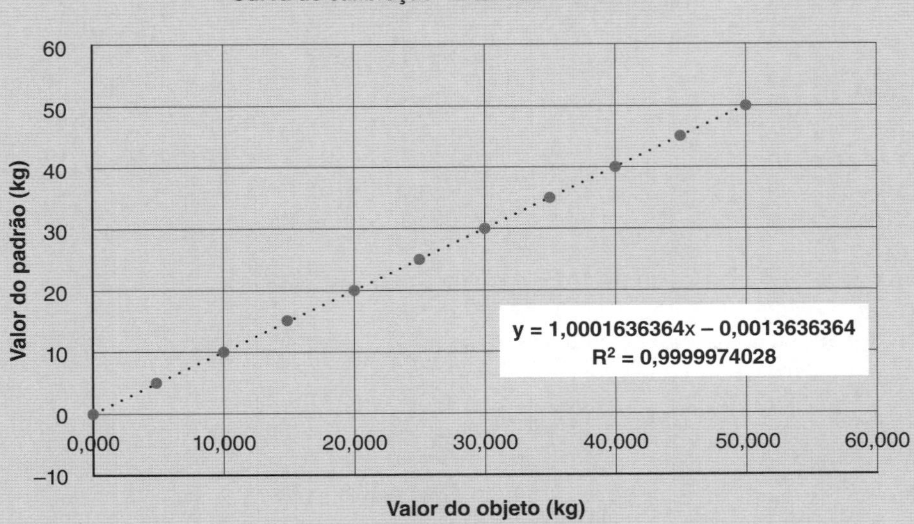

Gráfico 7.2 Curva de calibração da balança do Exercício Resolvido 7.4.

A curva de calibração apresentada no Gráfico 7.2 mostra a equação ajustada e o valor de R^2 (coeficiente de correlação). Esse coeficiente demonstra a qualidade do ajuste. Quanto mais próximo de um, melhor é o ajuste da função.

Tabela 7.23 Valores de y e $f(x_i)$ do Exercício Resolvido 7.4

Valor do padrão (y_i) kg	$f(x_i)$ kg	$[f(x_i) - y_i]^2$
0,000	−0,00136	0,00000185950423
5,000	4,999455	0,00000029752050
10,000	10,00027	0,00000007438034
15,000	15,00109	0,00000119008376
20,000	20,00191	0,00000364463074
25,000	25,00273	0,00000743802129
30,000	30,00355	0,00001257025541
35,000	35,00436	0,00001904133310
40,000	40,00518	0,00002685125437
45,000	45,00600	0,00003600001920
50,000	50,00682	0,00004648762760
	Soma	0,0001554546305
	u_{ajuste}	**0,0041560482101**

a) Incerteza do ajuste

$$u_{\text{ajuste}} = \sqrt{\frac{1}{n-p}\sum(f(x_i)-y_i)^2}$$

$$u_{\text{ajuste}} = \sqrt{\frac{0{,}0001554546305}{11-2}} = 0{,}0041560482101\ \text{kg}$$

em que $n = 11$ e $p = 2$ (coeficientes a e b da equação ajustada).

b) Incerteza combinada com o ajuste

$$u_c = \sqrt{u_{\text{balança}}^2 + u_{\text{ajuste}}^2}$$

$$u_c = \sqrt{\left(\frac{0{,}03}{2{,}09}\right)^2 + 0{,}0041560482101^2}$$

$$u_c = 0{,}014943626\ \text{kg}$$

A incerteza combinada foi calculada somando a maior incerteza do certificado (0,03 kg), dividida pelo respectivo fator de abrangência (k = 2,09), com a incerteza do ajuste (0,0041560482101 kg).

c) Incerteza expandida

$$\frac{u_c^4}{\nu_{ef}} = \frac{u_{ajuste}{}^4}{n-p} + \frac{u_{objeto}{}^4}{\nu_{objeto}}$$

$$\frac{0{,}014943626^4}{\nu_{ef}} = \frac{0{,}0041560482101^4}{11-2} + \frac{0{,}014354066^4}{29}$$

$$\nu_{ef} = \frac{0{,}014943626^4}{\left(\frac{0{,}0041560482101^4}{9}\right) + \left(\frac{0{,}014354066^4}{29}\right)}$$

$$\nu_{ef} = 33$$

$$k = 2{,}08 \quad (\text{tabela } t\text{-Student})$$

$$U = 2{,}08 \times 0{,}014943626$$

$$U = 0{,}03 \text{ kg}$$

Observe que a incerteza após o ajuste se manteve a mesma e nos trouxe a comodidade de não precisar corrigir a tendência da balança em cada ponto, nem calibrar em mais pontos (além dos 11 apresentados). Basta utilizar a equação $\mathbf{y = 1{,}0001636364x - 0{,}0013636364}$ e adotar a incerteza de 0,03 kg para todos os pontos.

ATENÇÃO!

1) Somente podemos realizar interpolações, nunca extrapolações. Ou seja, apenas podemos adotar a equação ajustada para pontos dentro da faixa de calibração realizada. No Exercício Resolvido 7.6 isso representa valores entre 0 e 50 kg.
2) Para um menor valor da incerteza ajustada é necessário formatar a equação ajustada com muitas casas decimais. Desta forma, o valor de $f(x_i)$ ficará mais próximo do valor de y_i.

EXERCÍCIO RESOLVIDO

Calibração de transmissor de temperatura

Um transmissor de temperatura, na faixa nominal de 0 °C a 100 °C (4,00 a 20,00) mA, é calibrado contra um termômetro de mercúrio padrão de incerteza de medição igual a 0,05 °C (para k = 2,00 % e 95,45 % de confiabilidade metrológica). Na calibração, são usados uma fonte de alimentação e um multímetro de 3½ dígitos, de incerteza de medição igual a (0,8 % do valor lido + 0,01 mA).

O resultado da medição da calibração do transmissor de temperatura está na Tabela 7.24.

Determine a incerteza de medição do transmissor, sabendo que o banho térmico utilizado tem uma estabilidade[3] de ± 0,05 °C.

Tabela 7.24 Dados obtidos na calibração do transmissor de temperatura do Exercício Resolvido 7.5

Pontos	Corrente elétrica do transmissor (mA)	Temperatura do padrão (°C)
1	4,00	0,00
	4,00	0,00
	4,00	0,00
2	8,82	30,30
	8,83	30,30
	8,83	30,30
3	12,12	50,70
	12,12	50,70
	12,12	50,70
4	15,22	70,30
	15,22	70,30
	15,22	70,30
5	18,30	90,00
	18,30	90,00
	18,30	90,00
6	20,00	100,00
	20,00	100,00
	20,00	100,00

SOLUÇÃO:

I - Ponto 0 °C

a) Média do padrão e do objeto

$$\overline{X}_{\text{padrão}} = \frac{0,00+0,00+0,00}{3} = 0,00\,°\text{C}$$

$$\overline{X}_{\text{transmissor}} = \frac{4,00+4,00+4,00}{3} = 4,00\,\text{mA}$$

[3] Estabilidade do banho é o quanto ele oscila em temperatura após atingir o valor desejado.

b) Incerteza do tipo A do padrão e do objeto

$$u_{A-\text{objeto}} = \frac{s}{\sqrt{n}} = \frac{0}{\sqrt{3}} = 0$$

c) Incerteza padronizada oriunda do certificado do padrão

$$u_{\text{certificado}} = \frac{0{,}05}{2{,}0} = 0{,}025 \ \ °\text{C}$$

d) Incerteza do multímetro

$$u_{\text{multímetro}} = \frac{(0{,}008 \times 4{,}00) + 0{,}01}{2} = \frac{0{,}042}{2}$$

$$u_{\text{multímetro}} = 0{,}021 \text{ mA}$$

e) Incerteza da estabilidade do banho

$$u_{\text{banho}} = \frac{0{,}05}{\sqrt{3}} = 0{,}0288675 \, °\text{C}$$

Como podemos observar, temos incertezas na unidade °C e outras na unidade mA, oriundas de grandezas diferentes: temperatura e corrente elétrica, respectivamente.

De que modo podemos transformar as incertezas de mA para °C?

É fato que queremos usar o transmissor para medir temperatura, assim, devemos ter a incerteza final em °C.

A solução para este problema está em descobrir uma função que relacione mA com °C e, em seguida, achar o coeficiente de sensibilidade do transmissor. Um gráfico da temperatura *versus* corrente elétrica, gerado no *software* Excel, nos dará a função desejada.

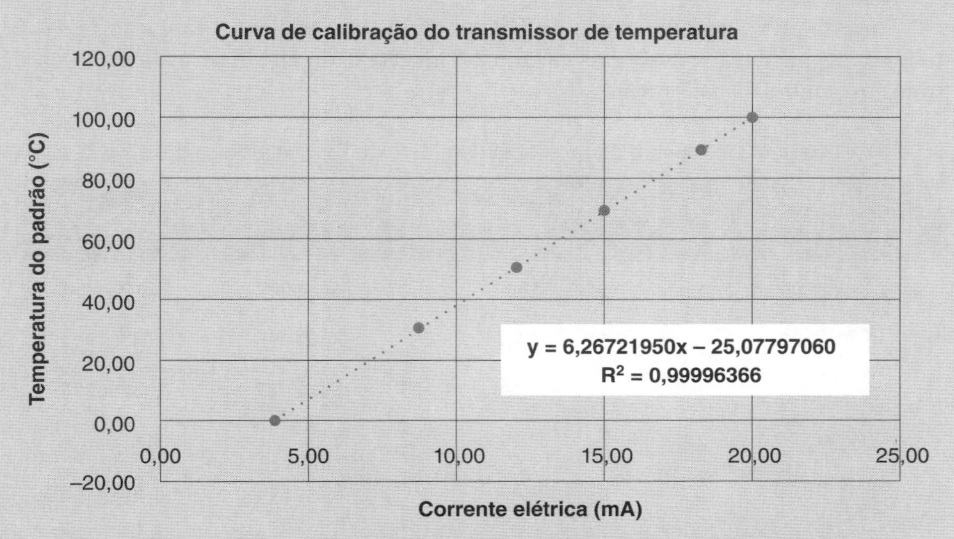

Gráfico 7.3 Curva de calibração do transmissor de temperatura do Exercício Resolvido 7.5.

$$t = 6{,}26721950i - 25{,}07797060 \quad (7.4)$$

em que t é a temperatura em °C e i a corrente elétrica do transmissor em mA.

Derivando a Equação (7.4), temos o coeficiente de sensibilidade do transmissor de temperatura em questão:

$$\frac{\partial y}{\partial i} = 6{,}26721950 \, \frac{°C}{mA}$$

IMPORTANTE

Com o coeficiente de sensibilidade, podemos transformar valores de incerteza de mA em valores de incerteza em °C.

Resultados de medição em mA somente poderão ser transformados em °C com a utilização da equação $t = 6{,}26721950i - 25{,}07797060$.

f) Incerteza do multímetro em °C

$$u_{\text{multímetro}} = 0{,}021 \text{ mA}$$
$$u_{\text{multímetro}} = 0{,}021 \times 6{,}26721950$$
$$u_{\text{multímetro}} = 0{,}131611609 \text{ °C}$$

g) Incerteza do ajuste

Para determinar a incerteza do ajuste, temos que utilizar a Equação (7.4). A tabela a seguir desenvolve esses cálculos. A incerteza do ajuste será a mesma para todos os pontos de calibração.

Tabela 7.25 Cálculo da incerteza do ajuste do Exercício Resolvido 7.5

Média da corrente elétrica (mA)	Média da temperatura y_i (°C)	$f(x_i)$	$[f(x_i) - y_i]^2$
4,00	0,00	−0,00909	8,26754E-05
8,83	30,30	30,24069	0,003518049
12,12	50,70	50,88073	0,032663239
15,22	70,30	70,30911	8,29956E-05
18,30	90,00	89,61215	0,150430531

(*Continua*)

Tabela 7.25 Calculo da incerteza do ajuste do Exercício Resolvido 7.5 (*continuação*)

Média da corrente elétrica (mA)	Média da temperatura y_i (°C)	$f(x_i)$	$[f(x_i) - y_i]^2$
20,00	100,00	100,2664	0,070979297
		soma	0,257756787
		u_{ajuste}	0,253848768

$$u_{ajuste} = 0,253848768\ °C$$

h) Incerteza combinada

$$u_c = \sqrt{0,025^2 + 0,131611609^2 + 0,0288675^2 + 0,253848768^2}$$
$$u_c = 0,28847287\ °C$$

i) Grau de liberdade efetivo

$$\frac{u_c^4}{\nu_{ef}} = \frac{u_{padrão}^4}{\infty} + \frac{u_{multímetro}^4}{\infty} + \frac{u_{ajuste}^4}{n-p} + \frac{u_{banho}^4}{\infty}$$

$$\frac{0,28847287^4}{\nu_{ef}} = \frac{0,253848768^4}{6-2}$$

$$\nu_{ef} = \frac{0,28847287^4}{\left(\frac{0,253848768^4}{4}\right)}$$

$$\nu_{ef} = 6$$

j) Fator de abrangência, k

Pela tabela de t-Student, para 95,45 % e $\nu_{ef} = 6$, $k = 2,52$

k) Incerteza expandida

$$U = k \times u_c = 2,52 \times 0,28847287$$
$$U = 0,726951632\ °C$$
$$U = 0,7\ °C$$

l) Tendência instrumental

A tendência instrumental do transmissor será a diferença entre o seu valor, usando a Equação (7.4), e o valor do padrão.

$$T = \overline{X}_{\text{objeto}} - \overline{X}_{\text{padrão}}$$

$$T = (6{,}26721950 \cdot 4{,}00 - 25{,}07797060) - 0{,}00$$

$$T = -0{,}00909 - 0{,}00$$

$$T = 0{,}0\ °C$$

II - Ponto 30,0 °C

Tabela 7.26 Cálculo de incerteza de medição no ponto 30,0 °C do Exercício Resolvido 7.5

Características metrológicas	Resultados
Média da corrente elétrica (mA)	8,83
Média da temperatura padrão (°C)	30,30
Valor da temperatura do objeto (°C)	30,2
Coeficiente de sensibilidade (°C/mA)	6,26721950
Incerteza do tipo A – repetibilidade do objeto (°C)	0,208886425
Incerteza padronizada oriunda do certificado do padrão (°C)	0,025
Incerteza do multímetro (°C)	0,252612816
Incerteza da estabilidade do banho (°C)	0,0288675
Incerteza do ajuste (°C)	0,253848768
Incerteza combinada (°C)	0,416346373
Grau de liberdade efetivo	15
Fator de abrangência, *k*	2,18
Incerteza expandida para 95,45 % (°C)	0,9

III - Ponto 50,0 °C

Tabela 7.27 Cálculo de incerteza de medição no ponto 50,0 °C do Exercício Resolvido 7.5

Características metrológicas	Resultados
Média da corrente elétrica (mA)	12,12
Média da temperatura padrão (°C)	50,70
Valor da temperatura do objeto (°C)	50,9
Coeficiente de sensibilidade (°C/mA)	6,26721950
Incerteza do tipo A – repetibilidade do objeto (°C)	0,00
Incerteza padronizada oriunda do certificado do padrão (°C)	0,025
Incerteza do multímetro (°C)	0,335170898
Incerteza da estabilidade do banho (°C)	0,0288675
Incerteza do ajuste (°C)	0,253848768

(*Continua*)

Tabela 7.27 Cálculo de incerteza de medição no ponto 50,0 °C do Exercício Resolvido 7.5 (*continuação*)

Características metrológicas	Resultados
Incerteza combinada (°C)	0,422181313
Grau de liberdade efetivo	30
Fator de abrangência, *k*	2,09
Incerteza expandida para 95,45 % (°C)	0,9

IV - Ponto 70,0 °C

Tabela 7.28 Cálculo de incerteza de medição no ponto 70,0 °C do Exercício Resolvido 7.5

Características metrológicas	Resultados
Média da corrente elétrica (mA)	15,22
Média da temperatura padrão (°C)	70,30
Valor da temperatura do objeto (°C)	70,3
Coeficiente de sensibilidade (°C/mA)	6,26721950
Incerteza do tipo A – repetibilidade do objeto (°C)	0,00
Incerteza padronizada oriunda do certificado do padrão (°C)	0,025
Incerteza do multímetro (°C)	0,41288442
Incerteza da estabilidade do banho (°C)	0,0288675
Incerteza do ajuste (°C)	0,253848768
Incerteza combinada (°C)	0,486180084
Grau de liberdade efetivo	53
Fator de abrangência, ***k***	2,05
Incerteza expandida para 95,45 % (°C)	1,0

V - Ponto 90,0 °C

Tabela 7.29 Cálculo de incerteza de medição no ponto 90,0 °C do Exercício Resolvido 7.5

Características metrológicas	Resultados
Média da corrente elétrica (mA)	18,30
Média da temperatura padrão (°C)	90,00
Valor da temperatura do objeto (°C)	89,6
Coeficiente de sensibilidade (°C/mA)	6,26721950
Incerteza do tipo A – repetibilidade do objeto (°C)	0,00
Incerteza padronizada oriunda do certificado do padrão (°C)	0,025

(*Continua*)

Tabela 7.29 Cálculo de incerteza de medição no ponto 90,0 °C do Exercício Resolvido 7.5 (*continuação*)

Características metrológicas	Resultados
Incerteza do multímetro (°C)	0,490096564
Incerteza da estabilidade do banho (°C)	0,0288675
Incerteza do ajuste (°C)	0,253848768
Incerteza combinada (°C)	0,553255973
Grau de liberdade efetivo	90
Fator de abrangência, *k*	2,03
Incerteza expandida para 95,45 % (°C)	1,1

VI - Ponto 100,0 °C

Tabela 7.30 Cálculo de incerteza de medição no ponto 100,0 °C do Exercício Resolvido 7.5

Características metrológicas	Resultados
Média da corrente elétrica (mA)	20,00
Média da temperatura padrão (°C)	100,00
Valor da temperatura do objeto (°C)	100,3
Coeficiente de sensibilidade (°C/mA)	6,26721950
Incerteza do tipo A – repetibilidade do objeto (°C)	0,00
Incerteza padronizada oriunda do certificado do padrão (°C)	0,025
Incerteza do multímetro (°C)	0,532713657
Incerteza da estabilidade do banho (°C)	0,0288675
Incerteza do ajuste (°C)	0,253848768
Incerteza combinada (°C)	0,591338625
Grau de liberdade efetivo	118
Fator de abrangência, *k*	2,02
Incerteza expandida para 95,45 % (°C)	1,2

Tabela 7.31 Resultado da calibração do transmissor de temperatura do Exercício Resolvido 7.5

Média da corrente elétrica (mA)	Média da temperatura padrão (°C)	Valor da temperatura do objeto (°C)	Tendência (°C)	Incerteza (°C)
4,00	0,00	0,0	0,0	0,7
8,83	30,30	30,2	−0,1	0,9

(*Continua*)

Tabela 7.31 Resultado da calibração do transmissor de temperatura do Exercício Resolvido 7.5 (*continuação*)

Média da corrente elétrica (mA)	Média da temperatura padrão (°C)	Valor da temperatura do objeto (°C)	Tendência (°C)	Incerteza (°C)
12,12	50,70	50,9	−0,2	0,9
15,22	70,30	70,3	0,0	1,0
18,30	90,00	89,6	−0,4	1,1
20,00	100,00	100,3	0,3	1,2

7.7.3 Incerteza dos coeficientes de um ajuste linear

Em muitos casos, se faz necessário o conhecimento dos coeficientes provenientes de um ajuste linear dos dados experimentais em uma calibração.

Considere uma equação ajustada do tipo $y = ax + b$, em que a é o coeficiente angular da reta e b seu coeficiente linear.

A incerteza do coeficiente angular da reta $\boldsymbol{a}$ é dada pela expressão:

$$u_{\text{coef A}} = u_{\text{ajuste}}\sqrt{\frac{N}{\Delta}} \tag{7.5}$$

A incerteza do coeficiente linear da reta $\boldsymbol{b}$ é dada pela expressão:

$$u_{\text{coef B}} = u_{\text{ajuste}}\sqrt{\frac{\sum x^2}{\Delta}} \tag{7.6}$$

com N sendo o número de pontos experimentais e Δ dado pela Equação (7.7):

$$\Delta = N\sum x^2 - \left(\sum x\right)^2 \tag{7.7}$$

7.8 Exercícios Propostos

7.8.1 A calibração de um sensor de temperatura (Pt-100 a 3 fios) contra um padrão de temperatura apresentou os valores constantes na Tabela 7.32.

Tabela 7.32 Resultado da calibração do sensor de temperatura

Temperatura padrão (°C)	Resistência $R(t)$ Ω
0,00	99,99
25,00	109,74
50,00	119,40
75,00	128,99
100,00	138,50
125,00	147,95
150,00	157,32
175,00	166,63
200,00	175,86

Considerando a incerteza do multímetro que mediu o valor da resistência igual a 0,02 Ω (k = 2,00 % e 95,45 %), a estabilidade do banho de calibração utilizado como ± 0,02 °C, a incerteza da repetibilidade (incerteza do tipo A) como igual a zero e a incerteza do termômetro padrão utilizado nessa calibração como 0,02 °C (k = 2,00 % e 95,45 %).

Determine:

a) A equação do ajuste sabendo que um termômetro de resistência de platina se comporta segunda a equação $R(t) = R(0)[1 + At + Bt^2]$, em que $R(0)$ é a resistência do Pt-100 a 0 °C, t é a temperatura, $R(t)$ é a resistência elétrica na temperatura desejada e A e B seus coeficientes.

b) A incerteza do ajuste.

c) A incerteza final do Pt-100.

7.8.2 Uma balança digital de resolução 0,1 kg é calibrada contra um jogo de massa padrão. O resultado da calibração se encontra na Tabela 7.33. Foram realizadas três medições em cada ponto.

Tabela 7.33 Resultado da calibração da balança

Valor da massa padrão (kg)	Resultado da leitura na balança (kg)
0,00	0,2; 0,3; 0,3
10,00	10,2; 10,4; 10,4
15,00	14,9; 14,9; 14,7
20,00	20,2; 20,0; 20,3

Considerando a incerteza das massas-padrão como 0,02 kg (para 95,45 % e $k = 2{,}09$), responda:

a) Qual é a incerteza do tipo A para cada ponto de calibração da balança descrita?
b) Qual é a incerteza expandida para cada ponto de calibração da balança descrita considerando a resolução de leitura, repetibilidade das medições e a massa padrão como as únicas fontes de incerteza?
c) Construa o gráfico *valor da massa padrão × resultado da leitura na balança.* Encontre a equação $y = ax + b$ ajustada para este gráfico pelo método dos mínimos quadrados e determine a incerteza do ajuste.
d) Determine a incerteza dos coeficientes $\boldsymbol{a}$ e $\boldsymbol{b}$ da reta ajustada.
e) Construa uma tabela com os valores de incerteza expandida e tendência para os pontos de (0 a 20) kg em intervalo de 1 kg em 1 kg.

7.8.3 A polia de um motor deve possuir uma largura de (25,000 ± 0,012) mm e diâmetro de (960,0 ± 1,5) mm. Para medir a largura, utilizou-se um micrômetro com incerteza de 0,002 mm e, para o diâmetro, uma trena digital com incerteza de 0,5 mm. Quais devem ser os limites de controle da fabricação desta polia considerando esses instrumentos de medição?

7.8.4 Um termômetro de líquido em vidro (TLV) apresenta uma incerteza de 0,2 °C. Qual é o maior valor da incerteza de medição que o padrão de calibração do TLV poderá apresentar para que sua influência na incerteza final não seja maior que 2,5 %?

7.8.5 Se uma fábrica deve produzir parafusos com diâmetros de (10,0 ± 0,1) mm, qual deve ser seu intervalo de tolerância?

7.8.6 Um termômetro de líquido em vidro (TLV), de resolução 0,5 °C, é calibrado contra um padrão de resolução 0,1 °C (veja resultado na Tabela 7.34). O banho de calibração tem estabilidade de ±0,08 °C. O certificado do termômetro padrão é fornecido no Exercício Resolvido 7.1. Determine:

a) A incerteza do tipo A das medições.
b) A incerteza da estabilidade do banho.
c) A incerteza da resolução do TLV objeto.
d) A tendência em cada ponto.
e) A curva de calibração linear do termômetro objeto e a equação que relaciona os valores do padrão (y) e os valores do termômetro objeto (x).
f) A incerteza do ajuste linear deste termômetro.
g) A incerteza do termômetro considerando o ajuste.

Tabela 7.34 Resultado da calibração do TLV

Medições	Padrão (°C)	Objeto (°C)
1ª medição	10,1	10,5
	10,1	10,5
	10,1	10,0
2ª medição	20,0	19,5
	20,0	19,5
	20,0	19,5
3ª medição	50,2	50,0
	50,2	50,0
	50,2	50,0

7.8.7 Um manômetro do tipo Bourdon (objeto), com faixa de medição entre (0 e 40) kgf/cm^2 e resolução de 0,5 kgf/cm^2, foi calibrado contra um manômetro padrão Classe A2 (erro fiducial 0,5 %), que possui uma incerteza de medição de 0,1 kgf/cm^2 (k = 2,00 % e 95,45 %) e resolução 0,1 kgf/cm^2. A Tabela 7.35 apresenta o resultado da calibração do manômetro objeto.

Tabela 7.35 Resultado da calibração do manômetro

Objeto	Padrão (kgf/cm^2)			
kgf/cm^2	Carga 1	Descarga 1	Carga 2	Descarga 2
6,0	6,4	6,5	6,4	6,5
10,0	10,5	10,4	10,5	10,4
24,0	24,3	24,2	24,3	24,2
30,0	30,3	30,4	30,3	30,4
40,0	40,5	40,4	40,5	40,4

Determine:

a) A histerese do manômetro objeto em cada ponto.
b) O erro fiducial do manômetro em cada ponto.
c) A incerteza do manômetro em cada ponto.
d) A curva de calibração linear do manômetro objeto e a equação que relaciona os valores do padrão (y) e os valores do manômetro objeto (x).
e) A incerteza do ajuste linear deste manômetro.
f) A incerteza dos coeficientes angular e linear da curva de calibração.
g) A incerteza do manômetro considerando o ajuste.

7.8.8 Um voltímetro digital, de resolução igual a 0,01 mV, foi calibrado em um intervalo de (0 a 200) mV contra um voltímetro padrão cujo certificado é apresentado na Figura 7.4. Considere a incerteza da voltagem parasita igual a $\frac{2\mu V}{\sqrt{3}}$.

A Tabela 7.36 apresenta o resultado da calibração do voltímetro objeto.

Tabela 7.36 Resultado da calibração do voltímetro

Indicação objeto (mV)	Valores do padrão (mV)			
	V1	V2	V3	V4
40,00	40,110	40,150	40,160	40,120
80,00	80,120	80,160	80,140	80,130
120,00	120,150	120,170	120,190	120,190
160,00	160,230	160,180	160,170	160,180
200,00	200,210	200,230	200,260	200,270

Determine:

a) O erro de medição em todos os pontos de calibração.
b) O erro fiducial em cada ponto de calibração do voltímetro.
c) A incerteza do voltímetro em cada ponto de calibração.
d) A curva de calibração linear do voltímetro objeto e a equação que relaciona os valores do padrão (y) e os valores do voltímetro objeto (x).
e) A incerteza do ajuste linear deste voltímetro.
f) A incerteza do voltímetro considerando o ajuste.

Capítulo 8

ANÁLISE CRÍTICA DE CERTIFICADO DE CALIBRAÇÃO

Como podemos ter certeza de que um processo está sob controle? Como saber se o instrumento utilizado no controle de qualidade deste processo industrial atende as tolerâncias exigidas?

As respostas a essas perguntas estão em uma boa análise do certificado de calibração dos instrumentos envolvidos no controle de qualidade desse processo industrial.

Sabendo que a tolerância de um processo produtivo é definida como a máxima variação admitida pelas variáveis do processo, necessitamos garantir que essas variáveis estarão dentro da faixa de medição definida no processo.

Às vezes, um resultado pode cair claramente dentro ou fora do limite de uma especificação, mas a incerteza pode sobrepor-se ao limite, como é mostrado na Figura 8.1.

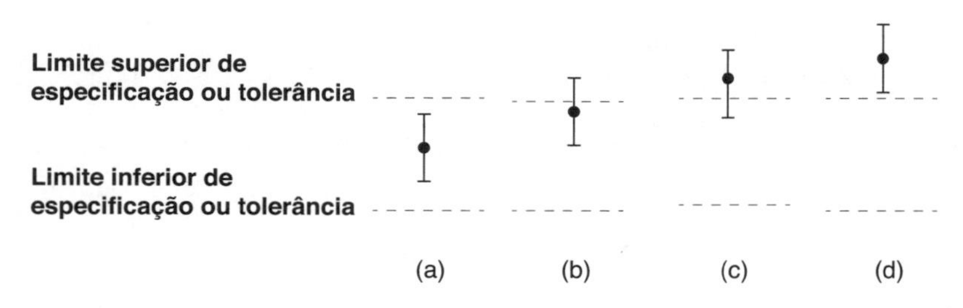

Figura 8.1 Possíveis resultados e sua incerteza de medição.

Na Figura 8.1, quatro casos de como um resultado de medição e sua incerteza podem se situar em relação aos limites de uma especificação ou tolerância.

No caso (a), tanto o resultado como a incerteza caem dentro dos limites especificados. Isso é classificado como uma "**conformidade**".

No caso (d), nem o resultado nem qualquer parte da faixa de incerteza se enquadram no intervalo de tolerância. Isso é classificado como "**não conformidade**".

Nos casos (b) e (c), as medições e suas respectivas incertezas não estão nem completamente dentro nem fora dos limites. Por essa razão, esses resultados não são conclusivos e estão na **faixa de dúvida**.

Quando as conclusões são extraídas dos resultados das medições, a incerteza das medições não deve ser negligenciada. Isto é particularmente importante quando as medições são usadas para verificar se o resultado está dentro da tolerância do processo ou especificação. Esse é o tema central deste capítulo.

8.1 Tolerância de um processo de medição

A tolerância de um processo de medição é definida como a máxima variação admitida pelas variáveis do processo. Chama-se **faixa de tolerância** os limites dentro dos quais os parâmetros de interesse devem se situar. Imagine que uma fábrica precise produzir parafusos com diâmetros de (10,00 ± 0,50) mm. Neste caso, os valores extremos dos diâmetros dos parafusos devem estar entre 9,50 mm e 10,50 mm.

Para determinar se o valor de uma grandeza se encontra dentro de um intervalo de tolerância, é necessário efetuar sua medição. Deste modo, a escolha do sistema de medição adequado e sua respectiva incerteza são fundamentais para obter bons resultados.

Teoricamente, quanto menor a incerteza do sistema de medição (U_{SM}) usado para verificar uma dada tolerância, melhor.

Na prática, percebe-se que o ponto ótimo na determinação da U_{SM} é quando seu valor é 1/10 da tolerância (veja a Seção 7.5(f)), mas em processos bem controlados, é possível chegar a ¼ da tolerância (veja a Seção 7.5(d)). Como exemplo, retornemos ao caso da fabricação de parafusos.

Na indústria, por questões de praticidade e economia de tempo, é comum efetuar uma única medição sem corrigir a tendência ou erro do instrumento de medição. Neste caso, devemos dimensionar a incerteza de medição levando em conta a incorporação desta tendência. Assim, vamos considerar para o exemplo dado o uso de um paquímetro com as seguintes características:

- tendência = −0,01 mm;
- incerteza de medição = 0,05 mm.

Incorporando a tendência do paquímetro na incerteza final do processo de medição, teremos:

$$U_{\text{máxima}} = |U_{SM}| + |T| \tag{8.1}$$

em que $|\mathbf{U}_{SM}|$ é o módulo da incerteza do sistema de medição, e $|\mathbf{T}|$ o módulo da tendência (o mesmo aplica-se ao erro de medição).

Desta forma,

$$U_{\text{máxima}} = (0{,}01 + 0{,}05)$$
$$U_{\text{máxima}} = 0{,}06 \text{ mm}$$

Este resultado representa aproximadamente 1/8 da tolerância, o que, na maioria dos casos, é bem razoável.

ATENÇÃO!

Sempre que se desejar incluir a tendência ou o erro de medição na incerteza final, deve-se somar o módulo da tendência, ou erro de medição, com o módulo da incerteza de medição. A vantagem deste método é eliminar as sucessivas correções, mas a desvantagem é aumentar a incerteza final do processo de medição. A escolha dependerá de cada caso.

Ainda restarão ocasiões em que não será possível afirmar, com segurança, se uma peça está ou não dentro do intervalo de tolerância. Voltemos ao exemplo da fábrica de parafusos. Considere que os parafusos produzidos devam ter diâmetros de (10,00 ± 0,50) mm e que o resultado da medição de um parafuso foi de (10,50 ± 0,06) mm. Haveria uma dúvida neste caso, pois o valor inferior da medição é 10,44 mm, mas o superior, 10,56 mm, extrapola o intervalo de tolerância. Por essa razão, devemos caracterizar três faixas do intervalo de tolerância (veja a Figura 8.2):

- faixa de conformidade;
- faixa de não conformidade;
- faixa de dúvida.

com LIT sendo o limite inferior da tolerância, e LST, o limite superior da tolerância do processo de medição.

Era de se esperar que, se o resultado aceitável estivesse contido na faixa de tolerância, poderíamos aprovar a peça. Porém, em função da incerteza do instrumento de medição usado, só é possível afirmar que a peça atende à tolerância se estiver dentro da faixa de conformidade representada na Figura 8.2.

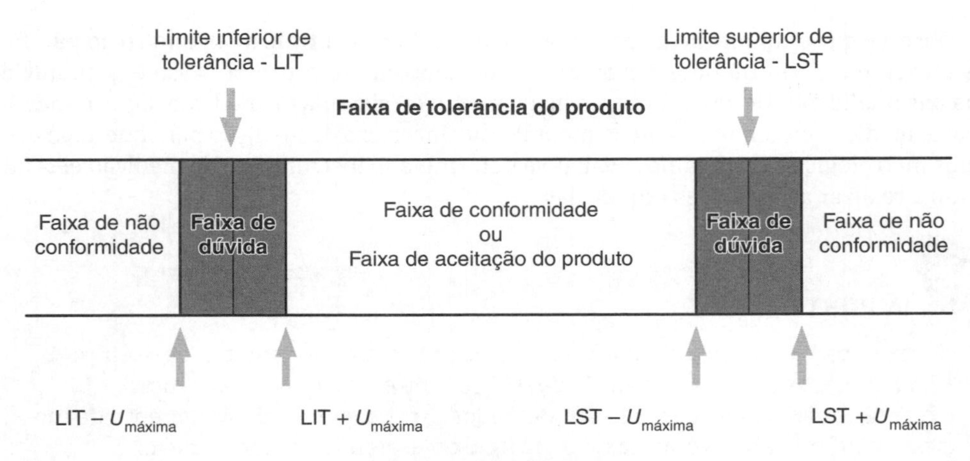

Figura 8.2 Faixas de tolerância.

Note que a faixa de conformidade é menor do que a faixa de tolerância. Para determinar a faixa de conformidade, é necessário estabelecer novos limites, denominados **limites de controle**. São, então, definidos:

$$\text{LIC (limite inferior de controle)} = \text{LIT} + U_{\text{máxima}} \tag{8.2}$$

$$\text{LSC (limite superior de controle)} = \text{LST} - U_{\text{máxima}} \tag{8.3}$$

No exemplo do parafuso, o LIC e o LSC serão:

$$\text{LIC} = 9{,}50 + 0{,}06 = 9{,}56 \text{ mm}$$
$$\text{LSC} = 10{,}50 - 0{,}06 = 10{,}44 \text{ mm}$$

O resultado aceitável para a faixa de conformidade deve estar compreendido entre 9,56 mm e 10,44 mm. No exemplo, o valor de 10,50 mm está fora da faixa de conformidade, mas dentro da faixa de dúvida. Os resultados acima de 10,56 mm ou abaixo de 9,44 mm estão na faixa de não conformidade.

Figura 8.3 Faixa de tolerância do exemplo da fábrica de parafusos.

Observe que a calibração do paquímetro utilizado no controle do diâmetro do parafuso deste exemplo permitiu detectar os limites de controle do processo. Essa é, sem dúvida, uma das finalidades de se calibrar um instrumento ou sistema de medição: determinar seu erro de medição ou tendência instrumental e sua incerteza de medição para que, com esses dados metrológicos, consigamos avaliar se determinado instrumento de medição está adequado a realizar as medições requeridas.

IMPORTANTE

No exemplo da fábrica de parafusos, o intervalo de tolerância é de 9,50 mm a 10,50 mm, e os limites de controle devem ser entre 9,56 mm e 10,44 mm.
Em geral, os limites de controle são definidos previamente, e o instrumento de medição utilizado para o controle de qualidade deve atender a esses limites.
No exemplo da fábrica de parafusos, ao analisar o certificado do paquímetro, ele será aprovado se sua tendência somada a sua incerteza não ultrapassar 0,06 mm.
A isso chamamos de CRITÉRIO DE ACEITAÇÃO.

8.2 Certificado de calibração

No Vocabulário Internacional de Metrologia (VIM, 2012) [1], encontramos que: "uma calibração pode ser expressa por meio de uma declaração, uma função de calibração, um diagrama de calibração, uma curva de calibração ou uma tabela de calibração".

Podemos considerar que o documento chamado **certificado de calibração**, emitido pelo laboratório que realizou o serviço, engloba algumas, ou todas as expressões da calibração (declaração, função, diagrama, curva ou tabela).

O **certificado** é um registro técnico imprescindível e contém informações importantes do processo de calibração do instrumento de medição. Por meio dessas informações relatadas é possível realizar a *avaliação da conformidade*[1] do instrumento de medição.

A norma ABNT NBR ISO/IEC 17025:2017 Requisitos Gerais para a Competência de Laboratórios de Ensaio e Calibração determina que os resultados de uma calibração constantes em um certificado devem ser apresentados de forma clara, objetiva, exata, de acordo com as instruções específicas do método de calibração, e que devem, ainda, incluir toda a informação necessária para a correta interpretação dos resultados.

8.3 Certificado de calibração e a NBR ISO/IEC 17025

No Capítulo 2, apresentamos algumas normas de gestão (ABNT NBR ISO 9001, NBR ISO/IEC 17025 e NBR ISO 10012) em que todas destacam a importância da calibração dos instrumentos de medição, entretanto, nenhuma delas apresenta um modelo, ou um padrão, para a elaboração e apresentação de um certificado de calibração.

[1] Avaliação da conformidade, definida pelo Inmetro, é: "procedimento que objetiva prover adequado grau de confiança em um determinado produto, mediante o atendimento de requisitos definidos em normas ou regulamentos técnicos". No nosso caso, o produto é um instrumento de medição.

A norma ABNT NBR ISO/IEC 17025:2017, apesar de não definir o modelo, estabelece no requisito 7.8 – Relato de resultados – quais informações mínimas necessárias devem constar em um certificado de calibração, a saber:

a) um título (por exemplo: certificado de calibração);
b) nome e endereço do laboratório;
c) local de realização das atividades, inclusive quando realizadas nas instalações do cliente ou fora das instalações permanentes do laboratório;
d) identificação unívoca de que todos os componentes sejam reconhecidos como parte de um relatório completo e uma identificação do final do documento;
e) identificação do cliente;
f) apresentação do método utilizado na calibração;
g) identificação do instrumento calibrado;
h) data da realização da calibração;
i) data da emissão do certificado;
j) declaração de que os resultados aplicam-se somente ao instrumento calibrado;
k) apresentação dos resultados da calibração, com suas respectivas unidades de medida;
l) nome, função e identificação da pessoa autorizada em emitir o certificado;
m) declaração de que o certificado só deve ser reproduzido de forma completa;
n) condições ambientais de onde a calibração foi realizada;
o) as incertezas de medição;
p) rastreabilidade das medições;
q) se houver qualquer ajuste no instrumento, devem ser relatados os resultados antes e depois do ajuste;
r) não deve existir nenhuma recomendação sobre a data da próxima calibração, a menos que isso tenha sido acordado previamente com o cliente.

Na Figura 8.4, apresentamos um exemplo de um certificado, fictício, de calibração de um termômetro de líquido em vidro (TLV), emitido pelo laboratório M&I Calibração Ltda.

As letras em destaque sinalizam as informações mínimas necessárias, conforme estabelecido pela norma ABNT NBR ISO/IEC 17025:2017.

Não incluímos no certificado as informações relativas às letras "q" (ajuste) e "r" (recomendação de nova calibração).

8.4 Interpretação dos requisitos metrológicos nos certificados de calibração

Reiteramos o fato de que todo instrumento de medição deve ser calibrado, pois isso permite o conhecimento dos erros e das incertezas associadas. Essas informações podem ser obtidas no certificado de calibração.

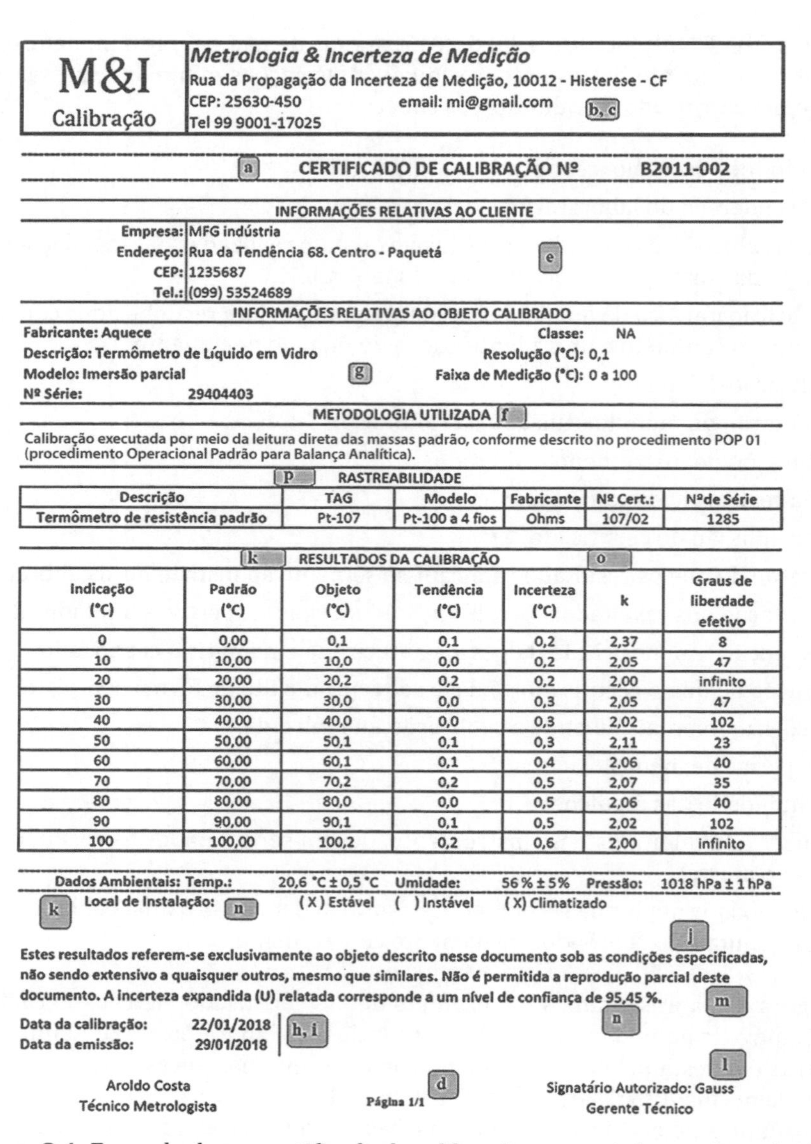

M&I
Calibração

Metrologia & Incerteza de Medição
Rua da Propagação da Incerteza de Medição, 10012 - Histerese - CF
CEP: 25630-450 email: mi@gmail.com
Tel 99 9001-17025

CERTIFICADO DE CALIBRAÇÃO Nº B2011-002

INFORMAÇÕES RELATIVAS AO CLIENTE

Empresa: MFG indústria
Endereço: Rua da Tendência 68. Centro - Paquetá
CEP: 1235687
Tel.: (099) 53524689

INFORMAÇÕES RELATIVAS AO OBJETO CALIBRADO

Fabricante: Aquece — Classe: NA
Descrição: Termômetro de Líquido em Vidro — Resolução (°C): 0,1
Modelo: Imersão parcial — Faixa de Medição (°C): 0 a 100
Nº Série: 29404403

METODOLOGIA UTILIZADA

Calibração executada por meio da leitura direta das massas padrão, conforme descrito no procedimento POP 01 (procedimento Operacional Padrão para Balança Analítica).

RASTREABILIDADE

Descrição	TAG	Modelo	Fabricante	Nº Cert.:	Nºde Série
Termômetro de resistência padrão	Pt-107	Pt-100 a 4 fios	Ohms	107/02	1285

RESULTADOS DA CALIBRAÇÃO

Indicação (°C)	Padrão (°C)	Objeto (°C)	Tendência (°C)	Incerteza (°C)	k	Graus de liberdade efetivo
0	0,00	0,1	0,1	0,2	2,37	8
10	10,00	10,0	0,0	0,2	2,05	47
20	20,00	20,2	0,2	0,2	2,00	infinito
30	30,00	30,0	0,0	0,3	2,05	47
40	40,00	40,0	0,0	0,3	2,02	102
50	50,00	50,1	0,1	0,3	2,11	23
60	60,00	60,1	0,1	0,4	2,06	40
70	70,00	70,2	0,2	0,5	2,07	35
80	80,00	80,0	0,0	0,5	2,06	40
90	90,00	90,1	0,1	0,5	2,02	102
100	100,00	100,2	0,2	0,6	2,00	infinito

Dados Ambientais: Temp.: 20,6 °C ± 0,5 °C Umidade: 56 % ± 5% Pressão: 1018 hPa ± 1 hPa
Local de Instalação: (X) Estável ( ) Instável (X) Climatizado

Estes resultados referem-se exclusivamente ao objeto descrito nesse documento sob as condições especificadas, não sendo extensivo a quaisquer outros, mesmo que similares. Não é permitida a reprodução parcial deste documento. A incerteza expandida (U) relatada corresponde a um nível de confiança de 95,45 %.

Data da calibração: 22/01/2018
Data da emissão: 29/01/2018

Aroldo Costa
Técnico Metrologista

Página 1/1

Signatário Autorizado: Gauss
Gerente Técnico

Figura 8.4 Exemplo de um certificado de calibração com as informações mínimas necessárias, de acordo com a ABNT NBR ISO/IEC 17025:2017.

Entretanto, a existência de um certificado não garante que o instrumento atende aos requisitos pretendidos para sua aplicação no processo de medição, ou seja, um instrumento calibrado não necessariamente está apto para o uso.

A partir das informações encontradas no certificado é necessário, então, realizar uma avaliação desse conteúdo no sentido de validar a utilização do instrumento.

Balança analítica

Considere o certificado de calibração da balança analítica (Figura 8.6). O que se deve analisar nesse certificado para avaliar a conformidade da balança?

SOLUÇÃO:

1° - ERRO MÁXIMO ACEITÁVEL

Existe uma Portaria de n° 236, emitida pelo Inmetro em 22 de dezembro de 1994, que estabelece o valor de erro máximo permitido para as balanças em verificação inicial e em serviço (erro em serviço é igual ao dobro do valor inicial), aplicando cargas crescentes e decrescentes, em função da classe de exatidão do instrumento, conforme a Tabela 8.1.

Tabela 8.1 Erro máximo aceitável para balanças

Erros máximos permitidos	Para as cargas *m*, expressas em valores de divisão de verificação (*e*)			
	Classe I	**Classe II**	**Classe III**	**Classe IIII**
± 0,5 *e*	$0 \leq m \leq 50\,000$	$0 \leq m \leq 5\,000$	$0 \leq m \leq 500$	$0 \leq m \leq 50$
± 1,0 *e*	$50\,000 < m \leq 200\,000$	$5\,000 < m \leq 20\,000$	$500 < m \leq 2\,000$	$50 < m \leq 200$
± 1,5 *e*	$200\,000 < m$	$20\,000 < m \leq 100\,000$	$2\,000 < m \leq 10\,000$	$200 < m \leq 1\,000$

A Portaria Inmetro nº 236 estabelece que, na tabela, o valor de ***e*** é igual ao valor da divisão de verificação. Numericamente, ***e*** vale dez vezes o valor da resolução de leitura.

A Portaria diz, ainda, que se a balança tiver classe de exatidão I (Especial), e a resolução de leitura for inferior a 1 mg, então, o valor da divisão de verificação ***e*** é igual a 1 mg.

No caso da balança em análise, podemos observar no certificado de calibração que o instrumento é Classe I e a resolução de leitura 0,0001 g, ou 0,1 mg.

INFORMAÇÕES RELATIVAS AO OBJETO CALIBRADO	
Fabricante: xxxxxxxxx	Classe: I
Descrição: Balança Analítica	Resolução (g): 0,0001
Modelo: xxxxxxxxx	Faixa de Medição (g): 0,1 a 200
Nº Série: 421655	

Conforme a Tabela 8.1, para a nossa balança o erro máximo aceitável por faixa de medição será:

	Faixa de medição	
Classe I	$0 \leq m \leq 50$ g	50 g $< m \leq 200$ g
Erro máximo	± 0,5 mg	± 1,0 mg

No certificado de calibração, encontramos a tendência de medição da balança:

RESULTADOS DA CALIBRAÇÃO						
Indicação (g)	Padrão (g)	Objeto (g)	Tendência (mg)	Incerteza (mg)	k	Graus de liberdade efetivo
20	19,999560	20,0004	0,8	0,8	2,03	84
50	50,000270	50,0009	0,6	0,9	2,02	126
60	60,000150	60,0010	0,8	0,9	2,02	126
100	100,000540	100,0014	0,9	1,1	2,01	251
150	150,000000	149,9999	-0,1	1,4	2,00	infinito
200	200,001180	200,0045	3,3	1,6	2,00	infinito

Comparando os valores de tendência de medição indicados no certificado com a tabela de erro máximo, por faixa, podemos concluir que:

- $m \leq 50$ g: tendência da balança (0,8 mg) > erro máximo (0,5 mg) → PROBLEMA.
- 50 g < $m \leq 150$ g: tendência da balança (0,9 mg) < erro máximo (1 mg) → OK.
- 150 g < m < 200 g: como nesse intervalo a balança não foi calibrada, **não sabemos** a sua tendência de medição. *Interpolando a massa*(*) para o erro máximo de 1 mg, teremos m = 166 g → OK.

(*) Interpolando a massa, m

$$\begin{aligned} 150\,\text{g} &---- -0{,}1\,\text{mg} \\ x &------ 1{,}0\,\text{mg} \\ 200\,\text{g} &---- 3{,}3\,\text{mg} \end{aligned}$$

$$\frac{200-150}{200-x} = \frac{3{,}3-(-0{,}1)}{3{,}3-1{,}0}$$

$$x = 166\,\text{g}$$

- m = 200 g: tendência de 3,3 mg > erro máximo de 1 mg → PROBLEMA

Conclusão: a balança precisa ser ajustada para reduzir o erro máximo no início e no final da escala, porém, se não for realizado o ajuste, a balança só deveria ser usada em medições entre (50 e 166) g.

2° - INCERTEZA FINAL (|T| + |U|)

RESULTADOS DA CALIBRAÇÃO

Indicação (g)	Padrão (g)	Objeto (g)	Tendência (mg)	Incerteza (mg)	k	Graus de liberdade efetivo
20	19,999560	20,0004	0,8	0,8	2,03	84
50	50,000270	50,0009	0,6	0,9	2,02	126
60	60,000150	60,0010	0,8	0,9	2,02	126
100	100,000540	100,0014	0,9	1,1	2,01	251
150	150,000000	149,9999	-0,1	1,4	2,00	infinito
200	200,001180	200,0045	3,3	1,6	2,00	infinito

Considere, por exemplo, que com a nossa balança calibrada vamos pesar determinada substância no laboratório. Considere, ainda, que o valor da massa desse produto deve estar compreendido no intervalo de (50,0000 ± 0,0100) g, ou seja, deve estar entre 49,9900 g (LIT – limite inferior de tolerância) e 50,0100 g (LST – limite superior de tolerância).

No certificado de calibração da balança está declarado que, para o valor de 50 g, a tendência (T) é de 0,6 mg e a incerteza de medição (U) de 0,9 mg.

Temos, então: LIT = 49,9900 g e LST = 50,0100 g.

Os limites de controle (LIC e LSC) são definidos por:

$$LIC = LIT + U_F = 49{,}9900 + (0{,}0009 + 0{,}0006) = 49{,}9915 \text{ g}$$

$$LSC = LST - U_F = 50{,}0100 - (0{,}0009 + 0{,}0006) = 50{,}0085 \text{ g}$$

O resultado da massa será sempre aceitável se encontrado dentro da faixa de conformidade, entre 49,9915 g e 50,0085 g.

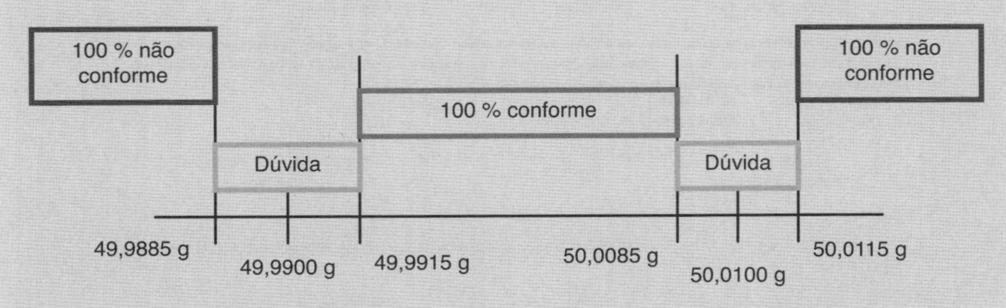

Figura 8.5 Análise do certificado do Exercício Resolvido 8.1.

Suponha que, ao realizar a medida da massa (M), se encontre o valor de 49,9914 g. Podemos afirmar que este valor está conforme?

Resposta: NÃO PODEMOS AFIRMAR.

Como podemos ver na Figura 8.5, esse valor está situado no intervalo de dúvida, e como tal, não podemos aceitar esse valor como conforme.

M&I
Calibração

Metrologia & Incerteza de Medição
Rua da Propagação da Incerteza de Medição, 10012 - Histerese - CF
CEP: 25630-450 email: mi@gmail.com
Tel 99 9001-17025

CERTIFICADO DE CALIBRAÇÃO Nº 46851

INFORMAÇÕES RELATIVAS AO CLIENTE

Empresa: xxxxxxxx
Endereço: xxxxxxxx
CEP: xxxxxxxx
Tel.: xxxxxxxx

INFORMAÇÕES RELATIVAS AO OBJETO CALIBRADO

Fabricante: xxxxxxxxx — **Classe:** I
Descrição: Balança Analítica — **Resolução (g):** 0,0001
Modelo: xxxxxxxxx — **Faixa de Medição (g):** 0,1 a 200
Nº Série: 421655

METODOLOGIA UTILIZADA

Calibração executada por meio da leitura direta das massas-padrão, conforme descrito no procedimento POP 01 (Procedimento Operacional Padrão para Balança Analítica).

RASTREABILIDADE

Descrição	Validade	Modelo	Fabricante	Nº Cert.:	Nº de Série
Jogo de massa-padrão	mar/19	E2	xxxxxx	M1605/18 RBC	1285

RESULTADOS DA CALIBRAÇÃO

Indicação (g)	Padrão (g)	Objeto (g)	Tendência (mg)	Incerteza (mg)	k	Graus de liberdade efetivo
20	19,999560	20,0004	0,8	0,8	2,03	84
50	50,000270	50,0009	0,6	0,9	2,02	126
60	60,000150	60,0010	0,8	0,9	2,02	126
100	100,000540	100,0014	0,9	1,1	2,01	251
150	150,000000	149,9999	-0,1	1,4	2,00	infinito
200	200,001180	200,0045	3,3	1,6	2,00	infinito

Dados Ambientais: Temp.: 20,6 °C ± 0,5 °C **Umidade:** 56 % ± 5 % **Pressão:** 1018 hPa ± 1 hPa
Local de Instalação: (X) Estável ( ) Instável (X) Climatizado

Estes resultados referem-se exclusivamente ao objeto descrito nesse documento sob as condições especificadas, não sendo extensivo a quaisquer outros, mesmo que similares. Não é permitida a reprodução parcial deste documento. A incerteza expandida (U) relatada corresponde a um nível de confiança de 95,45 %.
Data da calibração: 22/01/2018
Data da emissão: 29/01/2018

Aroldo Costa
Técnico Metrologista

Signatário Autorizado: Gauss
Gerente Técnico

Figura 8.6 Certificado de calibração da balança do Exercício Resolvido 8.1.

Conheça um pouco mais...

Verificação da balança

Entre os intervalos de calibração, a balança deverá ser verificada pelo usuário do instrumento.

A Portaria Inmetro nº 236 estabelece que o valor da massa de verificação deve ser igual ou superior à metade da faixa de medição. No caso da balança analítica, Exercício 8.1, a massa de verificação deve ser maior ou igual a 100 g.

Esta mesma Portaria define, ainda, que: $\boxed{\text{erro}_{\text{massa}} \leq 1/3 \text{ erro máximo}}$.

Já a Portaria Inmetro nº 233 emitida em 22 dezembro de 1994, estabelece os erros máximos (mg) permitidos para massas de calibração ou de verificação das balanças, conforme tabela apresentada no Capítulo 7 (Tabela 7.1).

A escolha das classes das massas que podem ser utilizadas na calibração ou verificação da balança deve, então, ser compatível com o erro máximo da balança.

Relembrando, para nossa balança do Exercício Resolvido 8.1, o erro máximo aceitável por faixa de medição será:

	Faixa de medição	
Classe I	$0 \leq m \leq 50$ g	50 g $< m \leq 200$ g
Erro máximo	± 0,5 mg	± 1 mg

Então: $\text{erro}_{\text{massa}} \leq 1/3$ erro máximo = 0,33 mg.

Sabendo que a massa a ser utilizada na verificação é de 100 g, entra-se na Tabela 7.1 e encontra-se a Classe E_2, cujo erro máximo de 0,15 mg é menor que 0,33 mg (1/3 do erro máximo da balança). Se a tendência apresentada no certificado de calibração da massa a ser utilizada na verificação da balança for superior ao máximo da classe, a massa muda para uma classe inferior.

No nosso exemplo, se a massa de 100 g utilizada apresentar erro superior a 0,15 mg passa de Classe E_2 para F_1. Como o erro da Classe F_1 (0,5 mg) é maior que 0,33 mg, esta massa não deverá ser mais utilizada na verificação.

8.5 Critério de aceitação de um instrumento de medição

Até o momento discutimos a análise de um certificado de calibração verificando se ele está apto para uso, se atende os requisitos de uma portaria ou regulamentação técnica e calculamos os limites de controle inferior e superior (LIC) e (LSC), Equações (8.2) e (8.3), respectivamente.

Nesta seção, analisaremos um certificado de calibração verificando se o instrumento de medição está ou não aprovado para ser utilizado em um processo de medição industrial.

O primeiro passo é conhecer o critério de aceitação adotado pela indústria. O critério de aceitação (C.A.) leva em conta a incerteza máxima do instrumento utilizado para verificar a conformidade do produto em relação a sua especificação, e sempre será inferior a tolerância do processo, uma vez que leva em consideração a incerteza e tendência ou erro de medição do instrumento.

O critério de aceitação (C.A.) é uma fração do intervalo de tolerância. Para determinarmos o C.A., devemos adotar a seguinte relação:

$$\text{C.A.} = \frac{\text{IT}}{\beta} \tag{8.4}$$

em que β é um fator que pode variar desde 10; 5; 4 ou 3, e IT é o intervalo de tolerância do processo.

No exemplo da fábrica de parafusos, temos o intervalo de tolerância (IT) igual a ± 0,5 mm.

Se adotarmos:

(a) β = 10, temos C.A. = ± 0,05 mm. Assim, os limites de aceitação passam a ser: LIC = 9,55 mm e LSC = 10,45 mm.

(b) β = 5, temos C.A. = ± 0,1 mm. Assim, os limites de aceitação passam a ser: LIC = 9,60 mm e LSC = 10,40 mm.

(c) β = 3, temos C.A. = ± 0,17 mm. Assim, os limites de aceitação passam a ser: LIC = 9,67 mm e LSC = 10,33 mm.

Podemos observar que, quanto maior o fator β, mais próximo os limites de aceitação estarão dos limites de especificação ou tolerância, o que é muito bom, mas pode trazer problemas. Vejamos:

No item (a), o C.A. foi igual a ± 0,05 mm e, nesse caso, o paquímetro estaria reprovado, uma vez que sua incerteza máxima ($U_{\text{máxima}}$) é 0,06 mm. A solução, então, seria trocar o paquímetro de resolução 0,05 mm por um de resolução 0,02 mm.

A vantagem de o fator β ser grande e, consequentemente, o C.A. pequeno, é que estaremos próximos ao limite de especificação e, assim, rejeitaremos poucas peças (produtos). A grande desvantagem, entretanto, é que reprovaremos muitos instrumentos de medição ou até não conseguiremos encontrar um que satisfaça essa exigência.

Mas o que a resolução tem a ver com o C.A.?

8.6 Escolha do instrumento adequado para um bom controle de qualidade

No momento que decidimos em quantas partes iremos dividir o intervalo de tolerância (IT) do nosso processo, devemos levar em consideração alguns fatores:

1) O processo está sob controle? Ou seja, os valores das variáveis controladas estão com pouca ou nenhuma variação? Se sim, podemos dividir por um β pequeno, por exemplo, 4 ou 3. Se não, devemos dividir por um β grande, por exemplo, 10.
2) O instrumento que vamos escolher para controlar o processo pode atender ao nosso C.A.? Ou seja, seu erro ou tendência somados a sua incerteza de medição é inferior

ou igual a C.A. adotado? Uma boa escolha está associada à resolução do instrumento. É sabido, por experiência, que a incerteza de medição de um instrumento em perfeito estado geralmente tem seu valor norteando a sua resolução. Então, um paquímetro de resolução 0,05 mm deve ter incerteza de medição em torno de (0,04; 0,05; 0,06) mm.

Logo, não adianta adotar um paquímetro de resolução 0,05 mm para controlar um processo cujo C.A. é 0,02 mm!

3) Muitas vezes, um instrumento de medição tem seu erro máximo admissível (EMA) definido por norma ou regulamento e, desta forma, não podemos escolher um instrumento cujo C.A. seja maior do que o EMA definido por norma ou regulamento técnico.
É o caso dos manômetros. Suponha que a pressão manométrica em uma linha de ar comprimido tenha um intervalo de tolerância igual a ± 0,5 %. Foi adotado $\beta = 5$ e determinou-se o C.A. para o manômetro como ± 0,1 % da pressão lida. Neste caso, não podemos escolher um manômetro cujo o EMA por norma (ABNT NBR 14105:2013) seja superior a 0,1 %.

ATENÇÃO!

Avaliar os resultados de uma calibração sem definir CRITÉRIOS DE ACEITAÇÃO previamente não tem grande utilidade. O critério de aceitação tem a finalidade de decidir se um instrumento de medição está aprovado ou não para o uso requerido.

Para definirmos os critérios de aceitação, devemos levar em conta pelo menos os seguintes fatores:

- Erro máximo admissível pelo método.
- Exatidão requerida pelo método.
- Incerteza máxima aceita para as medições.

EXERCÍCIO RESOLVIDO 8.2

Balão volumétrico (vidraria de laboratório)

Analise os dados oriundos do certificado de calibração do balão volumétrico, à luz da norma ASTM E 288, e considere o C.A. do balão volumétrico como ± 0,05 mL.

Tabela 8.2 Dados do Exercício Resolvido 8.2

Dados do certificado de calibração do balão volumétrico – Classe A					
Valor nominal mL	Valor medido mL	Erro de medição mL	Incerteza de medição mL	Fator de abrangência (95,45 %)	Grau de liberdade efetivo
500	500,145	0,145	0,008	2,00	Infinito

SOLUÇÃO:

a) Erro máximo aceitável

Segundo a norma ASTM E 288, temos os seguintes erros máximos admissíveis para os balões volumétricos (Tabela 8.3):

Tabela 8.3 Erro máximo aceitável para balão volumétrico

Capacidade (mL)	Erro máximo (mL)	
	Classe A	Classe B
5	0,02	0,04
10	0,02	0,04
25	0,03	0,06
50	0,05	0,10
100	0,08	0,16
250	0,10	0,20
500	0,12	0,24
1000	0,20	0,40
2000	0,30	0,60
4000	0,50	1,00

Na Tabela 8.3, para um volume de 500 mL e Classe A, o erro máximo é de 0,12 mL. Como o erro apresentado na calibração foi de 0,145 mL, o balão volumétrico não pode ser considerado mais como Classe A, passando para a Classe B (erro máximo de 0,24 mL).

b) Incerteza máxima

$$U_{\text{máxima}} = |E| + |U|$$

$$U_{\text{máxima}} = 0{,}145 + 0{,}008$$

$$U_{\text{máxima}} = 0{,}153\ \text{mL}$$

Como o C.A. é de 0,05 mL, o balão está reprovado para uso.

Conheça um pouco mais...

Calibração de vidrarias

As vidrarias utilizadas nos laboratórios são classificadas em função dos erros máximos (tolerâncias) aceitáveis em Classe A e Classe B. As vidrarias Classe B são calibradas com erros que, geralmente, compreendem duas vezes o erro permitido para a Classe A.

Além dessa classificação, também são conhecidas como:

- Vidrarias TD (*To Deliver*) - indicam o volume escoado ou transferido pela vidraria (por exemplo: pipeta e bureta).
- Vidrarias TC (*To Contain*) - indicam o volume contido pela vidraria (por exemplo: balão volumétrico).

Segundo a norma ASTM E542, as vidrarias podem permanecer indefinidamente calibradas desde que não sejam submetidas a condições extremas, tais como temperaturas acima de 150 °C, contato com ácido fluorídrico, ácido fosfórico aquecido ou bases fortes aquecidas.

Recomendação prática: calibrar a cada cinco anos de uso, ou quando a superfície apresentar indicativos de desgaste.

Equipamentos necessários para a calibração de vidrarias de laboratório (Tabela 8.4):

Tabela 8.4 Equipamentos usados na calibração de vidrarias

Grandeza	Equipamento	Faixa de medição	Resolução mínima
Temperatura ambiente e da água	Termômetro	(15 ± 5) °C	0,1 °C
Tempo de escoamento das pipetas e buretas	Cronômetro	15 min	1 s
Umidade relativa do ar	Higrômetro	(50 ± 30) %	1 %
Pressão atmosférica	Barômetro	(1 000 ± 100) hPa	1 hPa

Verificação das vidrarias

Entre os intervalos de calibração, realizar as verificações das vidrarias pelo menos uma vez por ano. Na temperatura de referência de 20 °C (água e ambiente do laboratório) e utilizando água destilada, a Tabela 8.5 a seguir relaciona a capacidade da vidraria com a balança a ser utilizada na verificação.

Tabela 8.5 Capacidade da vidraria × resolução da balança

Capacidade do recipiente	Resolução da balança (mg)
$1\ \mu L \leq V_{20\,°C} \leq 10\ \mu L$	0,001
$10\ \mu L \leq V_{20\,°C} \leq 100\ \mu L$	0,01
$100\ \mu L \leq V_{20\,°C} \leq 1\,000\ \mu L$	0,1
$1\ mL \leq V_{20\,°C} \leq 10\ mL$	0,1
$10\ mL \leq V_{20\,°C} \leq 200\ mL$	1
$200\ mL \leq V_{20\,°C} \leq 1\,000\ mL$	10

A calibração volumétrica é feita com água destilada e com conhecimento de sua massa específica. É adotada a relação:

$$V_{20\,°C} = \frac{m}{\rho}$$

em que a massa *m* é a diferença entre a massa da vidraria cheia e a massa da vidraria vazia.

A massa específica da água pode ser corrigida, conforme a Tabela 8.6, caso a temperatura da água não seja 20 °C.

Tabela 8.6 Massa específica da água × temperatura

Temperatura (°C)	Massa específica da água (g/cm^3)
18	0,99860
19	0,99840
20	0,99820
21	0,99799
22	0,99777

Erro máximo aceitável das vidrarias

Tabela 8.7 Pipeta a pistão, segundo a norma ISO 8655-2:2002

Capacidade (μL)	Erro máximo (μL)
1	0,05
10	0,12
100	0,8
1 000	8
10 000	60

Tabela 8.8 Bureta, segundo a norma ASTM E287

Capacidade (mL)	Tolerância (mL) ±	
	Classe A	Classe B
10	0,02	0,04
25	0,03	0,06
50	0,05	0,10
100	0,10	0,20

Tabela 8.9 Pipeta volumétrica, segundo a norma ASTM E969

Capacidade (mL)	Tolerância (mL) ±	
	Classe A	Classe B
0,5	0,006	0,012
1	0,006	0,012
2	0,006	0,012
3	0,01	0,02
4	0,01	0,02
5	0,01	0,02
6	0,01	0,03
7	0,01	0,03
8	0,02	0,04
9	0,02	0,04
10	0,02	0,04
15	0,03	0,06
20	0,03	0,06
25	0,03	0,06
30	0,03	0,06

Tabela 8.10 Cilindros e provetas, segundo a norma ASTM E1272

Capacidade (mL)	Tolerância (mL) ±	
	Classe A	Classe B
5	0,05	0,10
10	0,10	0,20
25	0,17	0,34
50	0,25	0,50
100	0,50	1,00
250	1,00	2,00
500	2,00	4,00
1000	3,00	6,00
2000	6,00	12,00
4000	14,50	29,00

EXERCÍCIO RESOLVIDO 8.3

Manômetro do tipo Bourdon

Analise o certificado do manômetro (Tabela 8.11) com faixa de medição entre (0 e 40) kgf/cm². Tome como referência a norma ABNT NBR 14105:2013 Manômetros com sensor de elemento elástico. Considere o C.A. igual a 2,0 kgf/cm².

Tabela 8.11 Resultado da calibração do manômetro do Exercício Resolvido 8.3

Objeto	Padrão (kgf/cm²)				Erro kgf/cm²	*U* kgf/cm²
(kgf/cm²)	Carga 1	Descarga 1	Carga 2	Descarga 2		
5,0	5,50	5,50	5,50	5,25	−0,5	0,3
15,0	16,25	15,75	15,50	15,50	−1,2	0,5
25,0	26,00	25,50	25,50	26,00	−1,0	0,5
35,0	36,25	36,00	35,50	36,00	−1,2	0,5
40,0	41,00	41,00	41,00	41,00	−1,0	0,2

SOLUÇÃO:

Um parâmetro importante a ser verificado é o *erro fiducial do manômetro objeto*. O erro fiducial define a classe de exatidão dos manômetros.

Esse erro é determinado calculando o maior erro (em módulo) de todos os pontos de calibração do manômetro e dividindo por sua amplitude de medição.

$$E_{\text{fid}} = \left|\frac{\text{erro}}{V_R}\right|$$

$$E_{\text{fid}} = \left|\frac{-1{,}2}{40{,}0}\right| = 0{,}03\frac{\text{kgf}}{\text{cm}^2}$$

$$E_{\text{fid}} = 3\ \%$$

A ABNT NBR 14105:2013 define o erro fiducial dos manômetros e a sua classe de exatidão, conforme a Tabela 8.12.

Tabela 8.12 Erro fiducial de manômetro analógico

Classe de manômetros	
Classe	Erro fiducial (total da faixa)
A4	0,1 %
A3	0,25 %
A2	0,5 %
A1	1 %
A	1,6 %

(*Continua*)

Tabela 8.12 Erro fiducial de manômetro analógico (*continuação*)

Classe	< ¼ amplitude da faixa	De ¼ a ¾ da amplitude da faixa	> ¾ da amplitude da faixa
B	3 %	2 %	3 %
C	4 %	3 %	4 %
D	5 %	4 %	5 %

O manômetro em calibração apresenta erro fiducial de 3 % no ponto de 15,0 kgf/cm² (37,45 % da faixa) e 35,0 kgf/cm² (87,5 % da faixa).

Entrando com o valor de 3 % na Tabela 8.12, podemos dizer que o manômetro em calibração é da **Classe C**.

Outro ponto importante é o C.A. Aqui, foi adotado um critério de aceitação para a medição de pressão de ±2 kgf/cm². Observe a Tabela 8.13.

Tabela 8.13 Incerteza máxima do manômetro do Exercício Resolvido 8.3

Objeto (kgf/cm²)	Erro kgf/cm²	U kgf/cm²	$U_{MÁXIMA}$ kgf/cm²
5,0	-0,5	0,3	0,8
15,0	-1,2	0,5	1,7
25,0	-1,0	0,5	1,5
35,0	-1,2	0,5	1,7
40,0	-1,0	0,2	1,2

Como C.A. = 2 kgf/cm² e a $U_{máxima}$ = 1,7 kgf/cm², o manômetro está APROVADO.

8.7 Exercícios Propostos

8.7.1 Com relação ao certificado de calibração, assinale (C) para as afirmativas Certas e (E) para as Erradas.

( )	O certificado de calibração é um registro técnico e possibilita ao usuário realizar uma avaliação do instrumento de medição.
( )	O laboratório que realiza a calibração do instrumento de medição jamais deve fazer qualquer recomendação sobre a periodicidade da calibração.
( )	Não é usual o laboratório de calibração ajustar o instrumento de medição, entretanto, se isso for feito, devem ser relatados os resultados antes e depois do ajuste.

( )	O certificado deve apresentar os resultados da calibração com as unidades de medida e declarar a incerteza de medição, o fator de abrangência e o nível de confiança utilizado.
( )	As condições ambientais do local de calibração só precisam ser declaradas se forem afetar o resultado da calibração.

8.7.2 Considere o certificado de calibração apresentado na sequência. Segundo a ABNT NBR ISO/IEC 17025:2017, que informações necessárias estão faltando?

M&I
Calibração

Metrologia & Incerteza de Medição
Rua da Propagação da Incerteza de Medição, 10012 - Histerese - CF
CEP: 25630-450 e-mail: mi@gmail.com
Tel 99 9001-17025

CERTIFICADO DE CALIBRAÇÃO Nº 2018

INFORMAÇÕES RELATIVAS AO CLIENTE

Empresa:	WYZ LTDA.	**CEP:**	123456-000
Endereço:	Av. da Dúvida, s/n°	**Tel.:**	98765421

INFORMAÇÕES RELATIVAS AO OBJETO CALIBRADO

Fabricante:	Termômetro 100 %	**Classe:**	NA
Descrição:	TLV	**Resolução (°C):**	0,1
Modelo:	Imersão total	**Faixa de Medição (°C):**	0 a 200
Nº Série:	abcxyz4321		

RASTREABILIDADE

Descrição	TAG	Modelo	Fabricante	Nº Cert.:	Nº de Série
Termômetro de resistência padrão	Pt-001	Pt-100 a 4 fios	Celsius	999/08	654

RESULTADOS DA CALIBRAÇÃO

Indicação (°C)	Padrão (°C)	Objeto (°C)	Tendência (°C)	Incerteza (°C)	k	Graus de liberdade
0	0,00	0,1	0,1	0,2	2,37	8
20	20,00	20,2	0,2	0,2	2,05	47
40	40,00	40,3	0,3	0,2	2,00	infinito
60	60,00	59,8	-0,2	0,3	2,05	47
80	80,00	79,9	-0,1	0,3	2,02	102
100	100,00	100,2	0,2	0,3	2,11	23
120	120,00	120,1	0,1	0,4	2,06	40
140	140,00	139,9	-0,1	0,5	2,07	35
160	160,00	161,0	1,0	0,5	2,06	40
180	180,00	179,0	-1,0	0,5	2,02	102
200	200,00	199,0	-1,0	0,6	2,00	infinito

Dados Ambientais: Temp.: 20,6 °C ± 0,5 °C **Umidade:** 56 % ± 5 % **Pressão** : (1018 ± 1) hPa

Local de Instalação: (X) Estável ( ) Instável (X) Climatizado

A incerteza expandida (U) relatada corresponde a um nível de confiança de 95,45 %.

Data da emissão: **29/01/2018**

Fulano de Tal
Técnico Metrologista

Signatário Autorizado: Sicrano
Gerente Técnico

Figura 8.7 Certificado de calibração do Exercício 8.7.2.

8.7.3 Um manômetro do tipo Bourdon, Classe A, com faixa de medição entre (0 e 60) bar, resolução de 0,5 bar, apresenta o resultado de sua calibração na Tabela 8.14.

Tabela 8.14 Resultado da calibração do manômetro do Exercício 8.7.3

Objeto (bar)	Padrão (bar)			
	Carga 1	Descarga 1	Carga 2	Descarga 2
5,0	5,00	5,20	5,25	5,25
15,0	15,25	15,55	15,00	15,50
25,0	25,00	25,55	25,50	25,55
35,0	35,25	35,00	35,50	35,25
45,0	44,55	45,05	45,00	45,50
55,0	56,00	56,00	55,55	55,50
60,0	60,00	60,00	60,00	60,00

Com base na tabela, verifique se o manômetro objeto pode continuar a ser usado como Classe A.

8.7.4 Uma bureta de 25 mL, Classe A, foi calibrada e os dados obtidos foram:

- volume medido = 25,05 mL;
- incerteza = 0,005 mL.

Com base nessas informações, verifique se a bureta pode continuar a ser usada como Classe A e se atende o C.A. de 0,1 mL.

8.7.5 A polia de um motor deve possuir uma largura de (25,000 ± 0,012) mm e diâmetro de (960,0 ± 1,5) mm. Para medir a largura, utilizou-se um micrômetro com incerteza máxima de 0,002 mm, e para o diâmetro uma trena digital com incerteza máxima de ±0,5 mm. Quais devem ser os limites de controle da fabricação desta polia considerando esses instrumentos de medição?

8.7.6 Em uma produção em série de uma peça de comprimento (15,00 ± 0,05) mm, foi adotado um micrômetro para seu controle de qualidade. Considerando o critério de aceitação (C.A.) como ±0,02 mm, determine os limites superior de controle (LSC) e o limite inferior de controle (LIC) da peça.

8.7.7 De que modo podemos comprovar se um instrumento de medição atende ao critério de aceitação desejado?

a) Comprando o instrumento indicado pelo fabricante.
b) Calibrando o instrumento em laboratório competente e analisando seu certificado.
c) Realizando verificações com um padrão, na própria empresa.
d) Autorizando o seu uso apenas por pessoal qualificado.

8.7.8 Qual o principal objetivo de se calibrar um instrumento de medição?

a) Conhecer os erros e a incerteza de medição em cada ponto calibrado, a fim de corrigir, caso necessário, as leituras do instrumento.
b) Atender às normas de gestão aplicadas a instrumentos de medição.
c) Obter o certificado de calibração como garantia que o instrumento de medição está em perfeito estado de uso.
d) Realizar ajustes minimizando seus erros de medição.

8.7.9 Se o certificado de calibração de um instrumento de medição apresenta um erro de medição acima do esperado, no entanto, ele não está com suas funcionalidades afetadas, o que NÃO se pode fazer:

a) Solicitar ao laboratório que realize um ajuste, tentando reduzir ao máximo o seu erro de medição, e, após isso, realizar uma nova calibração.
b) Usar o equipamento mesmo assim, sem nenhuma ressalva, lembrando de calibrar novamente no período definido.
c) Criar correções matemáticas para o erro e aplicá-las no uso do mesmo.
d) Descartar o instrumento de medição.

8.7.10 Para saber se um instrumento de medição é adequando ao uso pretendido:

a) Deve-se garantir que o instrumento de medição está em bom funcionamento, calibrando-o periodicamente.
b) Deve-se realizar verificações periódicas.
c) Deve-se estabelecer critérios de aceitação, enviar à calibração e avaliar os resultados recebidos.
d) Deve-se estabelecer critérios de aceitação e enviar o equipamento à calibração.

8.7.11 No que consiste uma CALIBRAÇÃO de um instrumento de medição?

a) Na comparação dos valores obtidos pelo instrumento diante de padrões obtendo um certificado com os valores de seus erros e incerteza de medição.
b) Na comparação dos valores obtidos pelo instrumento diante de padrões obtendo um certificado com os valores de seus erros de medição.
c) Na manutenção do instrumento de medição.
d) No seu ajuste periódico.

8.7.12 Para avaliar um certificado de calibração, deve-se estabelecer, prioritariamente, antes:

a) A periodicidade da calibração dos instrumentos de medição.
b) Os critérios de aceitação para os resultados.
c) O laboratório que irá calibrar.
d) A compra de um instrumento de medição novo.

8.7.13 Todo e qualquer instrumento de medição obrigatoriamente deve ser calibrado?

a) Sim, pois não se pode usar nenhum instrumento de medição sem ser calibrado.
b) Sim, pois do contrário, leva-se a não conformidades em auditorias.
c) Não. Deve-se avaliar a necessidade das medições do instrumento diante dos requisitos do processo.
d) Não. Só precisamos calibrar após alguma falha encontrada no processo.

8.7.14 Ao analisar um certificado de calibração, qual a alternativa representa a principal informação que devemos avaliar?

a) Se o laboratório que calibrou o instrumento de medição pertence à Rede Brasileira de Calibração.
b) Se os resultados de erro e incerteza de medição são apresentados.
c) Se o signatário autorizado assinou o certificado de calibração.
d) Se consta no certificado a rastreabilidade dos padrões utilizados.

8.7.15 Os resultados da calibração de um instrumento de medição não atenderam aos critérios de aceitação. O que se deve fazer?

a) Descarta-se o instrumento de medição.
b) Avalia-se a possibilidade de ajuste dos erros, ou o uso do instrumento de medição em outras faixas.
c) Realiza-se uma nova calibração, até que se obtenha o valor esperado.
d) Modificam-se os critérios para que se possa aceitá-lo.

RESPOSTAS DOS EXERCÍCIOS PROPOSTOS

CAPÍTULO 1

1.3.1 (b)
1.3.2 (a)
1.3.3 (a)
1.3.4 (d)
1.3.5 (c)
1.3.6 (c)
1.3.7 (b)
1.3.8 (a)
1.3.9 (a)
1.3.10 (d)
1.3.11 (b)
1.3.12 (a)
1.3.13 (a)
1.3.14 (c)
1.3.15 (d)
1.3.16 (c)
1.3.17 (b)
1.3.18 (b)
1.3.19 (a)
1.3.20 (b)
1.3.21 (c)
1.3.22 (b)
1.3.23 (b)
1.3.24 (c)
1.3.25 (c)
1.3.26 $n = 2$
1.3.27 (c)
1.3.28 kg s^{-3}
1.3.29 (d)
1.3.30 kg m^{-1}

CAPÍTULO 2

2.11.1 Discordo. A rastreabilidade só é garantida quando o instrumento, mesmo novo, for calibrado contra padrões reconhecidos e aceitos em nível nacional ou internacional.

2.11.2 Metrologia é a ciência da medição e suas aplicações, e engloba todos os aspectos teóricos e práticos da medição, qualquer que seja a incerteza da medição e o campo de aplicação.

2.11.3 O Inmetro é uma autarquia federal e atua na secretaria executiva do Sinmetro.

2.11.4

- assegurar a padronização, manutenção e disseminação das unidades fundamentais do Sistema Internacional (SI);

- rastrear as unidades de medição aos padrões internacionais e disseminá-las até as indústrias;
- estabelecer as metodologias para a intercomparação dos padrões de medição, dos instrumentos e das medidas materializadas;
- rastrear os padrões de referência dos laboratórios acreditados aos padrões nacionais;
- atuar na área da metrologia legal e apoiar atividades de normalização e qualidade industrial;
- acreditar laboratórios e estabelecer faixas de valores e incerteza de medição.

2.11.5

- Laboratórios do Inmetro.
- Laboratórios Designados pelo Inmetro: Laboratório Nacional de Metrologia das Radiações Ionizantes (LNMRI) do Instituto de Radioproteção e Dosimetria da Comissão Nacional de Energia Nuclear (IRD/CNEN) e; Divisão do Serviço da Hora do Observatório Nacional (DSHO).
- Laboratórios Acreditados pelo Inmetro: Laboratórios de Calibração (RBC) e Laboratórios de Ensaios (RBLE).

2.11.6

Metrologia legal

É a área da metrologia mais próxima do cidadão comum, e que tem como principal função garantir a proteção de produtos e serviços que envolvam e necessitem de algum tipo de medição. É definida pela Organização Internacional de Metrologia Legal (OIML - www.oiml.org) como: "A aplicação de requisitos legais para medidas e instrumentos de medição". Os regulamentos metrológicos baseados nas diretrizes da OIML - da qual o Brasil é país-membro - estabelecem as exigências técnicas, o controle metrológico, os requisitos de utilização e de marcação, bem como as exigências das unidades de medida que devem ser satisfeitas pelos fabricantes e pelos usuários dos instrumentos de medição.

Além das atividades comerciais estão submetidos ao controle metrológico os instrumentos de medição usados em atividades oficiais, na área médica, na fabricação de remédios, nos campos da proteção ocupacional, ambiental e da radiação. Nestes casos, o controle assume especial importância em face dos perigosos efeitos negativos que resultados errados podem provocar à saúde humana.

Metrologia científica

A metrologia científica e industrial promove a competitividade e propicia um ambiente favorável ao desenvolvimento científico e industrial do País, além de ser imprescindível ao processo de inovação tecnológica. A coordenação é feita pelo Inmetro, sendo o responsável pelas grandezas metrológicas básicas com confiabilidade igual à dos países do primeiro mundo e pela transferência para a sociedade dos padrões de medição.

2.11.7 É a área da metrologia mais próxima do cidadão comum, e que tem como principal função garantir a proteção de produtos e serviços que envolvam e necessitem de algum tipo de medição. É definida pela OIML como: "A aplicação de requisitos legais para medidas e instrumentos de medição".

2.11.8

- Descrição e identificação única do instrumento: tipo, modelo, número de série, fabricante etc.
- Data que a comprovação metrológica foi realizada.
- Resultados da comprovação.
- Intervalo da próxima comprovação.
- Identificação do procedimento (ou método, norma, instrução etc.) de comprovação.
- Erros máximos aceitáveis ou permissíveis.
- Condições ambientais pertinentes e declaração sobre correções necessárias.
- Incertezas envolvidas na calibração.
- Detalhe de qualquer intervenção (manutenção, ajuste, modificação) no instrumento de medição.
- Limitações de uso.
- Identificação de quem realizou a comprovação metrológica.
- Identificação do responsável por qualquer correção de informação registrada.
- Identificação única do relatório ou certificado de calibração.
- Rastreabilidade dos resultados das medições.
- Requisitos metrológicos para o uso pretendido.
- Resultado da calibração realizada após, e onde requerido, antes de qualquer intervenção no instrumento de medição.

2.11.9 Grandeza que não afeta a grandeza efetivamente medida, mas afeta a relação entre a indicação e o resultado da medição.

2.11.10 São produtos comercializados com medidas estabelecidas em normas e regulamentos e controlados pela área da metrologia legal. Exemplos: alimentícios; têxteis; gás engarrafado; higiene e limpeza; material escolar; material de escritório; medicamentos; cosméticos; material para construção; químicos; cesta básica.

2.11.11 Organização Internacional de Metrologia Legal (OIML).

2.11.12 Significa que o laboratório teve sua competência, para realizar calibrações ou ensaios, reconhecida pelo Inmetro com base na norma ABNT NBR ISO/IEC 17025:2017, de acordo com as diretrizes estabelecidas pela International Laboratory Accreditation Cooperation (ILAC) e nos códigos de Boas Práticas Laboratoriais (BPL) da Organização para Cooperação e Desenvolvimento Econômico (OCDE).

2.11.13

Uma norma técnica, segundo a ABNT, é definida como "um documento estabelecido por consenso e aprovado por um organismo reconhecido, que fornece regras, diretrizes ou características mínimas para atividades ou para seus resultados, visando à obtenção de um grau ótimo de ordenação em um dado contexto". A norma técnica é de uso voluntário, ou seja, não obrigatória por lei.

Um regulamento técnico é um documento adotado por uma autoridade com poder legal para tanto, que contém regras de caráter obrigatório e que estabelece requisitos técnicos, seja diretamente, seja pela referência a normas técnicas ou a incorporação do seu conteúdo, no todo ou em parte. Em geral, regulamentos técnicos visam assegurar aspectos relativos à saúde, à segurança, ao meio ambiente, ou à proteção do consumidor e da concorrência justa. O cumprimento de um regulamento técnico é obrigatório e o seu não cumprimento constitui uma ilegalidade com a correspondente punição.

Portaria é um documento de ato jurídico administrativo que contém ordens, instruções acerca da aplicação de leis ou regulamentos, recomendações de caráter geral e normas sobre a execução de serviços, a fim de esclarecer ou informar sobre atos ou eventos realizados internamente em órgão público.

2.11.14 O VIM é um documento criado com o objetivo de buscar a harmonização internacional das terminologias e definições utilizadas nos campos da metrologia e da instrumentação.

CAPÍTULO 3

3.3.1
a) 34,4 m
b) 23,9 m
c) 8,4 m
d) 19,7 m
e) 43,5 m
f) 43,9 m
g) 52,4 m
h) 66,7 m

3.3.2
a) 4
b) 2
c) 1
d) 4

3.3.3
a) 479 m
b) 642 kg
c) 123 L
d) 56,2 cm

3.3.4
a) 89,5 m
b) 8,2 m^2
c) 5,55 m

3.3.5
a) 4×10^3
b) 0,002
c) 0,0006
d) 0,00003

3.3.6
a) 268,1
b) 286,54
c) 132,32
d) 129
e) 5,0
f) 114,7
g) 0,87
h) $1,7 \times 10^2$
i) 4,2
j) $1,4 \times 10^2$
k) 0,1712 s
l) $3,00 \times 10^5 = 3,00 \times 10^5 - 1,5 \times 10^2 = 3,0 \times 10^5$ (o resultado deve ter o mesmo número de casas decimais da parcela que possuir o menor número de casas decimais).

3.3.7

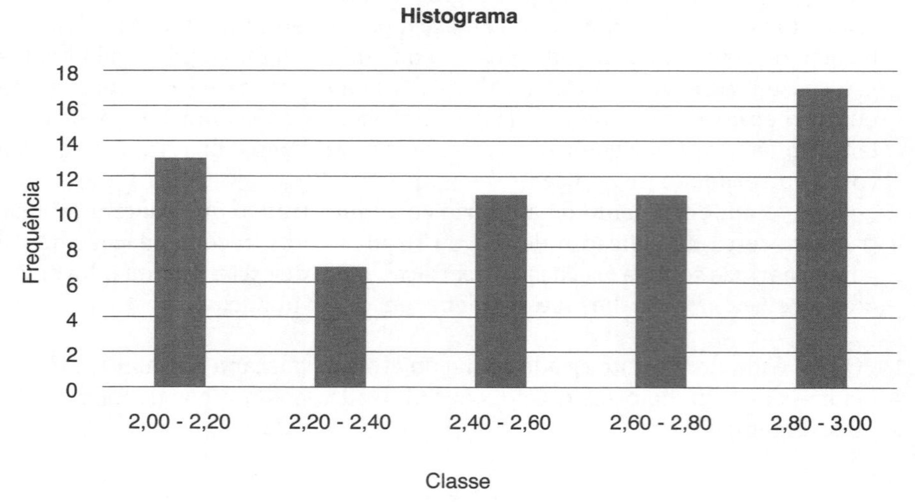

Média = 2,50 V
Desvio-padrão = 0,282901631 °C

3.3.8

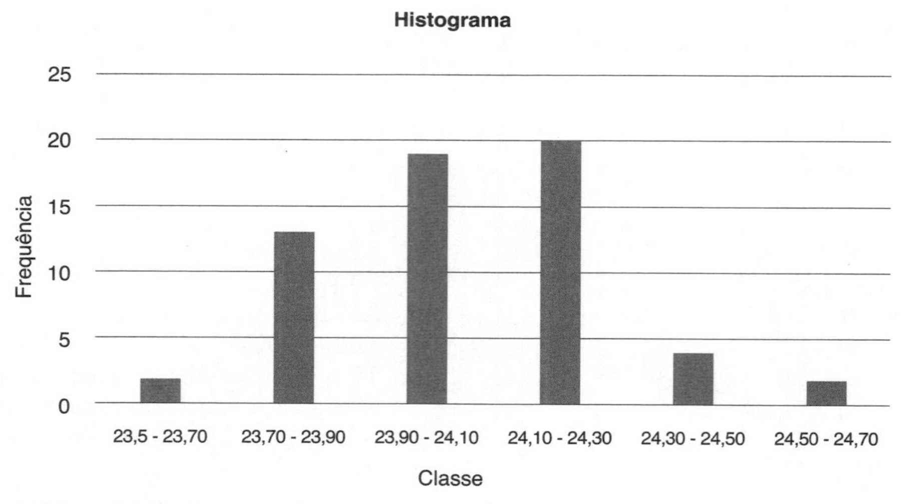

Média = 24,0 °C
Desvio-padrão = 0,212465 °C

3.3.9 Desvio-padrão = $0{,}1 \cdot 10^{-6}$/°C

3.3.10 a)

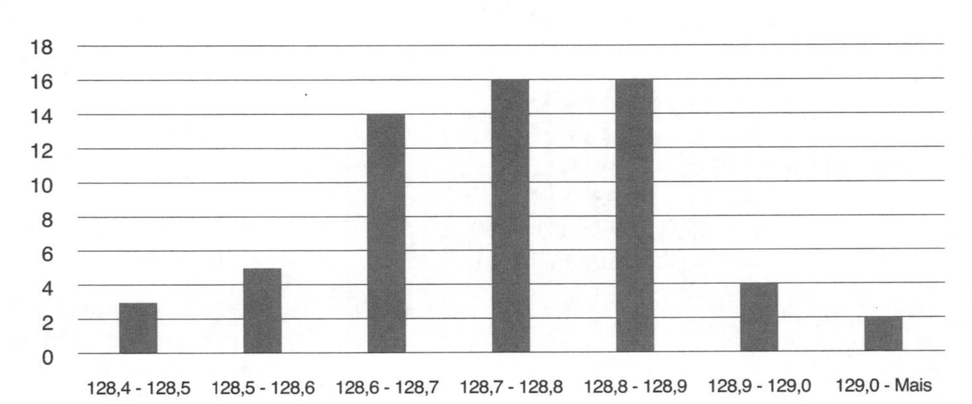

b) Desvio-padrão amostral = 0,1282885 V

c) 128,48 V a 129,00 V

d) Dentro do intervalo, temos 57 medições totalizando 95,00 % dos valores medidos.

e) (128,74 ± 0,03) V

3.3.11 a) Balança 1: média = 14,95 kg; Balança 2: média = 14,97 kg

b) Balança 1, desvio-padrão amostral = 0,187083 kg
Balança 2, desvio-padrão amostral = 0,320416 kg

c) Balança 2

d) Balança 1: intervalo (14,95 ± 0,20) kg; Balança 2: intervalo (14,97 ± 0,35) kg

3.3.12 a) 7,23 pH
b) 0,012247

3.3.13 a) 68,27 %
b) 95,45 %
c) 99,7 %

CAPÍTULO 4

4.5.1 a) 0,1 bar
b) 0,1 bar
c) 3,0 bar

4.5.2 a) 10 °C
b) 5 °C
c) 35 °C

4.5.3 11 bar

4.5.4 (b)

4.5.5 (b)

4.5.6 **a)** Erro máximo = 0,4 %;
Erro de histerese = 0,6 %
b) Erro máximo = 1,23 %;
Erro de histerese = 1,85 %

4.5.7 **a)** 15,97 Ω
b) T = 15,97 – 15,977 =
–0,007 Ω = –0,01 Ω
c) E = (15,95 – 15,977) Ω =
–0,027 Ω = –0,03 Ω
d) E_r = –0,03/15,977 = 0,188 %
= 0,19 % (valor em módulo)

4.5.8 **a)** 0 °C
b) 1 °C
c) 5 %

4.5.9 44 psi

4.5.10 (c)

4.5.11 (b)

4.5.12 (d)

4.5.13 (d)

4.5.14 **a)** 2 °C; 4 °F
b) 1 °C; 4 °F
c) (–40 a 50) °C; (–40 a 120) °F
d) –1 °C; 30 °F

4.5.15 **a)** 10 V
b) 5 V
c) (0 a 450) V
d) 340 V

4.5.16 **a)** Multímetro 1
b) Multímetro 1

4.5.17 **a)** Ponto 5, pois a tendência é zero.
b) Ponto 2, pois a tendência é a maior, 0,004 g.
c) Média = 5,004 g
Tendência nesse ponto = 0,002 g
Valor médio corrigido =
(5,004 – 0,002) g = 5,002 g

4.5.18 **a)** 50,5 °C
b) 0 °C
c) 0 °C

CAPÍTULO 5

5.11.1 **a)** 2 km/h
b) 2 %
c) 4 %
d) 40 %
e) No fundo de escala.
Em 100 km/h.

5.11.2 **a)** (176,4 ± 0,2) cm
b) (1,764 ± 0,002) m

5.11.3 **a)** 0,64 s
b) 0,004472 s
c) O desvio-padrão da média.
d) 0,01 s

5.11.4 **a)** 5
b) 0,44 s
c) 0,012247 s
d) 0,04 s
e) 0,04 s

5.11.5 d = (257,00 ± 0,10) mm

5.11.6 **a)** 0,002 mm
b) 0,000577 mm
c) 19
d) 0,002 mm

5.11.7 **a)** 0,070711 g
b) 0,0 g
c) 0,3 g para k = 2,10 % e
95,45 %

5.11.8 Ele declarou a incerteza expandida com mais de dois algarismos significativos. Isso não é permitido de acordo com a EA-4/02.
A incerteza deveria ter sido declarada como 0,024 g/mL.

5.11.9 a) 80,5 °C
b) 0,1870829 °C
c) 0,2090592 °C
d) 0,2805455 °C
e) 7
f) 2,429
g) 0,7 °C
h) A maior fonte de incerteza é a incerteza de medição do termômetro bimetálico.

5.11.10 a) 100,0085 g
b) 0,000176383 g
c) 0,0009 g

5.11.11 a) 11,9990 g
b) 0,00006667 g
c) 0,0015 g
d) 0,0003 g

5.11.12 (c)

CAPÍTULO 6

6.6.1 a) 0,005 g/cm³
b) 0,005 g/cm³

6.6.2 O resultado da forma 2 é diferente porque as variáveis L_1 e L_2 são estatisticamente dependentes. Assim, a incerteza de medição deverá considerar o coeficiente de correlação (r) entre as variáveis.

6.6.3 0,2 %

6.6.4 a) 0,1 cm
b) 0,033
c) 3,33 %
d) 0,0333 cm
e) 3,33 %, a mesma do livro.

6.6.5 a) 0,50 g/cm³
b) 0,03 g/cm³
c) 0,03 g/cm³

6.6.6 a) 0,524 cm³
b) 1 %
c) 0,016 cm³

6.6.7 10,3 %

6.6.8 a) 0,1 %
b) 2,2 %
c) 9,9 m/s²
d) 0,4 m/s²
e) 0,4 m/s²

6.6.9 a) 0,01 kW
b) 0,02 kW
c) 0,02 kW

Conclusão:
O método de medição que fornece a menor incerteza da potência elétrica deste exercício é o da letra (**a**). Seu valor é a metade da incerteza de medição da potência elétrica pelos métodos das alternativas (**b**) e (**c**).

6.6.10 $M_4 = 144{,}7$ g
$U = 0{,}8$ g

6.6.11 $C = (10{,}3 \pm 0{,}1)$ km/L

6.6.12 a) 50 mm + 20 mm + 1,46 mm + 1,007 mm
b) 0,6 μm

6.6.13 a) 98,3 Ω
b) −1,7 Ω
c) 1,7 Ω
d) 2,9 %
e) Coeficiente de sensibilidade em relação à voltagem = 0,492610837 Ω/V. Coeficiente de sensibilidade em relação a corrente elétrica = 48,50882089 Ω/A.
f) 0,308159322 Ω
g) 64
h) 2,4
i) 0,6 Ω

CAPÍTULO 7

7.8.1 a) $R(t) = 99{,}997\,[1 + 3{,}909E - 03t - 5{,}794E - 7t^2]$
b) 0,00575312 Ω
c) 0,07 °C

7.8.2 a)

Valor da massa padrão (kg)	Resultado da leitura na balança (kg)			Incerteza do tipo A (kg)
0,00	0,2	0,3	0,3	0,0333333
10,00	10,2	10,4	10,4	0,0666667
15,00	14,9	14,9	14,7	0,0666667
20,00	20,2	20,0	20,3	0,0881917

b)

Padrão (kg)	*U*
0,00	**0,1**
10,00	**0,3**
15,00	**0,3**
20,00	**0,4**

c) 0,2449730617 kg

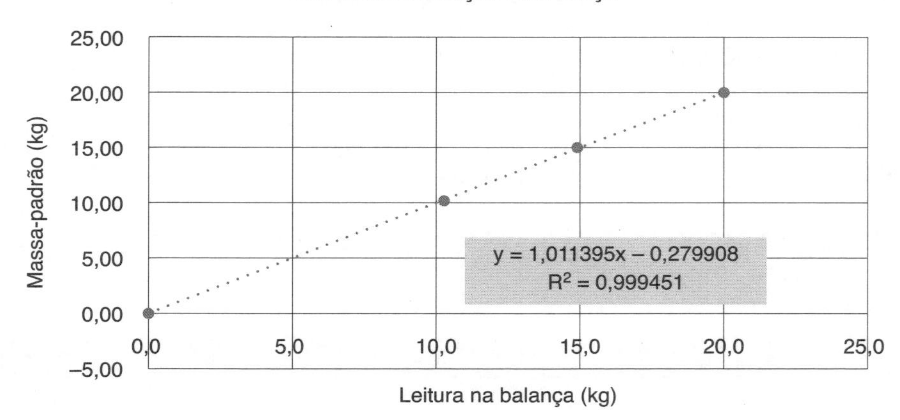

d)

u – coeficiente (a)	0,016756544
u – coeficiente (b)	0,226921462

e)

Leitura na balança (kg)	Valor corrigido pela equação de ajuste (kg) y = 1,011395x – 0,279908	Tendência (kg)	Grau de liberdade efetivo	k	U (kg)
1,0	0,7	0,3	2,5681	4,527	1,2
2,0	1,7	0,3			
3,0	2,8	0,2			
4,0	3,8	0,2			
5,0	4,8	0,2			
6,0	5,8	0,2			
7,0	6,8	0,2			
8,0	7,8	0,2			
9,0	8,8	0,2			
10,0	9,8	0,2			
11,0	10,8	0,2			
12,0	11,9	0,1			
13,0	12,9	0,1			
14,0	13,9	0,1			
15,0	14,9	0,1			
16,0	15,9	0,1			
17,0	16,9	0,1			
18,0	17,9	0,1			
19,0	18,9	0,1			
20,0	19,9	0,1			

7.8.3 Largura: LIT = 24,988 mm e LST = 25,012 mm
LIC = LIT + U = 24,988 + 0,002 = 24,990 mm
LSC = LST – U = 25,012 – 0,002 = 25,000 mm

Diâmetro: LIT = 958,5 mm e LST = 961,5 mm
LIC = LIT + U = 958,5 + 0,5 = 959,0 mm
LSC = LST – U = 961,5 – 0,5 = 961,0 mm

7.8.4 ≤ 0,045 °C

7.8.5 IT = 0,2 mm

7.8.6 **a)**

Medições	Incerteza do tipo A padrão (°C)	Incerteza do tipo A objeto (°C)
1ª medição	0,0	0,2
2ª medição	0,0	0,0
3ª medição	0,0	0,0

b) 0,046188021 °C

c) 0,144337567 °C

d) 1ª medição: 0,2 °C
2ª medição: –0,3 °C
3ª medição: –0,1 °C

e)

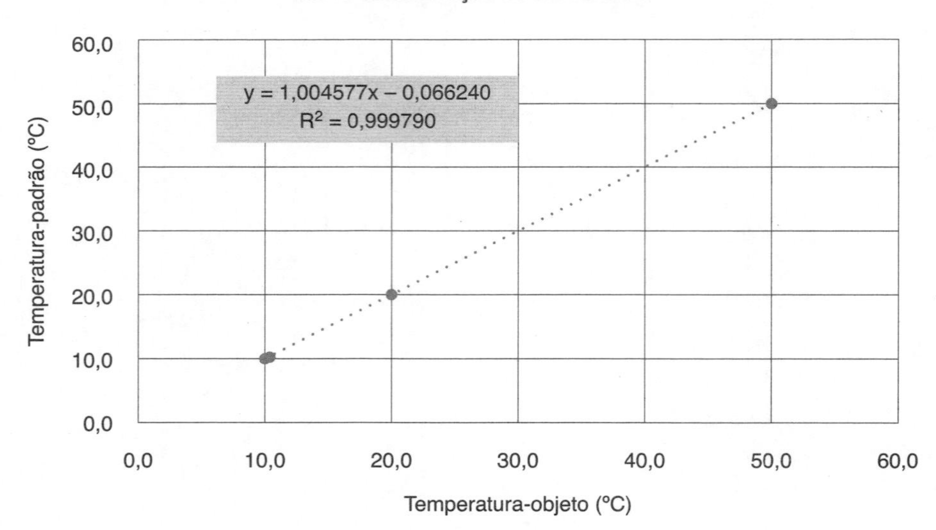

Objeto (x)	Padrão (y)
10,5	10,1
10,5	10,1
10,0	10,1
19,5	19,8
19,5	19,8
19,5	19,8
50,0	50,1
50,0	50,1
50,0	50,1

f) 0,2797988 °C

g)

Média padrão (°C)	Média objeto (°C)	U** (°C)
10,1	10,5*	**1,7**
19,8	19,5	**1,5**
50,1	50,0	**1,6**

*A média do objeto foi 10,33 °C, mas como sua resolução é 0,5 °C devemos arredondar para 10,5 °C.
**A incerteza final, pós-ajuste, ficou elevada. A curva de calibração foi construída com apenas três pontos experimentais e, consequentemente, a incerteza do ajuste foi alta.

7.8.7 a)

Objeto	Padrão (kgf/cm²)				Histerese (kgf/cm²)
kgf/cm²	Carga 1	Descarga 1	Carga 2	Descarga 2	
6,0	6,4	6,5	6,4	6,5	**-0,10**
10,0	10,5	10,4	10,5	10,4	**0,10**
24,0	24,3	24,2	24,3	24,2	**0,10**
30,0	30,3	30,4	30,3	30,4	**-0,10**
40,0	40,5	40,4	40,5	40,4	**0,10**

b)

Objeto	Padrão (kgf/cm²)				Erro (kgf/cm²)	Erro fiducial (%)
kgf/cm²	Carga 1	Descarga 1	Carga 2	Descarga 2		
6,0	6,4	6,5	6,4	6,5	-0,5	**1,25%**
10,0	10,5	10,4	10,5	10,4	-0,5	**1,25%**
24,0	24,3	24,2	24,3	24,2	-0,3	**0,75%**
30,0	30,3	30,4	30,3	30,4	-0,4	**1,00%**
40,0	40,5	40,4	40,5	40,4	-0,5	**1,25%**

c)

Objeto kgf/cm²	Incerteza combinada (kgf/cm²)	Graus de liberdade efetivos	*k*	*U* (kgf/cm²)
6,0	0,12076147	918,75	2,00	**0,2**
10,0	0,12076147	918,75	2,00	**0,2**
24,0	0,12076147	918,75	2,00	**0,2**
30,0	0,12076147	918,75	2,00	**0,2**
40,0	0,12076147	918,75	2,00	**0,2**

d)

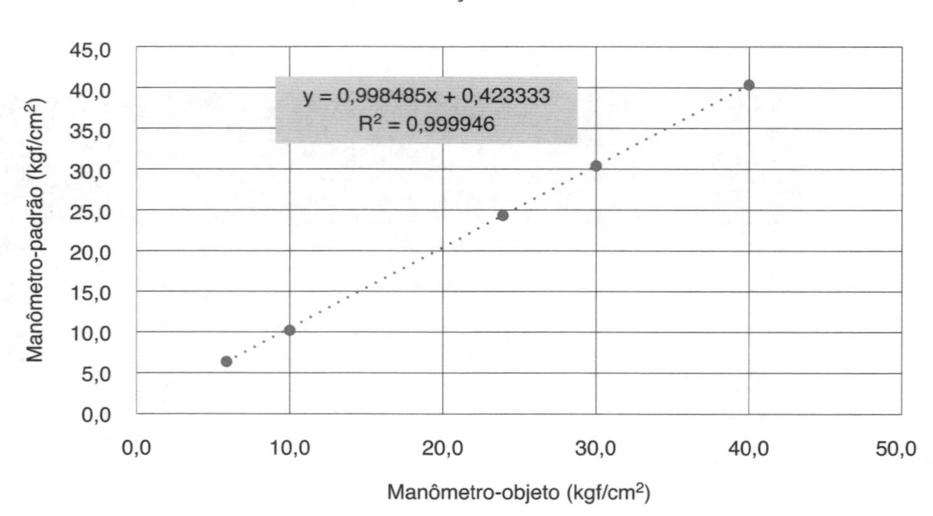

e) 0,23855626 kgf/cm²

f)

$u_{\text{coef A}}$	0,0084767
$u_{\text{coef B}}$	0,2148478

g)

Objeto kgf/cm²	*u* combinada (kgf/cm²)	*u* ajuste (kgf/cm²)	Incerteza final (kgf/cm²)	Grau de liberdade efetivo	*k*	*U* (kgf/cm²)
6,0	0,12076147	0,238556	0,267380	4,733527	2,87	**0,8**
10,0	0,12076147	0,238556	0,267380	4,733527	2,87	**0,8**
24,0	0,12076147	0,238556	0,267380	4,733527	2,87	**0,8**
30,0	0,12076147	0,238556	0,267380	4,733527	2,87	**0,8**
40,0	0,12076147	0,238556	0,267380	4,733527	2,87	**0,8**

7.8.8 a)

Indicação objeto	Valores do padrão corrigido (mV)				Erro de medição (mV)
(mV)	V1	V2	V3	V4	
40,00	40,110	40,150	40,160	40,120	**-0,16**
80,00	80,117	80,157	80,137	80,127	**-0,16**
120,00	120,146	120,166	120,186	120,186	**-0,19**
160,00	160,225	160,175	160,165	160,175	**-0,22**
200,00	200,205	200,225	200,255	200,265	**-0,27**

b)

Indicação objeto	Valores do padrão corrigido (mV)				Erro de medição (mV)	Erro fiducial (%)
(mV)	V1	V2	V3	V4		
40,00	40,110	40,150	40,160	40,120	-0,16	**0,08**
80,00	80,117	80,157	80,137	80,127	-0,16	**0,08**
120,00	120,146	120,166	120,186	120,186	-0,19	**0,09**
160,00	160,225	160,175	160,165	160,175	-0,22	**0,11**
200,00	200,205	200,225	200,255	200,265	-0,27	**0,13**

c)

Indicação objeto (mV)	Incerteza do tipo A (mV)	Incerteza combinada (mV)	Graus de liberdade efetivos	*k*	*U* (mV)
40,00	0,011902	0,012342	3,4688	3,3068	**0,04**
80,00	0,008539	0,009142	3,9419	3,3068	**0,03**
120,00	0,009574	0,010116	3,7388	3,3068	**0,03**
160,00	0,01354	0,013928	3,3592	3,3068	**0,05**
200,00	0,013769	0,014151	3,3471	3,3068	**0,05**

d)

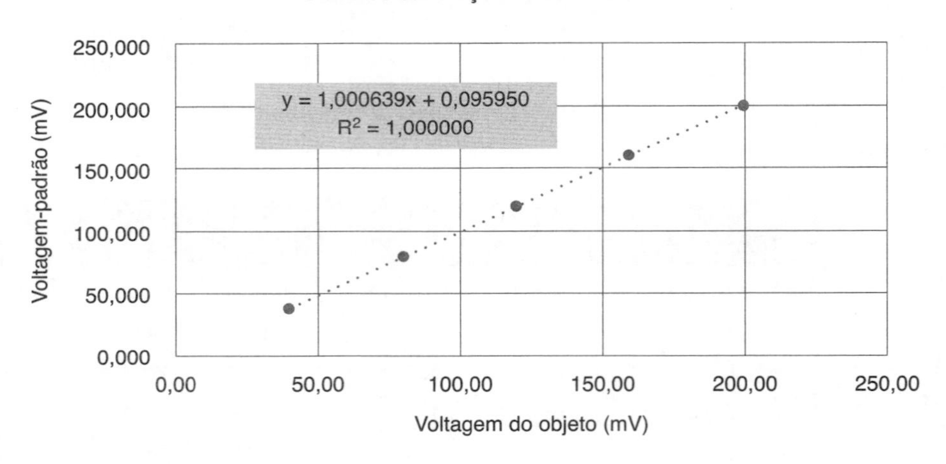

e) 0,06047788 mV

f)

Indicação objeto (mV)	Incerteza combinada (mV)	Incerteza do ajuste (mV)	Incerteza final (mV)	Grau de liberdade efetivo	*k*	*U* (mV)
40,00	0,012342	0,06047788	0,061724	3,25	3,307	**0,20**
80,00	0,009142	0,06047788	0,061165	3,14	3,307	**0,20**
120,00	0,010116	0,06047788	0,061318	3,17	3,307	**0,20**
160,00	0,013928	0,06047788	0,062061	3,32	3,307	**0,21**
200,00	0,014151	0,06047788	0,062111	3,33	3,307	**0,21**

CAPÍTULO 8

8.7.1

(C)	O certificado de calibração é um registro técnico e possibilita ao usuário realizar uma avaliação do instrumento de medição.
(E)	O laboratório que realiza a calibração do instrumento de medição jamais deve fazer qualquer recomendação sobre a periodicidade da calibração.
(C)	Não é usual o laboratório de calibração ajustar o instrumento de medição, entretanto, se isso for feito, devem ser relatados os resultados antes e depois do ajuste.
(C)	O certificado deve apresentar os resultados da calibração com as unidades de medida e declarar a incerteza de medição, o fator de abrangência e o nível de confiança utilizado.
(E)	As condições ambientais do local de calibração só precisam ser declaradas se forem afetar o resultado da calibração.

8.7.2

- Identificação unívoca de que todos os componentes sejam reconhecidos como parte de um relatório completo e uma identificação do final do documento.
- Apresentação do método utilizado na calibração.
- Data da realização da calibração.
- Declaração de que os resultados se aplicam somente ao instrumento calibrado.
- Declaração de que o certificado só deve ser reproduzido de forma completa.

8.7.3 Não permanece na Classe A, pois o erro ultrapassa o erro máximo permitido.

8.7.4 Não pode ser usada como Classe A.

8.7.5 Largura:

$LIC = LIT + U_{\text{micrômetro}} = (24{,}988 + 0{,}002)\ \text{mm} = 24{,}990\ \text{mm}$

$LSC = LST - U_{\text{micrômetro}} = (25{,}012 - 0{,}002)\ \text{mm} = 25{,}010\ \text{mm}$

Diâmetro:

$LIC = LIT + U_{\text{trena}} = (958{,}5 + 0{,}5)\ \text{mm} = 959{,}0\ \text{mm}$

$LSC = LST - U_{\text{trena}} = (961{,}5 - 0{,}5)\ \text{mm} = 961{,}0\ \text{mm}$

8.7.6 LIC = 14,97 mm; LSC = 15,03 mm

8.7.7 (b)

8.7.8 (a)

8.7.9 (b)

8.7.10 (c)

8.7.11 (a)

8.7.12 (b)

8.7.13 (c)

8.7.14 (b)

8.7.15 (b)

REFERÊNCIAS BIBLIOGRÁFICAS

[1] **Vocabulário Internacional de Metrologia**: conceitos fundamentais e gerais e termos associados (VIM 2012). Duque de Caxias, RJ: INMETRO, 2012.

[2] **Sistema Internacional de Unidades**: SI. Duque de Caxias, RJ: INMETRO/CICMA/SEPIN, 2012.

[3] ASSOCIAÇÃO BRASILEIRA DE NORMAS TÉCNICAS. **ABNT NBR 14105-1**: Medidores de pressão. Parte 1: Medidores analógicos de pressão com sensor de elemento elástico — Requisitos de fabricação, classificação, ensaio e utilização.

[4] ASSOCIAÇÃO BRASILEIRA DE NORMAS TÉCNICAS. **ABNT NBR ISO 9000:2015**: Sistemas de gestão da qualidade — Requisitos

[5] ASSOCIAÇÃO BRASILEIRA DE NORMAS TÉCNICAS. **ABNT NBR ISO/IEC 17025:2017**: Requisitos gerais para a competência de laboratórios de ensaio e calibração.

[6] ASSOCIAÇÃO BRASILEIRA DE NORMAS TÉCNICAS. **ABNT NBR ISO 10012:2004**: Sistemas de gestão de medição — Requisitos para os processos de medição e equipamentos de medição.

[7] **Avaliação de dados de medição**: Guia para a expressão de incerteza de medição — ISO GUM, 2008. Duque de Caxias, RJ: INMETRO/CICMA/SEPIN, 2012.

[8] ASSOCIAÇÃO BRASILEIRA DE NORMAS TÉCNICAS. **ABNT NBR NM 215:2000**: Blocos-padrão.

[9] **Avaliação de dados de medição**: uma introdução ao "Guia para a expressão de incerteza de medição" e a documentos correlatos — INTROGUM 2009. Duque de Caxias, RJ: INMETRO/CICMA/SEPIN, 2014.

[10] MENDES, Alexandre; ROSÁRIO, Pedro Paulo. **Metrologia & Incerteza de Medição**, Epse, 2005.

[11] MENDES, Alexandre. **Desenvolvimento de uma metodologia para calibração de amostradores de particulados atmosféricos**. Dissertação de Mestrado — Pontifícia Universidade Católica (PUC-Rio), Rio de Janeiro, 2000.

[12] ROSÁRIO, Pedro Paulo. **Qualificação metrológica de um padrão de medição tipo pistão líquido e sua utilização na calibração de medidores volumétricos de gás e de líquido**. Dissertação de Mestrado — Pontifícia Universidade Católica (PUC-Rio), Rio de Janeiro, 2000.

[13] ROSÁRIO, Pedro Paulo; ABREU, José Augusto; GARRIDO, Alexandre. **Metrologia**: conhecendo e aplicando na sua empresa, publicação da Confederação Nacional da Indústria (CNI), Brasília, 2000.

[14] DIAS, José Luciano de Matos. **Medida, normalização e qualidade**. Aspectos da história da metrologia no Brasil. Rio de Janeiro: Editora FGV, 1998.

[15] BENEDICT, Robert P. **Fundamentals of temperature, pressure, and flow measurement**. New York: Wiley & Sons, 1969.

[16] VUOLO, José Henrique. **Fundamentos da teoria de erros**. São Paulo: Edgard Blücher, 1996.

[17] LINK, Walter. **Metrologia mecânica** - Expressão da incerteza de medição, Programa RH Metrologia, 1997.

[18] FRANK, Ernest. **Electrical measurement analysis**. McGraw-Hill. New York, 1959.

[19] HALL, J.A. **The measurement of temperature**. Chapman and Hall, 1966.

[20] MARTINS, Gilberto de Andrade. **Estatística geral e aplicada**. São Paulo: Atlas, 2001.

[21] MONTGOMERY, Douglas C.; RUNGER, George C. **Estatística aplicada e probabilidade para engenheiros**. 2. ed. Rio de Janeiro: LTC, 2003.

[22] CREASE, Robert P. **A medida do mundo** - A busca por um sistema universal de pesos e medidas. 1. ed. Rio de Janeiro: Zahar, 2013.

[23] COSTA, Sergio Francisco. **Introdução ilustrada à estatística**. 3. ed. São Paulo: HARBRA, 1998.

[24] **Documento de Referência EA-4/02**: Expressão da incerteza de medição na calibração.

ÍNDICE

D

E

F

G

H

I

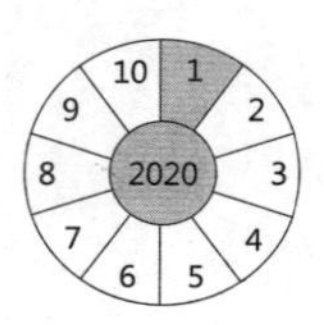

10
1
2
3
4
5
6
7
8
9
2020